U0182046

环境效率评价背景下的
数据包络分析方法研究

陈　磊　王应明　著

科学出版社
北　京

内 容 简 介

环境效率评价背景下的数据包络分析（E-DEA）方法与传统效率评价方法最大的区别在于其以考虑非期望产出为主要特征，颠覆了传统效率评价方法中产出最大化的基本原则。本书系统阐释E-DEA方法理论与内涵，并分为以下四个层面展开研究：①研究E-DEA方法中非期望产出的可处置性假设；②研究E-DEA方法不同的功能性拓展，如拥塞测量、资源配置、目标设置等功能；③研究E-DEA对DMU甄别能力的提高方法，如交叉效率、公共权重等方法；④研究具有复杂内部结构DMU的E-DEA效率评价及分解方法。四个层面共同构成E-DEA理论方法体系，并通过实证研究来验证本书方法的有效性与实用性。

本书可供研究环境效率问题、经济高质量发展、管理决策与评价等领域的人员参考和借鉴，也可作为资源环境管理类的研究生、本科生的参考教材，还可为各级政府决策部门提供理论工具和政策素材。

图书在版编目（CIP）数据

环境效率评价背景下的数据包络分析方法研究/陈磊，王应明著. —北京：科学出版社，2022.6

　ISBN 978-7-03-071616-3

　Ⅰ. ①环… Ⅱ. ①陈… ②王… Ⅲ. ①包络-系统分析
Ⅳ. ①N945.12

中国版本图书馆 CIP 数据核字（2022）第 031893 号

责任编辑：王丹妮/责任校对：贾娜娜
责任印制：张　伟/封面设计：无极书装

科 学 出 版 社 出版

北京东黄城根北街 16 号
邮政编码：100717
http://www.sciencep.com

北京建宏印刷有限公司 印刷
科学出版社发行　各地新华书店经销

*

2022 年 6 月第 一 版　开本：720×1000　1/16
2023 年 1 月第二次印刷　印张：14 1/4
字数：285 000

定价：146.00 元
（如有印装质量问题，我社负责调换）

作者简介

陈磊（1988 年生），博士，福建省级高层次人才（C 类），美国南密西西比大学访问学者，现为福州大学经济与管理学院教授（校聘）、博士生导师、"旗山学者"奖励支持计划入选者，中国技术经济论坛理事，中国系统工程学会社会经济系统工程专业委员会理事，福建省管理教育研究会理事，福建省应用型财经类专业教学联盟工商管理专业委员会理事。主要从事数据包络分析、管理决策与评价、资源环境管理等方面的研究。近年来，作为负责人主持国家自然科学基金项目 2 项、省部级项目 3 项；作为第一完成人获得福建省社会科学优秀成果奖（二等奖 1 项、三等奖 2 项）、福建省优秀博士学位论文等多项省级荣誉；作为第一作者在 *Omega*、*European Journal of Operational Research*、系统工程理论与实践等国内外知名期刊上发表学术论文 27 篇，其中 SCI/SSCI 收录 14 篇（JCR 一区 9 篇，ABS 4 星 2 篇，ABS 3 星 5 篇）。还担任国家自然科学基金、多个国内外知名期刊的同行评议专家。

王应明（1964 年生），博士，教育部"长江学者"特聘教授、国家杰出青年科学基金获得者、国家"万人计划"哲学社会科学领军人才、国家"百千万人才工程"入选者、国家有突出贡献中青年专家、享受国务院政府特殊津贴专家、中国共产党中央委员会宣传部文化名家暨"四个一批"人才、霍英东教育基金会青年教师基金资助获得者，连续 8 年入选"中国高被引学者"（Most Cited Chinese Researchers）榜单。现为福州大学经济与管理学院院长、博士生导师、学术委员会主任，福州大学学术委员会委员、人文社会科学学部主任、决策科学研究所所长，福建省高校"决策科学与科技创新管理"团队带头人，福建省高校决策科学与科教管理研究基地学术委员会主任，福建省信用评估与管理咨询研究中心主任。主要从事决策理论与方法、数据包络分析、规则库推理、质量功能展开等方面的研究。曾主持国家自然科学基金项目 7 项、国家社会科学基金重大项目子课题 2 项，发表 SCI/SSCI 收录期刊论文 200 余篇，论文在 SCI 被他人引用 8800 余次，H-指数 56。

前　言

　　随着经济的快速发展，环境问题已经成为威胁人类生存的重大问题，并受到前所未有的重视。科学地评价环境效率是平衡经济发展与环境保护之间矛盾的有效工具，是实现它们协同共进的必要前提；也对我国政府正确处理两者之间的相互关系有着重要的参考价值。环境效率评价与传统效率评价之间最大的区别在于前者将非期望产出纳入效率评价体系中，这就颠覆了传统效率评价问题的产出最大化原则，从而造成传统效率评价方法在环境效率评价上的不兼容问题。

　　本书将非期望要素纳入效率评价体系，研究环境效率评价背景下的数据包络分析（data envelopment analysis in the environmental efficiency evaluation，E-DEA）方法，并针对当前该方法存在的缺陷来展开一系列理论研究。在此基础上，以我国工业环境效率评价等现实生产情境为应用背景，综合考虑多方面因素和视角来进行相应的实证分析。最终，通过理论与实践相互印证的手段来完善 E-DEA 的方法体系，进而推进效率评价理论方法整体的发展。

　　从理论工作上看，本书在对国内外相关研究进行全面综述的基础上，按照一定的逻辑思路，主要开展了以下研究工作：第 1 章和第 2 章简要介绍了本书的研究背景、研究意义、研究综述及理论基础，为全书的研究奠定基础。第 3 章着眼于 E-DEA 的基本假设——非期望要素的可处置性假设，指出主流强可处置性假设和弱可处置性假设的局限性；创新性地提出非期望要素的半可处置性假设，并从概念、方法及经济意义上对其进行阐述。第 4 章到第 6 章集中研究 E-DEA 方法的功能性拓展，使 E-DEA 方法从单一的效率评价功能中跳脱出来，延伸出技术差异分析、拥塞识别与测量、资源配置与目标设置等功能。从具体内容上看，第 4 章研究决策单元（decision making unit，DMU）之间存在的技术差异性；第 5 章关注 E-DEA 方法的拥塞识别与测量功能；而第 6 章则强调 E-DEA 方法在资源配置和目标设置方面的作用。第 7 章和第 8 章研究 E-DEA 方法对 DMU 甄别能力的提高方法，传统 E-DEA 方法沿袭了 DEA 方法中评价效率虚高且无法实现全排序的问题，而这两章分别通过引入交叉效率方法和公共权重方法来克服 E-DEA 方法评价视角的局限性，进而在还原 DMU 真实效率的基础上，实现 DMU 的全排序。第 9 章和第 10 章研究具有复杂内部结构 DMU 的效率评价及分解方法，该研究主要针对传统 DEA 及 E-DEA 方法的"黑箱"设定，即仅考虑始端和终端的投入与产出，而忽略了系统内部可能存在的复杂内部结构。这两章渐进式地分析两阶段网络结构和时空复杂性网络结构下的 E-DEA 效率评价及效率分解方法，从而有效地挖掘出潜藏在系统内部的无效源。

从实证工作上看，本书根据实际决策情境发展出了一系列 E-DEA 方法及衍生方法，并将其应用到中国工业产业环境效率评价、中国交通运输业环境效率评价等现实问题中；在对实证所得结果进行深入分析的基础上，总结出符合当下中国工业产业、中国交通运输业等产业发展规律的政策建议，进而为实现这些产业全面协调可持续的发展指明方向。这些实证研究不仅验证了本书所提方法的有效性和实用性，同时也为其他相似的决策问题提供新的评价视角与分析思路。

本书由福州大学经济与管理学院陈磊副教授和王应明教授所著。其中，王应明教授负责对全书的内容进行总体设计和方向指引，陈磊副教授负责落实研究与执笔撰写。

本书的研究得到了国家自然科学基金（项目批准号：71801050、72171052）的大力资助，而本书的出版得到国家自然科学基金（项目批准号：71371053）和福州大学管理科学与工程"福建省高原学科建设"经费的资助，在此一并感谢。

本书的研究建立在国内外学者大量相关研究的基础上，这些研究在书中均有标注，并作为参考文献呈现在书末，如有遗漏，敬请告知。笔者在此向这些学者多年来的不懈研究致以崇高的敬意和诚挚的感谢。由于笔者的水平有限，书中难免存在不足之处，恳请广大读者批评指正。

陈　磊

2021 年 8 月

目　　录

第1章 绪 论

自改革开放以来，我国的经济发展取得了举世瞩目的成就。2020年，我国的国内生产总值（gross domestic product，GDP）迈上百万亿元的新台阶，我国成为新型冠状病毒肺炎疫情背景下全球唯一实现经济正增长的主要经济体，并实现了全国脱贫攻坚战的全面胜利。然而，在经济发展靓丽的成绩单下，我国的环境问题日益严峻，并成为制约人民生活水平提高的主要因素之一。2014年，我国基本告别经济高速增长期，开始进入经济发展的新常态，环境保护得到前所未有的重视，并在经济发展中占据越来越大的话语权。2017年，中国共产党第十九次全国代表大会报告中指出，"必须树立和践行绿水青山就是金山银山的理念，坚持节约资源和保护环境的基本国策"[①]。2021年，《中华人民共和国国民经济和社会发展第十四个五年规划和2035年远景目标纲要》中明确指出，"实施可持续发展战略，完善生态文明领域统筹协调机制，构建生态文明体系，推动经济社会发展全面绿色转型"[②]。因此，正确把握生态环境保护和经济发展的关系，推进生态文明建设，不仅是推动高质量发展的内在要求，更是关系中华民族永续发展的根本大计。

面对我国统筹环境保护和经济发展的强烈需求，将环境要素纳入经济评价体系成为重要的突破口；而合理评价经济生产系统的环境效率已然成为践行我国经济高质量发展理念的必要前提。科学的环境效率评价能够发现经济生产系统现有资源的欠缺与浪费，有效指引资源的优化整合，并帮助决策者合理调整生产结构，淘汰落后产能，促进产业升级转型，从而实现经济发展与环境保护的协同共进。而无效的环境效率评价结果不但无法提供有价值的决策参考，反而可能导致大量的资源错配，继续激化经济与环境之间的矛盾，引起国家经济的发展失衡和生态

① 《习近平：决胜全面建成小康社会 夺取新时代中国特色社会主义伟大胜利——在中国共产党第十九次全国代表大会上的报告》，http://www.xinhuanet.com/2017-10/27/c_1121867529.htm，2017年10月27日。

② 《中华人民共和国国民经济和社会发展第十四个五年规划和2035年远景目标纲要》，http://www.gov.cn/xinwen/2021-03/13/content_5592681.htm，2021年3月13日。

的严重破坏。因此，如何科学合理地评价环境效率直接影响国家可持续发展政策方针的制定与落实，也关系着经济、环境和社会之间的相互均衡，具有重要的研究价值和现实意义。

数据包络分析（data envelopment analysis，DEA）方法是用于评价一组具有多投入、多产出的同类 DMU 相对效率的方法，其基本思想最早可追溯到 1957 年 Farrell 对生产率的研究。Charnes 等（1978）参考 Farrell 所提的生产率概念，提出了第一个 DEA 模型，正式奠定了 DEA 方法的理论基础。DEA 作为一种非参数方法，无须决策者事先假设生产函数关系，也无须预先估计参数变量，其通过 DMU 投入/产出的客观数据来进行评价，在很大程度上避免了决策者主观因素的影响，从而得到较为科学合理的评价结果。正是因为 DEA 的这些显著优点，使其自提出以来深受国内外学者的青睐，并被越来越广泛地应用在如环境效率评价问题（朴胜任，2020）、银行运营效率评价问题（Kwon and Lee，2015）、资源优化配置问题（Hakim et al.，2016）等诸多领域之中，并通过不断的研究与探索，逐步成为一种综合数学、经济学、管理科学等多门学科特点的系统性理论。

传统 DEA 方法通过 DMU 的投入产出数据来测算其相对效率，而此处的投入和产出均为决策者的期望要素，即期望投入越少和期望产出越多均对 DMU 的总体目标有益。换句话说，DMU 消耗了期望投入以生产满足其需求的期望产出。例如，C 公司是一家火力发电厂，其投入了大量人力、资本和矿石资源，用于生产电力，其中的人力、资本和矿石资源均为期望投入，而电力则为期望产出。事实上，期望要素描述了决策者在没有任何约束的情况下内心预期的生产活动中的物质转化；而现实中往往存在许多不为决策者自身所把控的要素，即非期望要素。非期望要素包含了非期望投入和非期望产出。以 C 公司为例，作为一家火力发电厂，其在发电的过程中存在大量的废气排放，直接影响了当地的空气质量。而在绿色发展深受重视的今天，大量的废气排放将引起政府干预，从而影响 C 公司的利益，此时，作为生产活动的副产品，废气排放量即为决策者希望越少越好的非期望产出。相对而言，非期望投入则是决策者希望越多越好的投入。假设 D 公司为一家工业废水处理站，从决策者的角度来说，在处理能力许可的前提下，工业废水的投入量越多越好，则其是 D 公司的非期望投入。事实上，非期望产出广泛存在于各种生产过程中，其囊括了各种浪费、污染及决策者不希望发生的种种情况。这些非期望产出是伴随着期望产出的生产而出现的，且常常无法被决策者的主观意愿所消除。而非期望投入则更多是服务于外部环境的特殊需求而出现的投入。

在大多数的情况下，非期望产出的影响远远大于非期望投入，特别是对于环境效率评价问题，考虑非期望产出正是其与传统效率评价问题之间最大的不同。因此，本书研究的非期望要素以非期望产出为主。当 DEA 引入非期望要素之后，传统 DEA 理论中的产出最大化原则/投入最小化原则就失去了其原有的应用价值。因此,如何将非期望要素科学合理地推广到传统的 DEA 方法体系中已经成为国内外研究环境效率 DEA 评价方法的学者亟须解决的关键问题。然而,当前多数的 DEA 研究还集中在传统的仅考虑期望要素的阶段,在对非期望要素方面的研究并不深入。而在实际生产过程中,非期望要素恰是对 DMU 环境效率的一种不可避免的重要影响因素。

E-DEA 方法是以环境效率评价为应用背景,以考虑非期望要素为主要特征的 DEA 方法。当前该理论方法还不够成熟完善,许多学者仍旧在探寻将非期望要素嵌入 DEA 理论的有效途径,并试图通过对现有 E-DEA 理论的修正改良使其能够更好地应用推广。从国外的研究现状来看,当前关于 E-DEA 理论的研究主要集中在非期望产出本质特性及如何使其适应传统 DEA 理论方法的使用规则上;从国内的研究现状来看,关于 E-DEA 方法的研究更侧重于实证应用。事实上,E-DEA 方法仍旧存在传统 DEA 方法的局限性,即"黑箱"评价视角、评价视角单一、无法实现 DMU 全排序、应用范围狭隘等问题,而在如何解决这些问题方面,相关的研究却不多见。同时,随着决策者对决策信息的要求越来越高,合理地考虑非期望要素的影响、科学地评价 DMU 效率、以多样的视角来制订决策方案变得越来越重要。鉴于此趋势,本书旨在基于系统而客观的视角来考虑非期望要素对效率评价问题的影响,并以此推进现有 E-DEA 及 DEA 理论方法的发展和完善。

具体来说,本书以 E-DEA 方法为研究对象,以环境效率评价等现实问题为应用背景,在对当前国内外的研究现状进行梳理总结的基础上,按照以下的逻辑思路展开研究。

首先,将非期望要素的概念引入传统 DEA 理论与方法中,分析并明确非期望要素多种可处置性基本假设之间的相互关系,并提出一种更全面的非期望要素可处置性假设。随后,根据决策者不同的需求,分别构建共同前沿 E-DEA 模型、拥塞测量 E-DEA 模型和逆 E-DEA 模型,以此实现 E-DEA 方法在分析技术差异、测量拥塞效应、优化资源配置和设置合理目标方面的功能拓展。针对 E-DEA 方法在排序方面的不足,分别基于交叉评价与统一评价两种相辅相成的视角来构建 E-DEA 模型,以此提高该方法对有效 DMU 的甄别力及其评价结果的公信力。在此基础上,尝试打开评价过程中的系统结构"黑箱",渐进地研究具有两阶段网络结构和时空复杂性网络结构的 E-DEA 方法,为决策者挖掘系统内部的无效源提供强有力的理论工具。

本书的技术路线如图 1-1 所示。

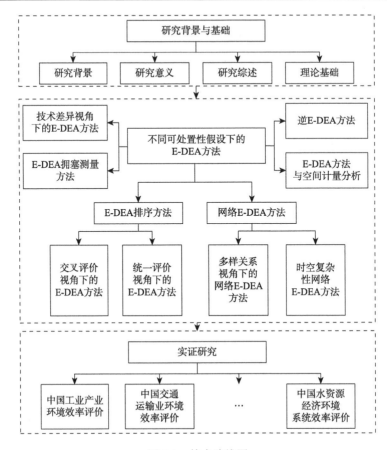

图 1-1　技术路线图

综上所述，本书的研究具有以下重要的理论与现实意义。

1）理论意义

国内外针对 E-DEA 理论方法的研究主要停留在实证应用上，而对非期望要素在生产过程中表现出的不同技术特性并未给予足够的重视。同时，在实际的应用中，现有的 E-DEA 理论与方法也存在传统 DEA 理论所具有的局限性。

一是将 DMU 当成"黑箱"进行评价，忽略了其内部结构的复杂性。实际生产过程中面临的问题往往较为复杂，若通过仅考虑最初投入和最终产出的"黑箱"视角来评价 DMU 的效率，则很难发现潜藏在系统内部的真正无效源。

二是容易夸大被评 DMU 的自身优势，掩盖其存在的不足，从而造成评价效率虚高的问题。现有的 E-DEA 方法允许 DMU 依据自身的喜好来赋予投入/产出在效率评价过程中的权重，这就导致了评价标准的不统一。正是这种不统一，容易使得个别 DMU 的效率评价结果过高，出现部分有效 DMU 的真实效率未必优于某些无效 DMU 的怪异现象。

三是只能区分 DMU 是否有效，却无法对有效 DMU 进行优劣排序。现有 E-DEA 方法的效率评价结果容易出现多个效率为 1 的有效 DMU，却无法对它们做进一步的甄别分析，使得决策者难以做出准确的判断，严重影响了该方法的有效性与实用性。

四是效率评价是 DEA 方法的核心功能，但其实际的应用范围不仅限于此。单纯地聚焦在效率评价上，不利于 DEA 方法的全面推广应用。

因此，本书对 E-DEA 方法进行的深入研究，不仅可以明确非期望要素在生产过程中的多样化技术特性，克服现有 E-DEA 方法存在的不足，还能够从 DEA 方法的内涵和外延上进一步完善 E-DEA 方法的理论体系，从而推进 DEA 理论与方法整体的发展。

2）现实意义

非期望要素在环境效率评价过程中占据着重要的地位，但目前许多效率评价方法很难全面地考虑非期望要素在实际生产过程中产生的影响。事实上，非期望要素无处不在，如工业生产过程中的废水排放、机场运营过程中的碳排放等都是在实际中无法避免的非期望产出。本书以 E-DEA 方法为研究对象，以我国工业、交通运输业等行业的环境效率评价为应用背景，依照一定的逻辑思路展开研究，具有以下现实意义。

从方法层面上看，本书提出的 E-DEA 方法能够为具有非期望要素的效率评价问题构建出一个更客观、更有效、更全面的参照标准，进而帮助决策者科学地制订整体决策方案，合理地完善自身决策机制，缓和对期望产出的需求与对非期望产出的厌恶之间的矛盾，减少与消除非期望产出，为最终做出正确决策提供明确的方向指引和强有力的理论支持。

从应用层面上看，本书综合研究我国现实中存在的环境效率评价问题，明确期望要素与非期望要素在环境效率评价过程中的相互关系，并揭示其背后的潜在发展规律，为我国经济的高质量发展提供科学有效的决策工具。同时，本书的研究还能给其他类似的决策问题带来新的评价视角和分析思路，具有广泛而重大的应用价值。

第 2 章　DEA 与 E-DEA 方法

作为 DEA 理论的一个重要分支，E-DEA 方法最大的特征在于其考虑了非期望产出，并以此打破了传统 DEA 的产出最大化原则。为了更好地论述 DEA 与 E-DEA 之间的关系，了解 E-DEA 方法当前的研究情况，本章首先对 DEA 方法研究现状做一个系统性的梳理，然后针对 E-DEA 中非期望要素的处理和 E-DEA 方法的应用研究两个子主题，对近年来国内外的相关研究成果进行全面的阐述。通过总结前人的智慧来支持本书的研究，并突显本书的研究价值。

2.1　DEA 理论与方法

2.1.1　DEA 的基本概念

DEA 是一种基于投入/产出数据来评价一组同类 DMU 相对效率的非参数方法。其理论方法中涉及的基本概念如下。

1）投入/产出

一般而言，DEA 中的"投入"可以定义为一个生产过程中消耗掉的资源；而"产出"则为这些资源对应生产出的产品。例如，对高校科研绩效进行评价时，其投入可以是科研人员数、研究经费、科研设备仪器等；产出可以是出版著作、学术论文、专利等。同时，DEA 方法中的投入和产出都满足量纲无关性，即 DMU 的效率值与投入/产出的量纲无关（Cook et al.，2000）。

2）DMU

DMU 是 DEA 方法的评价对象，其可以定义为在生产过程中将投入转化为产出的承载体。在实际中，各种类型的企业、机构、系统，乃至个人，只要具有消费投入和生产产出此类行为的组织都可以作为 DMU。同时，DEA 方法要求所有 DMU 皆为相同类型，即有相同的目标、外部环境和投入/产出指标等（盛昭瀚等，

1996)。

3）生产可能集

假设有 n 个具有可比性的 DMU，每个 DMU 都有 m 种投入和 s 种产出。对于第 j 个 DMU 来说，其第 i 种投入的数量记为 x_{ij}，第 r 种产出的数量记为 y_{rj}。而 DMU_j 的投入和产出可以分别记为 $X_j = (x_{1j}, x_{2j}, \cdots, x_{mj})^T$ 和 $Y_j = (y_{1j}, y_{2j}, \cdots, y_{sj})^T$。

定义 2-1　所有可能的生产活动 (X_j, Y_j) 组成了生产可能集 T，即 $T = \{(X,Y) \mid Y$ 可以由 X 生产出来；$X \geqslant 0$；$Y \leqslant 0\}$。

生产可能集一般满足以下公理假设（魏权龄，2012）。

（1）平凡性公理：$(X_j, Y_j) \in T$，$j = 1, 2, \cdots, n$。

（2）凸性公理：对于 $\forall (X,Y) \in T$，$\forall (X', Y') \in T$ 和 $\forall \alpha \in [0,1]$，都有 $\alpha(X,Y) + (1 - \alpha)(X', Y') \in T$，即 T 为凸集。

（3）锥性公理：对于 $\forall (X,Y) \in T$ 且 $k \geqslant 0$，都有 $k(X,Y) = (kX, kY) \in T$。

（4）无效性公理：若 $(X,Y) \in T$，则对于 $\forall X' \geqslant X$，都有 $(X', Y) \in T$；且对于 $\forall Y' \leqslant Y$，都有 $(X, Y') \in T$。

（5）最小性公理：生产可能集是满足（1）、（2）、（3）、（4）的所有集合的交集。

平凡性公理意味着所有可观察到的 DMU 都在生产可能集的范围内，而凸性公理则表示由任意既有 DMU 加权线性组合而成的 DMU 也在生产可能集的范围内。锥性公理在经济学上称为可加性公理，其表示若对可观察到的 DMU 的投入与产出进行同倍扩大或缩小，所得 DMU 均在生产可能集中。无效性公理也称为自由处置性公理，其意味着在投入不变的情况下减小产出和在产出不变的情况下增大投入在生产可能集中均是可能的。而最小性公理保证了生产可能集是同时满足（1）~（4）的唯一集合，其具体可表示为

$$P(X) = \left\{ (X,Y) \middle| \sum_{j=1}^{n} \lambda_j Y_j \geqslant Y, \sum_{j=1}^{n} \lambda_j X_j \leqslant X, \ \lambda_j \geqslant 0 (j = 1, 2, \cdots, n) \right\} \qquad (2\text{-}1)$$

2.1.2　DEA 分析原理

假设存在五个 DMU，分别记为 A、B、C、D、E，每个 DMU 具有两个投入（x_1, x_2）和一个产出。将每个 DMU 的产出值统一设为单位 1，则五个 DMU 的生产情况可以用图 2-1 表示。

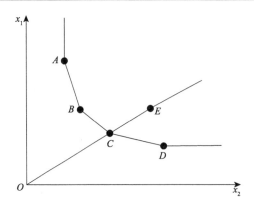

图 2-1　DEA 原理分析图

如图 2-1 所示，点 A、B、C、D 共同形成了五个 DMU 的生产前沿面（包络面），而 E 点处于生产前沿面 $ABCD$ 内。这说明虽然产出相同，但 E 点的投入为 C 点的 OE/OC 倍，即 E 点可以通过一定的比例减少投入以提高自身效率。换句话说，E 点的效率具有一定的改进空间，因此，可以认为 E 点是非有效的。而在产出不变的前提下，处于生产前沿面的点 A、B、C、D 无法参照其他 DMU 来继续减少投入。因此，它们可以被认为是有效的。同时，可以看出，E 点实际上是生产前沿面上有效 DMU 的线性组合，即非有效的 DMU 具有可以被除自己以外的有效 DMU 所表示的特征，这反映了通过 DEA 方法所得的效率为相对效率。

2.1.3　DEA 基础模型——CCR 模型和 BCC 模型

1）CCR 模型

DEA 方法自提出以来，其理论得到蓬勃发展，并拓展出各种各样的相关模型。本节将介绍原始的 DEA 模型——CCR 模型，为之后的研究做好铺垫。

CCR 模型是以其三位创始人 Charnes、Cooper 和 Rhodes 的姓氏首字母来命名的模型，主要用于评价同类 DMU 的相对效率（Charnes et al., 1978）。该模型既是 DEA 理论方法的基础，也是最为经典的 DEA 模型。Charnes 等假设有 n 个具有可比性的 DMU，每个 DMU 都有 m 种投入和 s 种产出。对于第 j 个 DMU 来说，其第 i 种投入的数量记为 x_{ij}，第 r 种产出的数量记为 y_{rj}，则被评决策单元 DMU_d 的效率 θ_d 可以表示为

$$\theta_d = \frac{\sum_{r=1}^{s} u_{rd} y_{rd}}{\sum_{i=1}^{m} v_{id} x_{id}} \tag{2-2}$$

其中，u_{rd}、v_{id} 分别为 y_{rd}、x_{id} 的权重。在评价过程中，每个 DMU 都试图通过优化这些权重来最大化自身效率。为了不失一般性，Charnes 等假设任意 DMU 的效率值都不大于 1，且生产过程处于规模收益不变（constant returns to scale，CRS）的假设，以此构建 CCR 模型。具体模型如式（2-3）所示。

$$\text{Max} \quad \theta_d = \frac{\sum\limits_{r=1}^{s} u_{rd} y_{rd}}{\sum\limits_{i=1}^{m} v_{id} x_{id}}$$

$$\text{s.t.} \quad \theta_j = \frac{\sum\limits_{r=1}^{s} u_{rd} y_{rj}}{\sum\limits_{i=1}^{m} v_{id} x_{ij}} \leqslant 1, \quad j = 1, 2, \cdots, n \tag{2-3}$$

$$u_{rd}, v_{id} \geqslant 0, \quad r = 1, 2, \cdots, s; \ i = 1, 2, \cdots, m$$

若通过 Charnes-Cooper 变换（Charnes and Cooper，1962），即令 $1/\sum\limits_{i=1}^{m} v_{id} x_{id} = t$，$U_{rd} = t \times u_{rd}$，$V_{id} = t \times v_{id}$，则式（2-3）可由分式规划等价转化为如式（2-4）所示的线性规划。

$$\text{Max} \quad \theta_d = \sum_{r=1}^{s} U_{rd} y_{rd}$$

$$\text{s.t.} \quad \sum_{i=1}^{m} V_{id} x_{id} = 1 \tag{2-4}$$

$$\sum_{r=1}^{s} U_{rd} y_{rj} - \sum_{i=1}^{m} V_{id} x_{ij} \leqslant 0, \quad j = 1, 2, \cdots, n$$

$$U_{rd}, V_{id} \geqslant 0, \quad r = 1, 2, \cdots, s; \ i = 1, 2, \cdots, m$$

通过式（2-4）可以得到一组最优权重 U_{rd}^*, V_{id}^*，以此来计算 DMU$_d$ 的效率值。

为了进一步揭示该模型的经济意义，可以将式（2-4）转化为其对偶形式，具体模型如下：

$$\text{Min} \quad \theta_d$$

$$\text{s.t.} \quad \sum_{j=1}^{n} \lambda_j x_{ij} \leqslant \theta_d x_{id}, \quad i = 1, 2, \cdots, m \tag{2-5}$$

$$\sum_{j=1}^{n} \lambda_j y_{rj} \geqslant y_{rd}, \quad r = 1, 2, \cdots, s$$

$$\lambda_j \geqslant 0, \quad j = 1, 2, \cdots, n$$

其中，λ_j 为 U_{rd}、V_{id} 的对偶决策变量。式（2-5）是在保持产出不变的情况下，尽可能地减少被评 DMU 的投入量。因此，该模型及其原模型皆被称为以投入为导向的 CCR 模型。相应地，若保持投入不变，被评 DMU 的产出尽可能地增大，则可得到以产出为导向的 CCR 对偶模型，具体模型如下：

$$
\begin{aligned}
& \text{Max } \psi_d \\
& \text{s.t. } \sum_{j=1}^{n} \lambda_j x_{ij} \leqslant x_{id}, \quad i = 1, 2, \cdots, m \\
& \qquad \sum_{j=1}^{n} \lambda_j y_{rj} \geqslant \psi_d y_{rd}, \quad r = 1, 2, \cdots, s \\
& \qquad \lambda_j \geqslant 0, \quad j = 1, 2, \cdots, n
\end{aligned}
\tag{2-6}
$$

其中，ψ_d 为产出导向下 DMU_d 的效率值。通过对偶理论，式（2-6）也可转化为 CCR 原模型的形式。限于篇幅，本节就不再详细论述。

需要注意的是，对于同样的一组 DMU，不同导向的 CCR 模型的最终排序结果都是一致的。不同的是，投入导向型 CCR 模型的效率皆小于 1，其值越大越好；而产出导向型 CCR 模型的效率皆大于 1，其值越小越好。同时，若所得效率值等于 1，则认为该 DMU 是有效的；否则，该 DMU 是非有效的。

由式（2-1）、式（2-5）和式（2-6）可知，CCR 模型满足传统 DEA 的五项公理体系，其优化过程均在生产可能集的范围内进行。

2）BCC 模型

BCC 模型是由 Banker 等（1984）在 CCR 模型的基础上提出的又一 DEA 方法基础模型，其也是以三位创始人 Banker、Charnes 和 Cooper 的姓氏首字母来命名的模型。Banker 等（1984）认为，CCR 模型不能单纯地评价 DMU 的技术效率，而是兼容了技术效率和规模效率，而 DEA 公理体系中的锥性公理正是规模效率的体现。因此，他们将锥性公理刨除，只通过平凡性公理、凸性公理、无效性公理和最小性公理来构建新的生产可能集，具体表示如下：

$$
P^{\mathrm{BCC}}(X) = \left\{ (X, Y) \left| \sum_{j=1}^{n} \lambda_j Y_j \geqslant Y, \ \sum_{j=1}^{n} \lambda_j X_j \leqslant X, \ \sum_{j=1}^{n} \lambda_j = 1, \ \lambda_j \geqslant 0 \ (j = 1, 2, \cdots, n) \right. \right\}
\tag{2-7}
$$

通过该生产可能集，投入导向的 BCC 模型可以构建如下：

$$
\begin{aligned}
& \text{Min } \theta_d \\
& \text{s.t. } \sum_{j=1}^{n} \lambda_j x_{ij} \leqslant \theta_d x_{id}, \quad i = 1, 2, \cdots, m \\
& \qquad \sum_{j=1}^{n} \lambda_j y_{rj} \geqslant y_{rd}, \quad r = 1, 2, \cdots, s \\
& \qquad \sum_{j=1}^{n} \lambda_j = 1 \\
& \qquad \lambda_j \geqslant 0, \quad j = 1, 2, \cdots, n
\end{aligned}
\tag{2-8}
$$

3）CCR 模型与 BCC 模型的区别与联系

CCR 模型与 BCC 模型之间最大的区别在于，BCC 模型放弃了锥性公理，而在模型上则直接反映为增加了约束 $\sum_{j=1}^{n}\lambda_j=1$；而在经济含义上则表现为规模收益的假设不同。CCR 模型是在 CRS 的假设前提下构建的，而 BCC 模型的构建则是基于规模收益可变（variable returns to scale，VRS）的假设。CCR 模型和 BCC 模型的生产前沿面与生产可能集也发生了相应的变化，具体如图 2-2 所示。

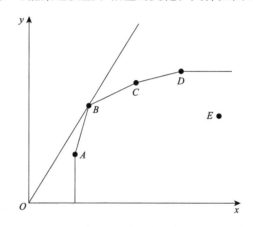

图 2-2　CCR 与 BCC 在生产可能集上的区别

如图 2-2 所示，CCR 模型的生产前沿面为射线 *OB*，而 BCC 模型的生产前沿面由 *ABCD* 共同构成，它们的生产可能集均为其生产前沿面与 *x* 轴共同构成的区域。

定义 2-2　假设 θ_d^{CCR} 和 θ_d^{BCC} 分别为 CCR 模型和 BCC 模型的最优解，则 θ_d^{CCR} 称为 DMU$_d$ 的生产效率，也可称为整体效率；而 θ_d^{BCC} 可称为 DMU$_d$ 的纯技术效率；且 $\theta_d^{SE}=\theta_d^{CCR}/\theta_d^{BCC}$ 可称为 DMU$_d$ 的规模效率。

从定义 2-2 可以看出，θ_d^{CCR}、θ_d^{BCC} 和 θ_d^{SE} 之间的关系如下：

$$0<\theta_d^{CCR}\leqslant\theta_d^{BCC}\leqslant1 \tag{2-9}$$

$$0<\theta_d^{SE}\leqslant1 \tag{2-10}$$

除了 CCR 模型和 BCC 模型外，DEA 的主要模型还包括松弛变量测度（slacks-based measure，SBM）模型、方向距离函数（directional distance function，DDF）模型等多种 DEA 模型，本书将在有涉及的章节进行相应的介绍。

2.2　DEA 理论体系

2.2.1　DEA 理论体系构成

Charnes 等在 1978 年正式提出了第一个 DEA 模型，经过 40 多年的发展与完善，DEA 已经形成了一个由多种不同方法体系构成的系统性理论。如图 2-3 所示，根据生产可能集、效率测度、DMU 结构等方面的不同，DEA 理论衍生出不同的方法体系。

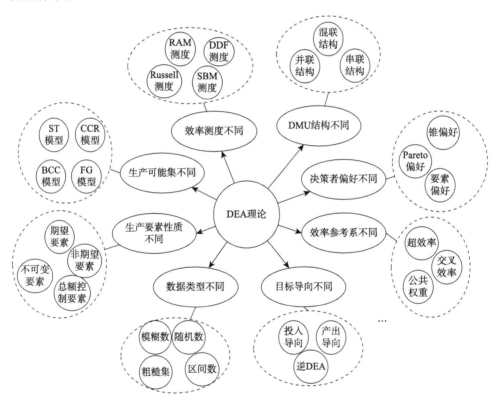

图 2-3　DEA 理论体系

RAM 即 range adjusted measure，范围调整测度；ST 模型即 Seiford-Thrall 模型；FG 模型即 Färe-Grosskopf 模型

具体来说，在生产可能集方面，许多学者依据生产活动的规模收益情况将生产可能集进行分类研究，其中最具代表意义的是 CCR 模型、BCC 模型、FG 模型和 ST 模型（魏权龄，2012），这些模型均以提出人姓氏的首字母进行命名。在效

率测度方面，学者将不同的测度函数引入 DEA 理论，尝试从不同的角度来衡量 DMU 的生产效率，以探寻不同评价环境下最科学的效率测度方法。其中，主要的测度函数包括 Russell 测度（Sueyoshi and Sekitani，2007）、SBM 测度（Chang et al.，2014）、RAM 测度（Rubio-Misas and Gómez，2015）和 DDF 测度（杨文举，2015）等。在 DMU 结构方面，学者认为 DMU 往往具有复杂的内部结构，而这些结构主要可以分为串联结构、并联结构、混联结构等形式（Kao，2014a）。在决策者偏好方面，传统的 DEA 模型属于 Pareto 约束模型，而学者考虑到在实际决策情境下，决策者往往会对某些指标表现出一定的偏爱，进而开始在 DEA 模型上附加各种偏好约束，常见的有权重约束（Cook and Zhu，2008）和锥比率约束（Talluri and Yoon，2000）。在效率参考系方面，传统 DEA 方法自我单一的参考视角导致了评价结果虚高且无法实现有效 DMU 全排序的问题。因此，许多学者通过改进评价的 DMU 参考系来实现全排序，如超效率 DEA 方法（Ramzi and Ayadi，2016）、交叉评价 DEA 方法（Mashayekhi and Omrani，2016）、公共权重 DEA 方法（Mavi et al.，2019）等。在目标导向方面，由于决策者对投入、产出、效率的需求各不相同，一般可分为投入导向 DEA 模型（Cook and Bala，2007）、产出导向 DEA 模型（Sharma and Dwivedi，2017）、逆 DEA 模型（Zhang and Cui，2020）等。在数据类型方面，常见的有随机 DEA（蓝以信和王应明，2014）、模糊 DEA（Ignatius et al.，2016）、区间 DEA（Hatami-Marbini et al.，2014）、粗糙集 DEA（Xu et al.，2009）等。在生产要素性质方面，学者发现现实生产活动中投入/产出要素的性质并不一致，可以根据要素的特性分为期望要素（杨国梁等，2013）、非期望要素（Walheer，2020）、不可变要素（Cui，2019）、总额控制要素（Wu et al.，2019）等。

由此可知，DEA 理论涉及的方法体系多样，可以满足决策者在不同领域的决策需求，具有重要的理论研究意义与实际应用价值。

2.2.2　DEA 理论中的主要研究方向

由图 2-3 可知，DEA 理论包含了一套庞大的方法体系。为了凸显本书的理论价值，本节围绕本书的主要内容，重点筛选了以下三个主要研究方向来对 DEA 理论做进一步的梳理。

1. 公共参考系 DEA 方法研究

随着传统 DEA 方法的广泛应用，其本身存在的弊端日益突显。这些不足主要体现在两个方面：一方面，传统 DEA 方法只能区分 DMU 是否有效，却无法对有效 DMU 进行优劣排序；另一方面，该方法容易夸大被评 DMU 自身的优势，掩盖其存在的不足，从而造成评价所得效率虚高。这实际上是由 DEA 方法允许每个 DMU 自己来选择评价自身效率的权重造成的。正因为如此，传统 DEA 方法的评价结果往往具有多个无法进一步排序的有效 DMU，同时也难以令所有的 DMU 信服于最终的评价结果。

为了对所有的 DMU 进行全排序，诸多学者基于不同的视角提出了多种 DEA 排序方法。这些方法根据参考系的不同可以归为两大类：自我参考系方法和公共参考系方法。自我参考系方法是基于自我评价视角来决定评价权重，主要包括：超效率 DEA 方法（Yang et al.，2015）、标杆排序法（Iyer and Banerjee，2016）、双前沿面 DEA 方法（Wang and Chin，2009）、多目标决策 DEA 方法（Carrillo and Jorge，2016）等。然而，以自身作为参考系的排序方法虽然在一定程度上解决了传统 DEA 无法实现全排序的问题，但其权重的选择还是基于每个 DMU 的个体偏好，仍然难以服众。而公共参考系方法则较好地解决了这一问题。公共参考系方法是根据全体 DMU 的视角来确定评价权重的方法，其主要有交叉效率 DEA 方法和公共权重 DEA 方法。

1）交叉效率 DEA 方法

Sexton 等（1986）将"自评"与"他评"相结合，率先提出交叉效率 DEA 方法。该方法的基本思想是：每个 DMU 基于自我效率最优的视角，按一定的策略来衡量其他 DMU 的效率值，以此形成一个效率评价矩阵，并通过集结所有 DMU 对其效率的评价来确定自身效率值。然而，该方法常常存在解不唯一的问题，严重影响了交叉效率评价结果的稳定性。因此，Doyle 和 Green（1994）在交叉效率评价模型的基础上，提出了激进型与宽容型交叉评价策略。其中，激进型交叉评价策略视其余 DMU 皆为竞争者，力求在保证自身效率最大化的前提下，使它们的总效率最小；而宽容型交叉评价策略则视其余 DMU 皆为合作者，力求在保证自身效率最大化的前提下，使它们的总效率最大。Liang 等（2008）将博弈思想引入交叉效率评价模型，认为被评 DMU 应在其他 DMU 效率不恶化的前提下，寻求自身效率的最大化，并证明了该模型达到纳什均衡。Wang 和 Chin（2010a）认为决策者很难在激进型与宽容型交叉评价策略之间做出合理的选择，因此，其提出基于中立思想的交叉评价策略，即最大化自身每个产出的最小效率来决定投入与产出的权重，并以此计算其他 DMU 的交叉效率。李春好和苏航（2013）从效率在管理学上的概念和交叉评价策略出发，引入让步因子，提出 DEA 全局协调相对测度交叉效率评价模型，以此实现 DMU 的全排序。Oral 等（2015）构建了一个最大满意度交叉评价策略来处理交叉效率 DEA 方法中存在的多重最优解问题。Wu 等（2016a）根据决策者的意愿来制定他们的期望与非期望的效率目标，并使交叉评价效率值尽可能地接近期望目标和远离非期望目标，以此来构建交叉评价策略。Davtalab-Olyaie（2019）以一组"满意 DMU"为基来构建一组可供选择的交叉评价策略，从而在最大化被评 DMU 效率的同时，最小化（最大化）满意 DMU 的数量。

2）公共权重 DEA 方法

不同于交叉评价 DEA 方法，Roll 等（1991）所提出的公共权重 DEA 方法不再使用交叉评价效率矩阵来进行评价，而是采用一种公正的视角来为所有变量附上统一的权重。Kao 和 Hung（2005）将传统的 CCR 效率作为 DMU 的理想效率，并提出一种公共权重 DEA 方法来获取使所有 DMU 尽可能接近理想解的妥协权重，以此统一评价这些 DMU 的效率。Wang 等（2011）同样将 CCR 效率作为 DMU 的理想效率，引入回归分析方法，通过使 DMU 效率值和理想效率值的拟合误差最小化来求取所有变量的公共权重。王庆等（2015）在 DMU 中增加了一个总和虚拟单元，通过使该虚拟单元效率最大来确定公共权重。Hatami-Marbini 等（2015）、Carrillo 和 Jorge（2016）分别引入目标规划和相对距离的概念来约束传统 DEA 方法权重变化的随意性，并以此获取公共权重。Ruiz 和 Sirvent（2016）认为 DMU 的生产过程往往处于相似的环境中，因此，其通过标杆分析的方法来识别最佳的公共前沿面，以此构建公共权重 DEA 模型。Mavi 等（2019）在大数据背景下，尝试探索两阶段网络系统中公共权重的确定方法，并以此评价 DMU 的效率。

综上所述，相比于自我参考系方法，公共参考系方法更好地提高了 DEA 方法的稳定性和有效性。同时，其对有效 DMU 有着较强的甄别能力，并能够取得更加科学客观的评价结果。

2. 网络 DEA 方法研究

应用网络模型来分析复杂结构系统问题由来已久，然而，真正地关注 DMU 的内部结构，尝试在效率评价过程中打开系统结构“黑箱”是从 Färe 和 Whittaker（1995）提出网络 DEA 模型框架开始的。随着决策环境的日渐复杂，现代系统评价对精确信息的要求越来越高。因此，考虑系统内部结构的网络 DEA 方法也受到国内外学者的普遍重视。本节按照简单网络 DEA、复杂网络 DEA 和网络 E-DEA 的顺序，对近年来网络 DEA 方法的相关研究进行梳理总结。

1）简单网络 DEA 研究

在实际生产过程中，DMU 的内部结构可能是多种多样的，其中最具代表性的有以下两类。

一是串联型网络结构。串联网络 DEA 方法的研究主要以两阶段串联网络为主。Wang 等（2014）提出了独立的两阶段 DEA 模型，将商业银行的运营分为存款和贷款两个阶段，并分别进行效率评价。Liang 等（2006）认为，在两阶段 DEA 框架下中间要素在前后子系统中的权重只有相等才能体现出两阶段间的合作关系，并分别构建了基于合作博弈与非合作博弈的两阶段 DEA 模型。Chen 等（2009）认为可以通过每个阶段消耗的资源数来确定它们各自对系统整体效率的重要性，并在此基础上提出了两阶段 DEA 加性效率分解模型。王赫一和张屹山（2012）认为两阶段 DEA 模型的提出使得每个阶段的效率已无法成功投影到传统有效前沿面上，因此，他们在两阶段 DEA 中嵌入了一个虚拟阶段，解决了其效率无法投影的问题，并应用在商业银行的效率评价上。Halkos 等（2014）对两阶段 DEA 的相关研究进行梳理，并将其分为独立型、贯序型、关联型和博弈型。Galagedera 等（2016）考虑第一阶段的一部分产出并不进入第二阶段的情况，提出了具有泄露变量的两阶段 DEA 模型，并结合 Malmquist 指数来衡量美国共同基金的运营效率。Mahmoudi 等（2019）引入 Nash 讨价还价博弈模型来分析两阶段的网络结构，并以此评价具有该结构的 DMU 的效率。

二是并联型网络结构。Yang 等（2000）研究具有多个独立并联子系统的网络系统效率，提出了相应的 DEA 评价模型，并通过计算发现并联系统的整体效率取决于效率最大的子系统。Kao（2009）认为并联子系统之间也存在着相互联系，且给出了不同子系统效率权重的设定方法。葛虹和黄祎（2010）考虑子系统之间的相互关联方式，认为可以将并联系统分为独立型、半独立型和关联型三种，并通过对我国各省区市的产业发展效率分析来对比三种不同结构的并联系统之间的关系。夏琼等（2012）对具有非独立并联结构的网络系统进行分析，解决了其效率评价的问题。Wu 等（2016b）将交通系统分为货运与客运两个子系统，构建并联结构 DEA 模型来衡量这些子系统的效率，并提出一种效率分解方法使各个子系统的效率尽可能高。

2）复杂网络 DEA 研究

现实生产系统通常是复杂的，单纯地依靠简单网络结构系统难以很好地进行拟合。因此，学者开始在简单网络 DEA 的基础上，不断地进行深化研究。毕功兵等（2010）对一类同时兼具串联和并联结构的混联网络结构系统进行研究，并给出相应的效率评价方法。Kao（2013）将动态思想引入网络 DEA 理论中，认为不同时期的系统效率存在着相互联系，并通过构建动态网络 DEA 模型来评估中国台湾的林业效率。程昀和杨印生（2013）对矩阵型网络结构系统进行研究，构建了生产可能集和效率评价模型，并分析证明了其模型的一些基本性质。Tone 和 Tsutsui（2014）基于 SBM 测度，同时考虑系统的内部结构和动态影响，构建了动态网络 DEA 模型，并制订了分时期、分阶段的 DEA 效率分解方案。Boloori 等（2016）认为网络 DEA 中的投入产出要素存在相互共享和多重角色两种属性，提出了一种通用的网络 DEA 方法，并研究其网络结构对偶问题。Wang 等（2020）将技术创新活动分为研发阶段与商业化阶段，以此构建一个包括共享投入、附加中间投入和自由中间产出的网络系统，并用于评价我国高新技术产业的创新效率。

3）网络 E-DEA 研究

现实生产系统不仅是一个具有复杂内部结构的系统，还是一个具有非期望要素的系统。随着决策者信息需求的日渐强烈，学者开始考虑如何在效率评价过程中打开具有非期望要素的系统结构"黑箱"。卞亦文（2012）认为社会经济环境系统是由经济生产和污染物处理两个子系统所构成的，其中经济生产系统占据主导地位。因此，他引入了非合作博弈思想来构建网络 E-DEA 模型，并认为治污效率的优化应该建立在保证经济生产效率最大化的基础上。胡晓燕等（2013）将非期望产出作为投入来处理，并在整体系统效率最优的前提下，对两阶段子系统做主从博弈，以指明效率的改进方向。Wang 等（2014）对具有非期望要素的两阶段系统进行研究，发现两阶段 E-DEA 模型比传统 DEA 模型更有利于挖掘出系统的无效源。Maghbouli 等（2014）认为处理具有非期望产出的系统效率评价问题需要注意非期望产出的弱可处置性，同时还考虑到了部分非期望产出不进入下一阶段的情况；在此基础上，其引入博弈理论，分别构建了非合作主从博弈和合作博弈两种网络 E-DEA 模型。Lozano（2015）认为生产活动一般可以分为生产过程和污染产生过程两个子系统，并引入联合投入的概念，构建了一种具有并联结构的非定向网络 E-DEA 模型，以此来衡量多个国家之间火电站的运营效率。Yu 等（2020）将经济-社会-环境循环系统看作三个相互联系但又相互独立的子系统，并构建了一个改进的矩阵型网络 E-DEA 模型，以评价我国省域经济的环境效率。

综上所述，网络 DEA 方法能够剖析系统的复杂内部结构，挖掘出潜藏在系统内部的深层无效源，有利于决策者掌握系统的全局状态，并进行有针对性的改进。

3. 逆 DEA 方法研究

传统的 DEA 方法是用客观投入/产出数据对被评 DMU 的效率进行测算的方法，但并无法依据决策者的需求对投入/产出数据本身的发展趋势做估算。针对这个不足，Wei 等（2000）提出的逆 DEA 方法，用于在保持当前 DMU 效率不变的前提下处理以下两方面的问题：第一，当给予某个特定 DMU 一个额外的投入时，其对应的产出值应该增加多少？第二，当某个特定 DMU 需要多生产一定的额外产出时，需要增加多少投入？

此后，越来越多的学者开始对逆 DEA 方法进行研究。Yan 等（2002）用偏好锥约束来整合决策者的主观偏好，并将其引入逆 DEA 方法中，以解决资源配置的问题。Lertworasirikul 等（2011）在 VRS 的假设下构建逆 DEA 模型，以此保证在调整投入/产出的过程中所有 DMU 的相对效率不变。Ghobadi 和 Jahangiri（2015）分别从理论与应用的视角来阐述逆 DEA 方法，在此基础上讨论模糊环境下逆 DEA 模型可能的几种拓展与应用。Jahanshahloo 等（2015）在时间依赖的假设下构建了逆 DEA 模型，并引入周期弱 Pareto 最优的概念对该模型进行优化求解。Ghiyasi（2017）在考虑价格信息的基础上，分别针对技术效率、成本效率和收益效率来构建不同的逆 DEA 模型。Amin 等（2019）将目标规划引入逆 DEA 模型中，用于处理并购过程中的目标设置问题；通过该模型的优化，决策者可以依据其偏好尽可能减少投入/增加产出。Soleimani-Chamkhorami 等（2020）使用逆 DEA 方法来测试有效 DMU 的增长潜力，以此对所有 DMU 进行全排序。

综上所述，逆 DEA 方法能在保持给定的效率和投入/产出的前提下确定 DMU 的最优产出/投入，进而为资源配置（Chen et al., 2017）和目标设置（Emrouznejad et al., 2019）等问题提供有效的决策支撑，具有重要的现实意义。

2.3　E-DEA 对非期望产出的主要处理手段

根据图 2-3 以及 E-DEA 本身的描述可知，E-DEA 是 DEA 理论体系中的重要组成部分，其核心的特征在于多样性的生产要素性质。传统的 DEA 模型通常只考虑怎么用最少的投入换取最大的产出，然而在实际效率评价过程中，决策者不仅需要考虑有价值的产出，即期望产出，还需要考虑伴随期望产出的产生而产生的人们并不想要的产出，即非期望产出。非期望产出的概念于 1951 年由 Koopmans 提出，并广泛存在于各种生产过程中，如废水、废气污染物等。事实上，非期望要素包含了非期望投入和非期望产出。非期望投入是决策者希望在生产过程中消耗越多越好的投入，如污水处理过程中的废水投入量。但大多数情况下，非期望产出的影响远远大于非期望投入。因此，在 E-DEA 研究中，一般都是讨论非期望产出及其影响（罗艳，2012）。

Pittman（1983）最早将非期望产出纳入生产力评估，他通过多元最佳指数，将造纸过程产生的污染物作为衡量生产力的指标之一。Färe 等（1989）将非期望产出引入传统 DEA 模型，并在 Pittman 研究的基础上重新评价造纸厂的环境绩效，正式揭开了 E-DEA 理论方法研究的序幕。鉴于非期望要素的普遍存在性和不可忽视性，E-DEA 方法迅速成为 DEA 方法研究的主要方向和前沿之一（Liu et al., 2016a；Halkos and Petrou, 2019）。

不同于期望产出的是，非期望产出具有越少越好的性质。因此，如何在 DEA 框架内正确处理非期望产出就成了 E-DEA 研究者首先要面对的关键性问题。纵观近年来的相关文献，可以发现非期望产出的处理方法主要分为非期望产出作为投入处理法、数据转换函数处理法、基于不同的效率测度处理法和基于非期望产出可处置性的处理法。

2.3.1　非期望产出作为投入处理法

该方法将非期望产出作为投入指标来进行效率评价，既考虑了非期望产出，还保证了传统 DEA 方法的有效性（Hu and Wang，2006）。Reinhard 等（2000）使用该方法评价荷兰牛奶场的环境效率，并与随机前沿面评价法进行比较分析。张炳等（2008）将非期望产出分别当做投入和产出，对杭州湾精细化工园区企业的生态效率进行评估。Saen（2010）在存在非期望产出和不确定数据的情况下构建 E-DEA 模型，并用于对供应商进行选择。

该方法的建模思路如下：假设有 n 个具有可比性的 DMU，每个 DMU 都有 m 种投入、s 种期望产出和 h 种非期望产出。对于第 j 个 DMU 来说，其第 i 种投入的数量记为 x_{ij}，第 r 种期望产出的数量记为 y_{rj}，第 h 种非期望产出的数量记为 z_{fj}。而 DMU $_j$ 的投入、期望产出和非期望产出可以分别记为 $X_j = (x_{1j}, x_{2j}, \cdots, x_{mj})^{\mathrm{T}}$、$Y_j = (y_{1j}, y_{2j}, \cdots, y_{sj})^{\mathrm{T}}$ 和 $Z_j = (z_{1j}, z_{2j}, \cdots, z_{hj})^{\mathrm{T}}$，则被评决策单元 DMU $_d$ 的效率 θ_d 可以表示为

$$
\text{Max} \quad \theta_d = \frac{\sum_{r=1}^{s} u_{rd} y_{rd}}{\sum_{i=1}^{m} v_{id} x_{id} + \sum_{f=1}^{h} w_{fd} z_{fd}}
$$

$$
\text{s.t.} \quad \theta_j = \frac{\sum_{r=1}^{s} u_{rd} y_{rj}}{\sum_{i=1}^{m} v_{id} x_{ij} + \sum_{f=1}^{h} w_{fd} z_{fj}} \leqslant 1, \quad j = 1, 2, \cdots, n \tag{2-11}
$$

$$
u_{rd}, v_{id}, w_{fd} \geqslant 0, \quad r = 1, 2, \cdots, s; \ i = 1, 2, \cdots, m; \ f = 1, 2, \cdots, h
$$

由式（2-11）可知，非期望产出被视为一种投入，以此对 DMU 的效率进行评价。

该方法的合理性在于，非期望产出指标与投入指标都具有越小越好的性质，将其视为投入指标进行处理，可以一定程度上反映出期望产出、非期望产出、投入等指标与效率之间的相互关系。该方法可以令传统的 DEA 模型通过最简单易行的方式来兼容非期望产出，但是它改变了 DMU 原有的投入产出结构，无法真实地反映生产过程。

2.3.2　数据转换函数处理法

该方法是把越小越好的非期望产出通过一定的函数变换转化为越大越好的形式，即可将经过变换后的非期望产出作为一般的期望产出进行处理。Seiford 和 Zhu（2002）提出了线性函数转化法，先将所有非期望产出乘以 -1，然后再加上一个足够大的正数，使得转化后的指标数据皆为正数。魏新强和张宝生（2014）通过

对非期望产出数据进行转化来构造能源效率动态 E-DEA 评价模型,并以此分析不同可持续发展目标下我国的节能潜力。Chen 等(2016a)也采用该方法处理非期望产出,并在此基础上测量不同政策目标下我国工业产业的期望与非期望双重拥挤效应。Ye 等(2020)在不确定性环境下对区间非期望产出进行数据转换,并结合证据推理和 DEA 理论,提出一种新的效率评价模型,用于评价中国大气污染管理效率。

本节以 Seiford 和 Zhu(2002)的方法为例,介绍数据转换函数处理法。该方法的建模思路如下:将非期望产出转化为越大越好的指标,即

$$\overline{z}_j = K - z_j \tag{2-12}$$

其中,K 为一个足够大的正数,使得所有的 $\overline{z}_j$ 皆大于 0。转换后的非期望产出可以视为期望产出来进行处理,具体模型如下:

$$\text{Max} \quad \theta_d = \frac{\sum_{r=1}^{s} u_{rd} y_{rd} + \sum_{f=1}^{h} w_{fd} \overline{z}_{fd}}{\sum_{i=1}^{m} v_{id} x_{id}}$$

$$\text{s.t.} \quad \theta_j = \frac{\sum_{r=1}^{s} u_{rd} y_{rj} + \sum_{f=1}^{h} w_{fd} \overline{z}_{fj}}{\sum_{i=1}^{m} v_{id} x_{ij}} \leq 1, \quad j = 1, 2, \cdots, n \tag{2-13}$$

$$u_{rd}, v_{id}, w_{fd} \geq 0, \quad r = 1, 2, \cdots, s; \quad i = 1, 2, \cdots, m; \quad f = 1, 2, \cdots, h$$

非期望产出通过数据转换后,仍可沿用传统的 DEA 方法,具有很强的实用性与便利性。然而,由于数据转换函数处理法加入了一个强凸性约束,因此在一定程度上改变了数据原有的特性(宋马林等,2012)。

2.3.3　基于不同的效率测度处理法

该方法不再使用传统的投入产出比值效率测度来处理非期望产出,而是采用其他类型的效率测度。最常见的是 DDF 测度和 SBM 测度。

1. DDF 测度

DDF 的概念最早于 1970 年由 Shephard 提出,并由 Chung 等(1997)引入环境绩效的评估中。DDF 法认为评价 DMU 效率时,可以通过当前 DMU 所处的位置到生产前沿面上的距离大小来衡量效率,距离越大,效率越低。同时,DDF 法还可以依据决策者的偏好来制定效率改进方向。韦薇和夏洪山(2014)通过构建

非参数 DDF 法来评估机场的运营效率,并应用计量方法检验非期望要素对效率的影响。Zanella 等(2015)将权重偏好约束引入 DDF 测度中,构建新的 E-DEA 评价模型。Rebai 等(2020)采用 DDF 来处理非期望产出,并以此来估计突尼斯中学的效率,进而应用机器学习方法来识别影响成绩的变量。

本节以 Chung 等(1997)的方法为例,介绍 DDF 测度的 DEA 方法。该方法的建模思路如下。决策者在生产过程中希望期望产出越大越好,非期望产出越小越好,而由于非期望产出与期望产出之间紧密关联,决策者只能对它们进行同比例的增减。因此,假设期望产出与非期望产出沿着方向 β_d 进行变化,而其效率评价模型可以构建如下:

$$\beta_d^* = \text{Max } \beta_d$$

$$\text{s.t. } \sum_{j=1}^{n} \lambda_j x_{ij} \leqslant x_{id}, \qquad\qquad i = 1,2,\cdots,m$$

$$\sum_{j=1}^{n} \lambda_j y_{rj} \geqslant (1+\beta_d) y_{rd}, \qquad r = 1,2,\cdots,s \qquad (2\text{-}14)$$

$$\sum_{j=1}^{n} \lambda_j z_{fj} = (1-\beta_d) z_{fd}, \qquad f = 1,2,\cdots,h$$

$$\forall \lambda_j \geqslant 0$$

在式(2-14)中,x_{id} 与 y_{rd} 均具有无效性,即自由可处置性;而非期望产出 z_{fd} 则不具备这种无效性,其随着期望产出的变动而变动。通过该模型可得 DMU_d 期望产出和非期望产出的最大变动距离为 β_d^*;则其效率可以表示为

$$\theta_d = \frac{1-\beta_d^*}{1+\beta_d^*} \qquad (2\text{-}15)$$

DDF 测度法弥补了传统径向效率测度的缺陷,还可以兼顾决策者偏好,具有相当的优越性。然而,Chung 等(1997)的 DDF 方法对期望产出和非期望产出的距离变化是径向而单一的。基于此,许多学者针对 DDF 的方向确定方法展开了一系列研究(邓忠奇,2016;Lozano and Soltani,2020),但并未形成公认的客观确定方法,进而容易影响该方法评价结果的公信力。

2. SBM 测度

SBM 测度方法是由 Tone(2001)根据投入/产出的松弛变量所提出的非径向非角度的 DEA 分析方法。随后,Tone(2004)又将 SBM 测度推广到 E-DEA 模型中。Bretholt 和 Pan(2013)使用 SBM 模型处理非期望产出,并综合考虑 Malmquist 指数和潜在变量来分析各国经济发展的环境效率。陈磊等(2015)利用 SBM 测度 E-DEA 模型分别测算我国近年来的水资源-经济-环境系统的整体技术效率、纯

技术效率和规模效率，并通过空间计量方法对不同 DMU 效率之间的空间效应进行分析。Li 等（2016）将超效率思想引入 SBM 模型中，构建 E-DEA 超效率模型，并用以衡量我国各个地区的运输效率。Kuang 等（2020）采用 SBM 测度来处理非期望产出，并结合箱形图、核密度估计和 Tobit 回归模型来评估我国耕地理论效率及其影响要素。

本节以 Tone（2004）的方法为例，介绍 SBM 测度的 DEA 方法。该方法的建模思路如下。Tone（2004）用 s^-、s^g 和 s^b 分别代表 DMU 投入、期望产出和非期望产出的松弛变量，并认为最小化投入的松弛变量，最大化期望产出和非期望产出的松弛变量有利于提升 DMU 的效率。因此，DMU_d 的效率评价模型可以构建如下：

$$
\mathrm{Min}\ \theta_d = \frac{1 - \dfrac{1}{m}\displaystyle\sum_{i=1}^{m}\dfrac{s_i^-}{x_{id}}}{1 + \dfrac{1}{s+h}\left(\displaystyle\sum_{r=1}^{s}\dfrac{s_r^g}{y_{rd}^g} + \displaystyle\sum_{f=1}^{h}\dfrac{s_f^b}{z_{fd}}\right)}
$$

$$
\begin{aligned}
\text{s.t.}\quad & \sum_{j=1}^{n}\lambda_j x_{ij} + s_i^- = x_{id}, \quad i = 1,2,\cdots,m \\
& \sum_{j=1}^{n}\lambda_j y_{rj} + s_r^g = y_{rd}, \quad r = 1,2,\cdots,s \\
& \sum_{j=1}^{n}\lambda_j z_{fj} + s_f^b = z_{fd}, \quad f = 1,2,\cdots,h \\
& \forall s^-,\ s^g,\ s^b,\ \lambda \geq 0
\end{aligned}
$$

(2-16)

SBM 测度避免了径向和角度的选择产生的偏差，更贴近效率测度的本质。然而其计算较为烦琐，在一定程度上导致了应用不便。

2.3.4 基于非期望产出可处置性的处理法

该方法主要关注非期望产出本身的可处置性，并以此来处理非期望产出。非期望产出最常用的可处置性有强可处置性和弱可处置性。非期望产出的强可处置性是指决策者可以在不影响期望产出的前提下自由地减少非期望产出。宋马林等（2013）在非期望产出强可处置性的假设基础上分析 E-DEA 方法的统计属性。Liu 等（2015）利用非期望要素的强可处置性来构建两阶段的 E-DEA 模型，并以此分析我国银行业的运营效率。非期望产出的弱可处置性是指决策者减少非期望产出的同时必然伴随着期望产出的减少。Färe 等（2004）认为非期望产出与期望产出之间具有以下几种性质：一是零点关联性，即只要有期望产出产生，就一定有非期望产出的存在，这两者的关联点仅存在于零点；二是非期望产出具有弱可处置性，即在给定的投入水平下，减少非期望产出的唯一可行办法就是减少期望产出；三是期望产出和投入具有强可处置性，即决策者可以根据需要来控制生产过程花费的资源数和期望产出量。Podinovski 和 Kuosmanen（2011）总结了非期望产出弱可处置性的特点，认为传统的非期望产出弱可处置性存在一定的效率夸大，并分析了 E-DEA 模型的函数凸性。Leleu（2013）分析了非期望产出弱可处置假设下 E-DEA 建模常见的错误，并详细研究了非期望产出的影子价格。李永立和吴冲（2014）引入统计学中"相关性"的概念来描述非期望产出的弱可处置性，并提出基于最优化理论的随机 E-DEA 模型，以此来处理非期望产出和数据本身的随机误差问题。Miao 等（2016）在非期望产出弱可处置性的基础上提出一种非径向的 E-DEA 方法，并以此来分配我国各个地区的二氧化碳（carbon dioxide，CO_2）排放配额。Masrouri 等（2020）对比了非期望产出作为投入处理法和弱可处置性非期望产出处理法，证明了弱可处置性非期望产出处理法更能完整地模拟现实生产过程。

此外，Sueyoshi 和 Goto（2012）认为仅将非期望产出的可处置性分为强、弱可处置性是不全面的，因此，其提出非期望产出的自然可处置性假设和管理可处置性假设，并使用日本电力工业和制造业的相关数据分析这两种假设。自然可处置性是指减少非期望产出可以通过减少投入来实现的情况；而管理可处置性指减少非期望产出可以通过增加投入来实现的情况。随后，他们针对非期望产出的自然可处置性假设与管理可处置性假设展开一系列的研究（Sueyoshi et al.，2013；Sueyoshi and Goto，2015，2016）。

综上所述，E-DEA 方法研究已经越来越引起国内外广大学者的关注。正确地处理非期望要素有助于还原真实的生产过程，使评价结果更加全面而准确。

2.4　E-DEA 方法的应用研究

作为效率评价的主流方法之一，DEA 方法不仅在理论上不断地改进与完善，而且被广泛地应用在不同的领域，并取得了显著的社会价值（Emrouznejad and Yang，2018；Liu et al.，2013）。而 E-DEA 方法针对环境问题的特征，将非期望产出纳入生产活动的效率评价体系中，完善了 DEA 理论体系方法，并拓宽了 DEA 方法的应用范围。事实上，E-DEA 也随着 DEA 理论方法的兴盛，以及其具有的考虑非期望产出的独特优势，突破了环境效率评价的单一领域，开始延伸到其他各个领域的效率评价问题中。为了直观地展示 E-DEA 方法的价值，本节将其部分常见的应用领域罗列在表 2-1 中，方便读者进一步了解 E-DEA 方法的应用领域。

表 2-1 E-DEA 方法部分常见的应用领域

应用领域	具体应用	代表文献
区域经济发展	国家经济发展的生态效率评价	Mardani 等（2017）；Ouyang 和 Yang（2020）
	工业经济发展的能源效率评价	Zhou 等（2019a）
农业管理	小麦生产效率评价	Pishgar-Komleh 等（2020）
	耕地利用效率评价	Kuang 等（2020）
交通运输发展	航空效率评价	Shirazi 和 Mohammadi（2019）
	道路运输效率评价	Wang（2019）
资源配置	节能减排	Wegener 和 Amin（2019）
	碳权分配	Momeni 等（2019）
供应链管理	可持续供应链	Zhou 等（2019b）
金融工程	银行的成本效率	Fukuyama 等（2020）
	商业银行效率评价	Zhou 等（2019c）
旅游管理	酒店效率评价	Yin 等（2020）

由表 2-1 可知，近年来 E-DEA 被大量应用在区域经济发展、农业管理、交通运输发展等不同领域，为决策者提供了强有力的决策支撑，进而对社会经济发展进程产生不可忽视的影响。

第3章 E-DEA 框架下非期望要素的可处置性基本假设

非期望产出是伴随期望产出的出现而出现的，不仅不能带来收益，还会造成负面影响的产出。在实际生产过程中，决策者往往希望非期望产出越小越好，期望产出越大越好，这就导致了一种生产矛盾的产生。因此，如何正确地看待非期望产出在生产过程中的可处置性，是科学评价 DMU 环境效率的首要前提，是缓和生产过程中期望产出与非期望产出之间矛盾的有力工具，也是 E-DEA 方法区别于传统 DEA 方法的关键性难点。

3.1 非期望产出的可处置性假设

3.1.1 强、弱可处置性基本假设

非期望产出的强、弱可处置性是 1989 年由 Färe 等（1989）正式提出的对于非期望产出在生产过程中的可处置性假设。这些假设得到学者的广泛关注，并成为大多数 E-DEA 方法研究中处理非期望产出的基本假设（Hang et al., 2015; Song et al., 2013）。

假设有 n 个具有可比性的 DMU，每个 DMU 都有 m 种投入、s 种期望产出和 h 种非期望产出。对于第 j 个 DMU 来说，其第 i 种投入的数量记为 x_{ij}，第 r 种期望产出的数量记为 y_{rj}，第 f 种非期望产出的数量记为 z_{fj}。根据 Färe 等（1989）的研究，本书将 DMU_j 的投入向量、期望产出向量和非期望产出向量分别记为 $X_j = \left(x_{1j}, x_{2j}, \cdots, x_{mj} \right) \in R_+^m$、$Y_j = \left(y_{1j}, y_{2j}, \cdots, y_{sj} \right) \in R_+^s$ 和 $Z_j = \left(z_{1j}, z_{2j}, \cdots, z_{hj} \right) \in R_+^h$。因此，这一组 DMU 的生产可能集 T 可以由可行的生产活动 (X, Y, Z) 构成，即

$T=\{(X, Y, Z) \mid Z$ 和 Y 可以由 X 生产出来$\}$。

在非期望产出的弱可处置性假设和 CRS 的假设下，Färe 等（1989）将生产活动的生产可能集 $P^w(X)$ 具体化为

$$P^w(X)=\left\{(Y, Z)\left|\sum_{j=1}^{n}\lambda_j Y_j \geqslant Y, \sum_{j=1}^{n}\lambda_j Z_j = Z, \sum_{j=1}^{n}\lambda_j X_j \leqslant X, \lambda_j \geqslant 0\,(j=1,2,\cdots,n)\right.\right\}$$

在生产可能集 $P^w(X)$ 中，约束 $\sum_{j=1}^{n}\lambda_j X_j \leqslant X$ 和 $\sum_{j=1}^{n}\lambda_j Y_j \geqslant Y$ 分别表示投入 X 和期望产出 Y 都是强可处置性的，决策者可以自由地根据自身需求进行增加或减少；而约束 $\sum_{j=1}^{n}\lambda_j Z_j = Z$ 表示非期望产出具有弱可处置性，即决策者无法在不影响投入和期望产出的情况下减少非期望产出。

根据非期望产出弱可处置性假设的生产可能集，任意一个 DMU_d 在弱可处置性假设下的投入导向 E-DEA 效率 θ_d^w 可以由式（3-1）计算得到：

$$\begin{aligned}
&\mathrm{Min}\ \theta_d^w\\
&\mathrm{s.t.}\ \sum_{j=1}^{n}\lambda_j x_{ij} \leqslant \theta_d^w x_{id}, \quad i=1,2,\cdots,m\\
&\qquad \sum_{j=1}^{n}\lambda_j y_{rj} \geqslant y_{rd}, \quad r=1,2,\cdots,s \qquad\qquad (3\text{-}1)\\
&\qquad \sum_{j=1}^{n}\lambda_j z_{fj} = z_{fd}, \quad f=1,2,\cdots,h\\
&\qquad \lambda_j \geqslant 0, \quad j=1,2,\cdots,n
\end{aligned}$$

其中，θ_d^w 表示此时 DMU_d 的效率值。

对于非期望产出的强可处置性假设，其生产可能集一般可以分为两种。第一种源于 Färe 等（1989）的研究，其将任意一个 DMU_d 在强可处置性假设下的生产可能集 $P^s(X)$ 具体化为

$$P^s(X)=\left\{(Y, Z)\left|\sum_{j=1}^{n}\lambda_j Y_j \geqslant Y, \sum_{j=1}^{n}\lambda_j Z_j \geqslant Z, \sum_{j=1}^{n}\lambda_j X_j \leqslant X, \lambda_j \geqslant 0\,(j=1,2,\cdots,n)\right.\right\}$$

其中，不等式约束 $\sum_{j=1}^{n}\lambda_j Z_j \geqslant Z$ 赋予非期望产出强可处置性。第二种则源于 Yang 和 Pollitt（2010）与 Sueyoshi 和 Goto（2014a）的研究。他们认为决策者希望且往往采用各种措施来使非期望产出尽可能地少，因此，非期望产出的强可处置性应表示为 $\sum_{j=1}^{n}\lambda_j Z_j \leqslant Z$。

本章采用第二种观点,将强可处置性假设下的生产可能集具体化为

$$P^s(X) = \left\{ (Y, Z) \middle| \sum_{j=1}^{n} \lambda_j Y_j \geqslant Y, \sum_{j=1}^{n} \lambda_j Z_j \leqslant Z, \sum_{j=1}^{n} \lambda_j X_j \leqslant X, \ \lambda_j \geqslant 0 \ (j = 1, 2, \cdots, n) \right\}$$

根据该生产可能集,强可处置性假设下的投入导向 E-DEA 模型可以构建如下:

$$\text{Min} \ \ \theta_d^s$$

$$\text{s.t.} \ \sum_{j=1}^{n} \lambda_j x_{ij} \leqslant \theta_d^s x_{id}, \quad i = 1, 2, \cdots, m$$

$$\sum_{j=1}^{n} \lambda_j y_{rj} \geqslant y_{rd}, \quad r = 1, 2, \cdots, s \qquad (3\text{-}2)$$

$$\sum_{j=1}^{n} \lambda_j z_{fj} \leqslant z_{fd}, \quad f = 1, 2, \cdots, h$$

$$\lambda_j \geqslant 0, \quad j = 1, 2, \cdots, n$$

3.1.2　强、弱可处置性假设的不足

虽然非期望产出的强、弱可处置性假设得到广泛的应用,但是其也存在一些不足。Kuosmanen(2005)指出弱可处置性假设将一个统一的变化因子强加在所有 DMU 上,使得它们的产出只能进行径向的变化,具有相当的局限性。Yang 和 Pollitt(2010)认为非期望产出可能具有强可处置性,也可能具有弱可处置性,将它们统一地看作某种单纯的强或弱可处置性是不全面的。Liu 等(2016b)认为,强、弱可处置性假设无法在效率评价时反映出 DMU 在生产过程中的管理能力和技术创新。因此,为了更好地判断强、弱可处置性假设的性质,本节将对它们做进一步的分析。

如图 3-1 所示,轮廓线 BAD 和轮廓线 CAD 分别代表在非期望产出强可处置性和弱可处置性假设下一组 DMU 的效率前沿面。可以看出,非期望产出强可处置性前沿面 BAD 是一个凸包,而当强可处置性转化为弱可处置性时,其前沿面则向后弯曲,形成新的前沿面 CAD。这是由在弱可处置性假设下非期望产出的影子价格不受任何约束导致的(Boussemart et al., 2015)。换句话说,该现象是期望产出和非期望产出共同变化的直接体现(Maghbouli et al., 2014)。当非期望产出量减少时,需要更多的投入来生产给定量的期望产出,从而影响了弱可处置性假设的效率前沿面。

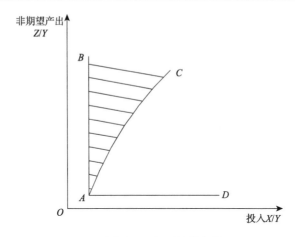

图 3-1　不同可处置性下的效率前沿面

　　事实上，在投入不变的情况下，决策者常常无法按照自己的意愿自由或无成本地减少非期望产出；但是非期望产出也未必一定需要通过减少期望产出来减少。管理方式的改进与技术层面的创新都可能在期望产出不变的情况下减少非期望产出。因此，在实际生产过程中，非期望产出的可处置性往往介于强可处置性与弱可处置性之间，即处于图 3-1 里的阴影面 BAC 中。

3.2　非期望产出的半可处置性假设

3.2.1　半可处置性的定义及方法

　　为了更好地拟合真实生产前沿面，本节对非期望产出的可处置性做进一步的探讨，并在传统强、弱可处置性假设的基础上提出一种新的非期望产出可处置性假设——半可处置性。

　　定义 3-1　若决策者在当前的技术水平下可以相对自由地减少非期望产出而不影响投入与期望产出，且在超出当前技术水平的情况下非期望产出的减少必然是以期望产出的减少或投入的增加为代价的，则称该非期望产出具有"半可处置性"。

　　举个例子，假设同一个地区有两个火力发电厂 A 和 B，它们都通过煤炭燃烧进行发电，并向空气中排放二氧化硫（sulfur dioxide，SO_2）。其中，A 通过采用最新的脱硫技术和先进的管理手段，使得原有的 SO_2 排放量减少了 90%，且几乎不影响其正常发电；而 B 对其 SO_2 的排放不采用任何的措施。在这种情况下，对于 B 来说，只要其引进 A 相应的技术设备和管理手段，就可以轻易地减少大量的

SO_2 排放量而不影响其正常发电。这种现象就打破了弱可处置性假设中非期望产出与期望产出之间的联动变化关系。相对地，若 A 在没有更先进的技术设备和管理手段的情况下想继续减少 SO_2 排放量，则只能通过减少其发电量这一途径。

定义 3-2　对于某 DMU 的某种非期望产出来说，往往存在一部分是无法按照决策者意愿而随意减少的，且其的减少必然导致期望产出的相应减少。这一部分非期望产出占该种非期望产出总量的比例，称为该 DMU 在该种非期望产出上的"不可处置度"。

此处仍以火力发电厂 A 和 B 为例。B 通过从 A 处引入的先进的技术设备和管理经验，可以在几乎不影响正常发电的情况下减少 90%的 SO_2 排放量。然而，还剩下 10%的 SO_2 排放量是无法通过该途径减少的。因此，可以认为发电厂 B 在 SO_2 排放量上的不可处置度为 0.1。

假设 (Y', Z', X') 表示一组任意的生产活动。在非期望产出半可处置性假设下，生产活动的生产可能集可以分为以下两种情况。

（1）情况 1：若存在 $Z > \alpha Z'$，则非期望产出 Z 具有强可处置性。在这种情况下，若有 $(Y, Z, X) \in T$，$X \leqslant X'$，$Y \geqslant Y'$，$Z \leqslant Z'$，则有 $(Y', Z', X') \in T$。此时，生产活动的生产可能集可以表示为

$$P^{m1}(X) = \left\{ (Y, Z) \middle| \sum_{j=1}^{n} \lambda_j Y_j \geqslant Y, \sum_{j=1}^{n} \lambda_j Z_j \leqslant Z, \sum_{j=1}^{n} \lambda_j Z_j > \alpha Z, \sum_{j=1}^{n} \lambda_j X_j \leqslant X, \lambda_j \geqslant 0 \, (j = 1, 2, \cdots, n) \right\}$$

其中，α 表示 DMU 所有非期望产出不可处置度的集合，即 $\alpha = (\alpha_1, \alpha_2, \cdots, \alpha_h) \in R_+^h$，且任意一个不可处置度的值都介于 0 和 1 之间。

（2）情况 2：若存在 $Z \leqslant \alpha Z'$，则非期望产出 Z 具有弱可处置性。在这种情况下，若有 $(Y, Z, X) \in T$，$X \leqslant X'$，$Y \geqslant Y'$，$Z = \alpha Z'$，则有 $(Y', Z', X') \in T$。此时，生产活动的生产可能集可以表示为

$$P^{m2}(X) = \left\{ (Y, Z) \middle| \sum_{j=1}^{n} \lambda_j Y_j \geqslant Y, \sum_{j=1}^{n} \lambda_j Z_j = \alpha Z, \sum_{j=1}^{n} \lambda_j Z_j \leqslant \alpha Z, \sum_{j=1}^{n} \lambda_j X_j \leqslant X, \lambda_j \geqslant 0 \, (j = 1, 2, \cdots, n) \right\}$$

$$= \left\{ (Y, Z) \middle| \sum_{j=1}^{n} \lambda_j Y_j \geqslant Y, \sum_{j=1}^{n} \lambda_j Z_j = \alpha Z, \sum_{j=1}^{n} \lambda_j X_j \leqslant X, \lambda_j \geqslant 0 \, (j = 1, 2, \cdots, n) \right\}$$

显然，半处置性假设下的生产可能集是这两种情况下生产可能集的并集，其可表示如下：

$$P^m(X) = P^{m1}(X) \bigcup P^{m2}(X)$$

$$= \left\{ (Y, Z) \middle| \sum_{j=1}^{n} \lambda_j Y_j \geqslant Y, \sum_{j=1}^{n} \lambda_j Z_j \leqslant Z, \sum_{j=1}^{n} \lambda_j Z_j \geqslant \alpha Z, \sum_{j=1}^{n} \lambda_j X_j \leqslant X, \lambda_j \geqslant 0 (j = 1, 2, \cdots, n) \right\}$$

其中，$\sum_{j=1}^{n} \lambda_j Z_j \leqslant Z$ 和 $\sum_{j=1}^{n} \lambda_j Z_j \geqslant \alpha Z$ 这一对不等式约束定义了非期望产出 Z 的半可处置性。在此基础上，可以构建半可处置性假设下的 E-DEA 效率评价模型，具体如下：

$$\text{Min} \quad \theta_d^m$$

$$\text{s.t.} \quad \sum_{j=1}^{n} \lambda_j x_{ij} \leqslant \theta_d^m x_{id}, \qquad i=1,2,\cdots,m$$

$$\sum_{j=1}^{n} \lambda_j y_{rj} \geqslant y_{rd}, \qquad r=1,2,\cdots,s$$

$$\sum_{j=1}^{n} \lambda_j z_{fj} \leqslant z_{fd}, \qquad f=1,2,\cdots,h \tag{3-3}$$

$$\sum_{j=1}^{n} \lambda_j z_{fj} \geqslant \alpha_{fd} z_{fd}, \quad f=1,2,\cdots,h$$

$$\lambda_j \geqslant 0, \quad j=1,2,\cdots,n$$

其中，θ_d^m 表示此时 DMU_d 的效率值。

需要注意的是，不可处置度 α_{fd}（$f=1,2,\cdots,h$）是一个介于 0 和 1 之间的常数，因此，式（3-3）是一个线性规划。α_{fd} 的具体值通过德尔菲法、专家会议法等多种方法进行获取。此外，3.2.3 节中也提出了一种不可处置度的客观确定方法来帮助决策者顺利地应用非期望产出半可处置性假设进行效率评价。

定理 3-1　非期望产出的强可处置性与弱可处置性都是半可处置性的一种特殊形式。

证明　当 $\alpha_{fd}=1$（$f=1,2,\cdots,h$）时，式（3-3）中的不等式约束 $\sum_{j=1}^{n} \lambda_j z_{fj} \leqslant z_{fd}$ 和 $\sum_{j=1}^{n} \lambda_j z_{fj} \geqslant \alpha_{fd} z_{fd}$ 可以合并为等式约束 $\sum_{j=1}^{n} \lambda_j z_{fj} = z_{fd}$。此时，式（3-3）等价于式（3-1）。这说明非期望产出的弱可处置性是半可处置性中不可处置度 $\alpha_{fd}=1$ 时的特殊形式。

当 $\alpha_{fd}=0$（$f=1,2,\cdots,h$）时，不等式约束 $\sum_{j=1}^{n} \lambda_j z_{fj} \geqslant \alpha_{fd} z_{fd}$ 可以转化为约束 $\sum_{j=1}^{n} \lambda_j z_{fj} \geqslant 0$。又因为 λ_j 和 z_{fj}（$j=1,2,\cdots,n; f=1,2,\cdots,h$）皆为非负数，所以该约束恒成立。此时，式（3-3）等价于式（3-2）。这说明非期望产出的强可处置性是半可处置性中不可处置度 $\alpha_{fd}=0$ 时的特殊形式。

证毕。

3.2.2　半可处置性的经济意义

为了进一步阐述非期望产出半可处置性的经济意义，本节将式（3-3）转为其对偶函数的形式，具体如下：

$$\text{Max } \delta_d^m = \sum_{r=1}^{s} u_{rd} y_{rd} - \sum_{f=1}^{h} (w_{fd} z_{fd} - w'_{fd} \alpha_{fd} z_{fd})$$

$$\text{s.t. } -\sum_{i=1}^{m} v_{id} x_{ij} + \sum_{r=1}^{s} u_{rd} y_{rj} - \sum_{f=1}^{h} (w_{fd} z_{fj} - w'_{fd} z_{fj}) \leqslant 0, \quad j = 1, 2, \cdots, n \qquad (3\text{-}4)$$

$$\sum_{i=1}^{m} v_{id} x_{id} = 1$$

$$v_{id}, u_{rd}, w_{fd}, w'_{fd} \geqslant 0, \quad i = 1, 2, \cdots, m; \ r = 1, 2, \cdots, s; \ f = 1, 2, \cdots, h$$

其中，v_{id}、u_{rd}、w_{fd}、w'_{fd}（$i = 1, 2, \cdots, m; \ r = 1, 2, \cdots, s; \ f = 1, 2, \cdots, h$）表示决策变量；$\delta_d^m$ 表示半可处置性假设下 DMU_d 的对偶效率。根据线性规划的对偶理论可知，式（3-3）和式（3-4）的最优解相等，即 $\theta_d^{m*} = \delta_d^{m*}$。

对偶规划式（3-4）为非期望产出的半可处置性提供了以下的经济解释：第一，令 $e_f = w_f - w'_f$，则 $-v_i$、u_r、$-e_f$（$i = 1, 2, \cdots, m; \ r = 1, 2, \cdots, s; \ f = 1, 2, \cdots, h$）分别表示投入、期望产出与非期望产出的影子价格。第二，投入 x_{id} 通过其影子价格 $-v_i$ 对效率值产生一个非正的影响；期望产出 y_{rd} 通过其影子价格 u_r 对效率值产生一个非负的影响；而非期望产出 z_{rd} 的影子价格 $-e_f$ 是一个无约束的值，所以其既可能对效率值产生一个非负的影响，也可能对其产生非正的影响。这就意味着若要使 DMU 变得更加有效，决策者应该尽可能地减少投入和增加期望产出。同时，若 $e_f = (w_f - w'_f) \leqslant 0$，则决策者应当增加非期望产出；否则，其将为限制非期望产出的增加而承受一定的效率损失。Hailu 和 Veeman（2001）指出在理论上，对于非期望产出只有非正的影子价格才是能被接受的。然而，当决策者在超过当前技术水平的情况下，只能通过减少相同比例的期望产出来减少非期望产出；而被减少的那部分期望产出的价值有可能大于非期望产出所带来的影响。因此，本章认为非期望产出的影子价格可以是非负的。

值得注意的是，式（3-3）是一个以投入为导向的模型。因此，若式（3-3）和式（3-4）所得的效率值 θ_d^m 和 δ_d^m 越大，则 DMU 的效率越高。当 $\theta_d^m = \delta_d^m = 1$ 时，可以认为被评 DMU_d 是有效 DMU。

3.2.3　基于参考点比较的不可处置度确定方法

对于式（3-3）中非期望产出的不可处置度 α_{fd}（$f = 1, 2, \cdots, h$），其具体值可以由德尔菲法、专家会议法等多种方法得到。然而这些方法都较为主观，难以得出一个统一且令人信服的结果。因此，本节提出一种基于参考点比较（reference point comparison，RPC）的方法，用以科学客观地确定非期望产出的不可处置度。其方法过程如下。

1）计算非期望产出密度 c_{fj}

一般而言，非期望产出 z_{fj}（ $f=1,2,\cdots,h$）往往都掺杂在其他附带产出 k_{fj}（ $f=1,2,\cdots,h$）中出现，如火力发电厂的 SO_2 都是通过生产废气的排放而排放的。而 z_{fj} 在 k_{fj} 中占据的比例可称为非期望产出密度，其值 c_{fj} 可以通过式（3-5）计算得到：

$$c_{fj}=\frac{z_{fj}}{k_{fj}}, \quad f=1,2,\cdots,h; j=1,2,\cdots,n \qquad （3-5）$$

2）为非期望产出密度设置一个参考点 c_{f*}

参考点 c_{f*} 表示当前生产技术的最优水平。一般而言，参考点满足 $c_{f*}\leqslant \underset{j\in\{1,2,\cdots,n\}}{\mathrm{Min}} c_{fj}$（ $f=1,2,\cdots,h$）。这是因为 $\underset{j\in\{1,2,\cdots,n\}}{\mathrm{Min}} c_{fj}$ 表示现有的 DMU 中已经存在着的最优生产技术水平。若没有特殊说明，本章令 $c_{f*}= \underset{j\in\{1,2,\cdots,n\}}{\mathrm{Min}} c_{fj}$。

3）确定不可处置度 α_{fj}

根据参考点 c_{f*}，决策者可以计算在当前最优生产技术水平下 DMU_j 排放的产出 k_{fj} 中可能掺杂着的最少的非期望产出 z_{fj}^*，并通过其与 DMU_j 实际非期望产出排放量的比值来确定该非期望产出的不可处置度 α_{fj}。具体的计算过程如式（3-6）所示：

$$\alpha_{fj}=\frac{z_{fj}^*}{z_{fj}}=\frac{c_{f*}k_{fj}}{z_{fj}} \qquad （3-6）$$

显然，RPC 方法是一种基于真实数据来确定非期望产出不可处置度的客观方法。通过对比所有 DMU 的相关数据，可以较为准确地体现当前最优的生产技术水平，有利于帮助决策者客观地把握非期望产出的半可处置度，进而实现在半可处置性假设下进行合理的效率评价。

3.3　不确定性环境中的半可处置性假设

RPC 方法可以通过一组确定的数据来生成不可处置度，以描述非期望产出的半可处置性。然而，在实际决策过程中，决策者获取的数据往往是具有不确定性的。Wang 等（2005）认为可以用区间数来刻画信息的不确定性。因此，本节通过构建一种基于区间不可处置度的半可处置性 E-DEA 模型来处理此类问题，具体模型如下：

$$\text{Min } \theta_d^m$$

$$\text{s.t. } \sum_{j=1}^{n} \lambda_j x_{ij} \leqslant \theta_d^m x_{id}, \quad i=1,2,\cdots,m$$

$$\sum_{j=1}^{n} \lambda_j y_{rj} \geqslant y_{rd}, \quad r=1,2,\cdots,s$$

$$\sum_{j=1}^{n} \lambda_j z_{fj} \leqslant z_{fd}, \quad f=1,2,\cdots,h \qquad (3\text{-}7)$$

$$\sum_{j=1}^{n} \lambda_j z_{fj} \geqslant \hat{\alpha}_{fd} z_{fd}, \quad f=1,2,\cdots,h$$

$$\lambda_j \geqslant 0, \quad j=1,2,\cdots,n$$

其中，$\hat{\alpha}_{fd}$ 表示区间不可处置度，其值是一个区间数 $\left[\alpha_{fd}^L, \alpha_{fd}^U\right]$。

定理 3-2　假设 α_{fd}^1 和 α_{fd}^2 是非期望产出 z_{fd} 两种情况下的不可处置度。若存在 $\alpha_{fd}^1 \geqslant \alpha_{fd}^2$，则它们在半可处置性假设下对应的 DMU_d 的最优效率值有 $\theta_d^{1*} \geqslant \theta_d^{2*}$。

证明　设有两个决策单元 DMU_d^1 和 DMU_d^2，它们具有同样的投入 x_{id}（$i=1,2,\cdots,m$）、期望产出 y_{rd}（$r=1,2,\cdots,s$）和非期望产出 z_{fd}（$f=1,2,\cdots,h$）。但其非期望产出的不可处置度分别为 α_{fd}^1 和 α_{fd}^2。通过式（3-3），可以得到 DMU_d^1 的最优解 $(\lambda_1^{1*}, \lambda_2^{1*}, \cdots, \lambda_n^{1*}, \theta_d^{1*})$。由于 $\alpha_{fd}^1 \geqslant \alpha_{fd}^2$，则存在 $\alpha_{fd}^1 z_{fd} \geqslant \alpha_{fd}^2 z_{fd}$，所以 DMU_d^1 的最优解 $(\lambda_1^{1*}, \lambda_2^{1*}, \cdots, \lambda_n^{1*}, \theta_d^{1*})$ 是 DMU_d^2 的一组可行解。相反地，DMU_d^2 的最优解却难以保证是 DMU_d^1 的可行解。又因为目标函数是一个最小化函数，所以可以得到 $\theta_d^{1*} \geqslant \theta_d^{2*}$。

证毕。

图 3-2 描述了基于区间不可处置度的半可处置性 E-DEA 区间效率前沿面。其中，轮廓线 FAD 和 EAD 表示不可处置度分别为 α_{fd}^1 和 α_{fd}^2 的效率前沿面，且存在 $\alpha_{fd}^1 \geqslant \alpha_{fd}^2$。此时，DMU 的效率前沿面区间表示为 FAD 和 EAD 组成的阴影面。

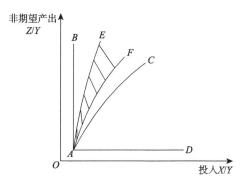

图 3-2　基于区间不可处置度的效率前沿面

为了更好地解决基于区间不可处置度半可处置性假设下的效率评价问题，本节构建了一对线性规划来衡量被评决策单元DMU_d的区间效率，具体如式（3-8）和式（3-9）所示。

$$\mathrm{Min}\ \theta_d^{mU}$$

$$\mathrm{s.t.}\ \sum_{j=1}^n \lambda_j x_{ij} \leqslant \theta_d^{mU} x_{id},\quad i=1,2,\cdots,m$$

$$\sum_{j=1}^n \lambda_j y_{rj} \geqslant y_{rd},\quad r=1,2,\cdots,s$$

$$\sum_{j=1}^n \lambda_j z_{fj} \leqslant z_{fd},\quad f=1,2,\cdots,h \tag{3-8}$$

$$\sum_{j=1}^n \lambda_j z_{fj} \geqslant \alpha_{fd}^{mU} z_{fd},\quad f=1,2,\cdots,h$$

$$\lambda_j \geqslant 0,\quad j=1,2,\cdots,n$$

$$\mathrm{Min}\ \theta_d^{mL}$$

$$\mathrm{s.t.}\ \sum_{j=1}^n \lambda_j x_{ij} \leqslant \theta_d^{mL} x_{id},\quad i=1,2,\cdots,m$$

$$\sum_{j=1}^n \lambda_j y_{rj} \geqslant y_{rd},\quad r=1,2,\cdots,s$$

$$\sum_{j=1}^n \lambda_j z_{fj} \leqslant z_{fd},\quad f=1,2,\cdots,h \tag{3-9}$$

$$\sum_{j=1}^n \lambda_j z_{fj} \geqslant \alpha_{fd}^{mL} z_{fd},\quad f=1,2,\cdots,h$$

$$\lambda_j \geqslant 0,\quad j=1,2,\cdots,n$$

其中，θ_d^{mU}和θ_d^{mL}分别表示DMU_d效率的上、下界，而α_{fd}^{mU}和α_{fd}^{mL}分别表示DMU_d在第f种非期望产出上不可处置度的上、下界。

定理 3-3　假设θ_d^{s*}和θ_d^{w*}分别表示DMU_d在非期望产出强、弱可处置性假设下的最优效率值，则存在$\theta_d^{w*} \geqslant \theta_d^{mU*} \geqslant \theta_d^{mL*} \geqslant \theta_d^{s*}$。

证明　根据定理 3-1，若有$\alpha_{fd}=0$（$f=1,2,\cdots,h$），则非期望产出的半可处置性假设等价于强可处置性假设；若有$\alpha_{fd}=1$（$f=1,2,\cdots,h$），则非期望产出的半可处置性假设等价于弱可处置性假设。同时，因为所有的α_{fd}（$f=1,2,\cdots,h$）都是 0 到 1 之间的常数，则有$0 \leqslant \alpha_d^{L*} \leqslant \alpha_d^{U*} \leqslant 1$。根据定理 3-2 可知，在投入/产出数据皆相同的情况下，DMU 的效率值与其非期望产出的不可处置度成正比。因此，存在$\theta_d^{w*} \geqslant \theta_d^{mU*} \geqslant \theta_d^{mL*} \geqslant \theta_d^{s*}$。

证毕。

3.4　非期望投入的半可处置性假设

3.4.1　投入-产出期望性的界定

一般而言，决策者希望生产过程的投入越少越好。然而，在某些特定的情况下，决策者却希望部分投入越大越好。比如，对于污水处理厂而言，其往往希望能够处理更多的污水量；又比如，在失业率居高不下的情况下，政府希望在生产过程中尽可能地设置更多的就业岗位，或者尽可能地控制裁员数量。那么对于生产过程而言，这些就是有别于越少越好的传统投入的投入。

然而，决策者对于投入的期望性往往没有清晰概念；同时现有的研究也鲜有涉及这方面的定义。Liu 等（2015）分别从子系统和整体系统的视角对投入的期望性进行讨论，他们认为投入的期望性取决于其对期望产出的影响。然而，他们对投入期望性的定义并没有考虑到投入对非期望产出的影响，同时传统 DEA 方法在评价过程中存在的"黑箱"特性使得决策者在某些情况下难以准确地把握投入与期望产出之间的直接关系。因此，Liu 等（2015）的定义存在一定的局限性。

为了科学地区分生产要素的期望性，本节重新对生产活动中的生产要素进行定义。事实上，产出的期望性是很容易根据决策者的偏好进行确定的，即决策者希望越多越好的产出为期望产出；反之则为非期望产出。通过将这种特性落实到产出与效率之间的关系上，本节将产出的期望性定义如下。

定义 3-3　假设在投入与其他产出不变的情况下，若某一产出的增加能够改善 DMU 的生产绩效，则该产出可以称为"期望产出"；否则，将其称为"非期望产出"。

为了与产出的期望性相呼应，投入的期望性也可以描述为：决策者想要尽可能节约的投入为期望投入；反之为非期望投入。通过将这种特性落实到投入与效率之间的关系上，本节将投入的期望性定义如下。

定义 3-4　假设在产出与其他投入不变的情况下，若某一投入的减少能够改善 DMU 的生产绩效，则该投入可以称为"期望投入"；否则，将其称为"非期望投入"。

例如，有一家污水处理厂，其投入为污水投入量、污水运营成本，产出为污水再利用的收益及最终污染物的排放量。在其他条件不变的情况下，若想提高该污水处理厂的生产绩效，增加污水投入量、减少污水运营成本、提高污水再利用的收益、减少最终污染物的排放量均是有效的途径。因此，可以认为对于该污水处理厂而言，污水投入量为非期望投入，污水运营成本为期望投入，污水再利用的收益为期望产出，最终污染物的排放量为非期望产出。

与非期望产出相似的是，非期望投入同样无法在任意环境下都自由地进行增减，如污水投入量须在污水处理系统的负荷范围之内，且不大于生产活动本身污水的产生量。因此，其也具有半可处置性。需要说明的是，大多数生产活动中，非期望投入的影响并不像非期望产出那样显著。因此，为了使表述更加简洁明确，且与当前主流 E-DEA 方法研究的描述相一致（罗艳，2012），本章在未特意提及非期望投入的情况下，对 E-DEA 方法的研究都主要讨论非期望产出及其影响，且在描述过程中的"投入"一词皆默认为期望投入。

3.4.2 非期望投入半可处置性假设下的 E-DEA 模型

为了考虑非期望投入的半可处置性，本节将对式（3-3）进行拓展。假设每个 DMU_d 不仅具有 m 种期望投入、s 种期望产出和 h 种非期望产出，还具有 l 种非期望投入，并将其记为 k_{qd}（ $q=1,2,\cdots,l$ ）。同时，将非期望投入的不可处置度记为 β_{qd}，则在半可处置性假设下兼顾非期望投入与产出的 E-DEA 模型如下：

$$\text{Min } \theta_d^m$$
$$\text{s.t. } \sum_{j=1}^{n}\lambda_j x_{ij} \leq \theta_d^m x_{id}, \quad i=1,2,\cdots,m$$
$$\sum_{j=1}^{n}\lambda_j k_{qj} \geq \theta_d^m k_{qd}, \quad q=1,2,\cdots,l$$
$$\sum_{j=1}^{n}\lambda_j k_{qj} \leq \theta_d^m \beta_{qd} k_{qd}, \quad q=1,2,\cdots,l \qquad (3\text{-}10)$$
$$\sum_{j=1}^{n}\lambda_j y_{rj} \geq y_{rd}, \quad r=1,2,\cdots,s$$
$$\sum_{j=1}^{n}\lambda_j z_{fj} \leq z_{fd}, \quad f=1,2,\cdots,h$$
$$\sum_{j=1}^{n}\lambda_j z_{fj} \geq \alpha_{fd} z_{fd}, \quad f=1,2,\cdots,h$$
$$\lambda_j \geq 0, \quad j=1,2,\cdots,n$$

其中，$\sum_{j=1}^{n}\lambda_j k_{qj} \geq \theta_d^m k_{qd}$ 和 $\sum_{j=1}^{n}\lambda_j k_{qj} \leq \theta_d^m \beta_{qd} k_{qd}$ 这一对不等式约束定义了非期望投入 k_{qd} 的半可处置性。

不同于非期望产出不可处置度 α_{fd} 的是，非期望投入的不可处置度 β_{qd} 是一个大于 1 的值，且表示在当前最优技术水平下，非期望投入能够达到的最大扩张比例。

定理 3-4　假设 β_{qd}^1 和 β_{qd}^2 是非期望投入 k_{qd} 在两种不同情况下的不可处置度，若存在 $\beta_{qd}^1 \geqslant \beta_{qd}^2$，则它们在半可处置性假设下对应的 DMU$_d$ 最优效率值有 $\theta_d^{1*} \leqslant \theta_d^{2*}$。

证明　设有两个决策单元 DMU$_d^1$ 和 DMU$_d^2$，它们具有同样的期望投入 x_{id}（$i=1,2,\cdots,m$）、非期望投入 k_{qd}（$q=1,2,\cdots,l$）、期望产出 y_{rd}（$r=1,2,\cdots,s$）和非期望产出 z_{fd}（$f=1,2,\cdots,h$）。但其非期望投入的不可处置度分别为 β_{qd}^1 和 β_{qd}^2。通过式（3-10），可以得到 DMU$_d^2$ 的最优解（$\lambda_1^{2*},\lambda_2^{2*},\cdots,\lambda_n^{2*},\theta_d^{2*}$）。由于 $\beta_{qd}^1 \geqslant \beta_{qd}^2$，则存在 $\theta_d^{2*}\beta_{qd}^1 k_{id} \geqslant \theta_d^{2*}\beta_{qd}^2 k_{id}$。因此可知 DMU$_d^2$ 的最优解 ($\lambda_1^{2*},\lambda_2^{2*},\cdots,\lambda_n^{2*},\theta_d^{2*}$) 是 DMU$_d^1$ 的一组可行解。相反地，DMU$_d^1$ 的最优解却难以保证是 DMU$_d^2$ 的可行解。又因为目标函数是一个最小化函数，所以可以得到 $\theta_d^{1*} \leqslant \theta_d^{2*}$。

证毕。

同样地，根据实际情况，非期望投入的不可处置度可以选择传统的主观方法进行确定，如德尔菲法、专家会议法等，也可以采用本章提出的 RPC 方法进行确定。需要注意的是，当使用 RPC 方法确定非期望投入的不可处置度时，其最优参考点应该满足 $c_{f*} \geqslant \underset{j\in\{1,2,\cdots,n\}}{\mathrm{Max}}\, c_{fj}$（$f=1,2,\cdots,h$），其他步骤不变。

3.5　半可处置性假设在我国工业经济环境效率评价中的应用

本节将通过对我国各地区工业产业运营的环境效率进行评价来说明非期望要素的不同可处置性假设，特别是半可处置性假设在现实中的应用价值。

3.5.1　指标选取与数据来源

改革开放以后，我国工业经济取得了举世瞩目的成就。然而，伴随而来的还有日益严峻的环境污染问题。因此，科学合理地评价环境绩效对我国工业经济的可持续发展具有重要的意义。

本节将对我国 30 个省区市的工业运营系统进行环境效率评价（由于数据的缺乏，不含西藏和港澳台地区）。Golany 和 Roll（1989）的研究表明，DMU 的数量应该是投入/产出指标数的 5 倍以上，否则可能产生较多无法进行排序的有效

DMU。因此，本章选取 6 项指标作为我国工业产业运营的投入/产出指标，分别为工业从业人数 x_1、工业固定资产投资额 x_2、工业能源消耗量 x_3、工业生产总值 y_1、工业 SO_2 排放量 z_1 和工业 COD[①]排放量 z_2。其中，Chen 和 Jia（2017）认为对于环境效率评价而言，其投入往往需要包括劳动力、资本和能源三个方面。工业从业人数是一个显著的经济指标，它直接反映了工业生产的劳动力投入；工业固定资产投资额可以代表工业资本的投入（Wu et al.，2013）；工业能源消耗量则直接反映了工业生产能源方面的投入情况。因此，它们皆被选为投入指标。需要注意的是，虽然工业资本存量是代表工业资本投入的最优指标，然而我国工业产业欠缺这方面的具体数据，且学术界对资本存量的估计方法也存在一定的分歧（张军等，2004；单豪杰，2008）。因此，本节选用的是另一个常用的工业资本投入指标——工业固定资产投资额（Chang et al.，2013）。工业生产总值被选为唯一的期望产出，可以反映工业经济的发展水平。而 SO_2 和 COD 作为政府对于空气污染和水污染的主要监测物，能够在一定程度上反映工业对环境的污染情况，因此本节选取工业 SO_2 排放量和工业 COD 排放量作为非期望产出。此外，本节还选取工业废气排放量 k_1 和工业废水排放量 k_2，用来衡量非期望产出的不可处置度。

实证数据来源于《中国统计年鉴 2015》、《中国能源统计年鉴 2015》和《中国环境统计年鉴 2015》，具体变量数据见表 3-1。

表 3-1   2014 年中国工业产业基本数据

地区	x_1/万人	x_2/亿元	x_3/万吨标准煤	y_1/亿元	z_1/吨	z_2/吨	k_1/亿米^3	k_2/万吨
北京	114.34	663.68	1 216.61	3 746.77	40 347	6 050	3 569	9 174
天津	130.10	3 443.71	4 588.01	7 079.10	195 395	28 269	8 800	19 011
河北	194.17	13 110.30	20 042.91	13 330.66	1 047 351	168 218	72 732	108 562
山西	179.50	5 052.76	9 935.55	5 471.01	1 077 990	72 385	36 025	49 250
内蒙古	80.65	8 800.66	8 214.45	7 904.40	1 167 133	99 469	36 117	39 325
辽宁	214.08	10 258.32	12 699.89	12 656.83	926 035	85 406	34 528	90 631
吉林	114.42	6 093.39	5 258.30	6 424.88	319 643	66 488	9 451	42 192
黑龙江	115.33	3 563.43	4 436.51	4 783.88	317 480	94 038	12 091	41 984
上海	210.74	1 156.44	4 436.51	7 362.84	155 360	24 766	13 007	43 939
江苏	642.20	20 295.12	16 703.78	26 962.97	870 175	204 361	59 653	204 890
浙江	364.83	7 884.82	8 474.18	16 771.90	560 083	166 342	26 958	149 380

---

① COD，即 chemical oxygen demand，化学需氧量。

续表

地区	x_1/万人	x_2/亿元	x_3/万吨标准煤	y_1/亿元	z_1/吨	z_2/吨	k_1/亿米^3	k_2/万吨
安徽	164.80	9 270.59	6 601.84	9 455.48	440 642	81 761	29 233	69 580
福建	256.90	6 264.84	6 211.62	10 426.71	337 632	77 631	18 383	102 052
江西	155.58	7 907.50	4 720.92	6 848.63	517 408	79 691	15 613	64 856
山东	520.62	20 644.58	21 117.55	25 340.86	1 358 883	130 511	52 095	180 022
河南	418.97	15 388.91	11 456.12	15 809.09	1 031 667	158 863	39 629	128 048
湖北	217.73	10 010.69	8 178.56	10 992.79	506 192	125 811	21 702	81 657
湖南	159.78	8 508.32	6 695.62	10 749.88	559 504	133 708	16 051	82 271
广东	1048.95	8 401.17	11 495.27	29 144.15	699 102	235 501	29 794	177 554
广西	96.05	5 586.35	5 649.21	6 065.34	431 075	161 863	18 631	72 936
海南	12.67	339.60	925.84	514.40	31 855	10 784	2 638	7 956
重庆	105.28	3 911.27	4 234.52	5 175.80	474 805	53 360	9 290	34 968
四川	225.64	6 953.10	10 597.58	11 851.99	725 729	105 322	20 054	67 577
贵州	74.62	1 875.15	3 353.92	3 140.88	702 427	67 250	23 208	32 674
云南	99.73	2 786.93	5 125.22	3 898.97	582 558	162 472	16 664	40 443
陕西	154.91	5 204.01	5 543.65	7 993.39	671 642	95 565	16 543	36 163
甘肃	63.00	2 665.45	3 830.00	2 263.20	476 964	88 586	12 290	19 742
青海	17.36	1 201.67	1 889.61	954.27	118 046	41 373	6 439	8 214
宁夏	22.98	1 397.33	2 770.94	973.53	340 969	99 821	10 717	15 147
新疆	64.72	4 523.61	7 183.00	3 179.60	718 070	186 960	22 116	32 799

　　注：工业能源消耗量并非直接出自统计年鉴，而是由各地区工业的各类能源消耗量折算为标准煤后相加所得。各类能源消耗量数据与折标准煤系数均来自《中国能源统计年鉴 2015》

3.5.2　半可处置性假设下的效率分析

　　通过本章所提出的 RPC 方法，对 2014 年我国各地区废水和废气的基本数据进行分析，可以得到各个地区 SO_2 排放量和 COD 排放量的不可处置度，具体如表 3-2 所示。

表 3-2　2014 年我国工业产业运营非期望产出的不可处置度

地区	α_{1j}	α_{2j}	地区	α_{1j}	α_{2j}	地区	α_{1j}	α_{2j}
北京	1.00	0.85	浙江	0.54	0.51	海南	0.94	0.42
天津	0.51	0.38	安徽	0.75	0.48	重庆	0.22	0.37
河北	0.79	0.36	福建	0.62	0.74	四川	0.31	0.36
山西	0.38	0.38	江西	0.34	0.46	贵州	0.37	0.27
内蒙古	0.35	0.22	山东	0.43	0.78	云南	0.32	0.14
辽宁	0.42	0.60	河南	0.43	0.45	陕西	0.28	0.21
吉林	0.33	0.36	湖北	0.48	0.37	甘肃	0.29	0.13
黑龙江	0.43	0.25	湖南	0.32	0.35	青海	0.62	0.11
上海	0.95	1.00	广东	0.48	0.42	宁夏	0.36	0.09
江苏	0.77	0.57	广西	0.49	0.25	新疆	0.35	0.10

表 3-2 中，α_{1j} 和 α_{2j} 分别表示各地区非期望产出 z_1 和 z_2 的不可处置度。其中，北京和上海分别是我国工业产业运营系统对 SO_2 和 COD 处理水平最优的地区，即北京有 $\alpha_{1j}=1$ 和上海有 $\alpha_{2j}=1$。在此基础上，通过式（3-3）和式（3-4），可以得到在半可处置性假设下我国各地区工业产业运营系统的环境效率及各投入/产出的影子价格，具体如表 3-3 所示。

表 3-3　2014 年我国工业产业环境效率评价结果

地区	θ_j^m	v_{1j}	v_{2j}	v_{3j}	u_{1j}	e_{1j}	e_{2j}
北京	1.00	6.44×10^{-3}	0.00	2.17×10^{-4}	2.72×10^{-4}	0.00	3.33×10^{-6}
天津	1.00	4.22×10^{-3}	1.31×10^{-4}	0.00	1.41×10^{-4}	0.00	0.00
河北	0.93	5.15×10^{-3}	0.00	0.00	8.96×10^{-5}	2.51×10^{-7}	0.00
山西	0.58	3.53×10^{-3}	7.24×10^{-5}	0.00	9.63×10^{-5}	-1.38×10^{-7}	0.00
内蒙古	1.00	5.12×10^{-3}	6.67×10^{-5}	0.00	1.27×10^{-4}	0.00	0.00
辽宁	0.93	4.67×10^{-3}	0.00	0.00	1.04×10^{-4}	0.00	4.45×10^{-6}
吉林	0.87	8.74×10^{-3}	0.00	0.00	1.82×10^{-4}	4.22×10^{-7}	2.42×10^{-6}
黑龙江	0.73	5.98×10^{-3}	8.69×10^{-5}	0.00	1.50×10^{-4}	0.00	-6.49×10^{-7}
上海	1.00	4.05×10^{-3}	1.26×10^{-4}	0.00	1.36×10^{-4}	0.00	0.00
江苏	0.87	8.94×10^{-4}	0.00	2.55×10^{-5}	3.72×10^{-4}	1.55×10^{-7}	0.00
浙江	1.00	1.47×10^{-3}	2.43×10^{-5}	3.20×10^{-5}	5.96×10^{-5}	0.00	0.00
安徽	0.93	4.21×10^{-3}	0.00	4.64×10^{-5}	1.15×10^{-4}	0.00	1.89×10^{-6}
福建	0.87	2.30×10^{-3}	0.00	6.57×10^{-5}	9.59×10^{-5}	3.99×10^{-7}	0.00
江西	0.81	2.48×10^{-3}	0.00	1.30×10^{-4}	1.18×10^{-4}	0.00	0.00

续表

地区	θ_j^m	v_{1j}	v_{2j}	v_{3j}	u_{1j}	e_{1j}	e_{2j}
山东	0.84	1.92×10^{-3}	0.00	0.00	4.26×10^{-5}	0.00	1.83×10^{-6}
河南	0.74	9.80×10^{-4}	0.00	5.15×10^{-5}	4.66×10^{-5}	0.00	0.00
湖北	0.82	2.22×10^{-3}	0.00	6.32×10^{-5}	9.23×10^{-5}	3.84×10^{-7}	0.00
湖南	1.00	3.65×10^{-3}	4.28×10^{-5}	7.84×10^{-6}	9.30×10^{-5}	0.00	0.00
广东	0.88	3.29×10^{-4}	0.00	5.70×10^{-5}	2.71×10^{-5}	0.00	-8.93×10^{-7}
广西	0.90	6.48×10^{-3}	6.76×10^{-5}	0.00	1.54×10^{-4}	8.82×10^{-8}	0.00
海南	0.79	4.25×10^{-2}	1.36×10^{-3}	0.00	1.37×10^{-3}	-8.02×10^{-7}	-1.27×10^{-5}
重庆	0.82	6.25×10^{-3}	7.31×10^{-5}	1.34×10^{-5}	1.59×10^{-4}	0.00	0.00
四川	0.93	3.16×10^{-3}	4.12×10^{-5}	0.00	7.82×10^{-5}	0.00	0.00
贵州	0.85	7.43×10^{-3}	2.38×10^{-5}	0.00	2.43×10^{-4}	-3.38×10^{-7}	0.00
云南	0.73	6.44×10^{-3}	1.28×10^{-4}	0.00	1.72×10^{-4}	-1.54×10^{-7}	-1.07×10^{-6}
陕西	0.90	2.88×10^{-3}	3.85×10^{-5}	6.37×10^{-5}	1.13×10^{-4}	0.00	0.00
甘肃	0.57	1.02×10^{-2}	1.33×10^{-4}	0.00	2.53×10^{-4}	0.00	0.00
青海	0.71	3.03×10^{-2}	3.95×10^{-4}	0.00	7.49×10^{-4}	0.00	0.00
宁夏	0.61	1.94×10^{-2}	3.97×10^{-4}	0.00	5.28×10^{-4}	-7.56×10^{-7}	0.00
新疆	0.64	8.08×10^{-3}	1.05×10^{-4}	0.00	2.00×10^{-4}	0.00	0.00
平均	0.84	7.05×10^{-3}	1.18×10^{-4}	2.58×10^{-5}	2.01×10^{-4}	-1.63×10^{-8}	-4.64×10^{-8}

在表 3-3 中，θ_j^m 表示各地区在半可处置性假设下的效率值，而 $-v_{1j}$、$-v_{2j}$、$-v_{3j}$、u_{1j}、$-e_{1j}=-w_{1j}+w_{1j}'$ 和 $-e_{2j}=-w_{2j}+w_{2j}'$ 分别表示各个要素的影子价格。

由此可见，在非期望产出半可处置性的假设下，共有六个地区为有效 DMU，并有 $\theta_j^m=1.00$。这些有效 DMU 多数都是我国的工业经济发达地区，如北京、天津、上海等，它们可以为其附近地区中的非有效 DMU 提供改进标杆。而非有效的 DMU 往往处于我国工业经济的发展中和欠发达地区，如山西、宁夏、甘肃等。这些地区拥有一定的效率改进空间，可以从有效 DMU 处引进先进的管理手段和技术设备，从而在一定的投入下提高自身的期望产出，并减少非期望产出。

通过表 3-3 中的第 3~8 列，可以发现投入 $-v_{ij}$ 皆为非正数，而期望产出的影子价格 u_{rj} 皆为非负数，它们分别对 DMU 效率 θ_j^m 产生一种非正和非负的影响。这就意味着增加某 DMU 的某一投入或减少其某一产出，则该 DMU 的效率值减少。然而，对于非期望产出而言，其在生产过程中同时存在影子价格非正和非负的情况，它们代表着处理非期望产出所需要的经济成本。从整体的视角来看，全国范围内非期望产出的平均影子价格 $-\bar{e}_{fj}$ 为正数，并对 θ_j^m 产生正影响。这意味着对目前的我国工业经济而言，非期望产出增长的代价低于伴随其产生而产生的期望产出所带来的收益。而从局部的视角来看，发达地区非期望产出的影子价格往往是一个非正数，并对 θ_j^m 产生非正的影响，如福建的 $-e_{1j}=-3.99\times10^{-7}$，北京的 $-e_{2j}=-3.33\times10^{-6}$；而发展中和欠发达地区恰恰相反，如云南的 $-e_{1j}=1.54\times10^{-7}$，$-e_{2j}=1.07\times10^{-6}$。这种现象符合并从一个新的角度解释了环境库兹涅茨曲线，即随着人均收入的增加，环境污染伴随着经济的发展日益加剧，但当经济发展到一定水平后，其又随着经济的进一步增长而日渐减缓（Yin et al.，2015）。也就是说，对于部分发展中和欠发达地区而言，非期望产出增加的代价小于随之增加的期望产出所带来的收益，这就使得这些地区工业产业的发展更偏向于以牺牲环境为代价的粗放式增长；而对于发达地区而言，提高技术、保护环境和节能减排更有利于推进其进一步的可持续发展。

3.5.3　不同可处置性下的评价结果对比

为了更好地阐述半可处置性假设在效率评价方面的有效性，本节分别基于不同非期望要素的可处置性假设，对 2014 年我国各地区工业产业运营系统的环境效率进行评价，结果如图 3-3 所示。

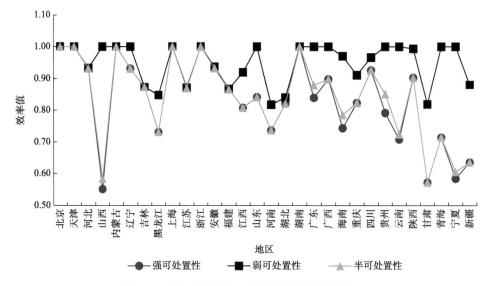

图 3-3　不同可处置性下环境效率评价的结果对比

通过对比可以发现，对于任意 DMU_j，都存在 $\theta_j^w \geqslant \theta_j^m \geqslant \theta_j^s$。该结果符合定理 3-3。在任意可处置性下，北京、天津、内蒙古、上海、浙江和湖南都是有效 DMU。

多数欠发达地区都具有较大的效率改进空间，如甘肃、宁夏等。这直接表现为这些地区的 θ^w 和 θ^m 之间存在较大的差距。而这些差距都可以在当前最优生产技术水平的范围内进行弥补。换句话说，这些地区可以通过引进技术与管理来增加期望产出和减少非期望产出，而不需要继续增加投入。同样地，一些地区的部分非期望产出是无法自由减少的，这直接表现为 θ^s 和 θ^m 之间存在的差距，如贵州。此时，在当前最优的生产技术水平下，是无法依靠同样的投入继续减少非期望产出并增加期望产出的。

此外，我们发现强可处置性和半可处置性假设下的评价效率值较为接近。事实上，从表 3-2 可知，我国大部分地区的 SO_2 和 COD 不可处置度都不高。这就意味着对于大部分地区而言，在其改进工业产业运营效率的过程中几乎都能通过我国已有的技术自由地增减非期望产出。

根据以上分析，可以发现弱可处置性假设高估了 DMU 的效率，而强可处置性假设对这些效率有一定的低估。本章提出的非期望要素半可处置性假设不但可以合理地评价 DMU 效率，还可以发现更多能用于提高效率的相关信息。因此，半可处置性假设在具有非期望要素的效率评价过程中具有很好的科学性与实用性。

3.5.4　两种常见应用背景的拓展分析

本节在非期望要素半可处置性假设分析的基础上对两种常见的应用背景进行拓展分析。

1）应用背景一

北京和上海分别是我国工业产业运营系统对 SO_2 和 COD 处理水平最优的地区。然而，考虑到北京和上海在当前最先进的技术环境下还可能进一步地提高其处理非期望产出的水平，本背景令北京对 SO_2 和上海对 COD 的不可处置度的上界都为 1，并假设它们还可以在当前的基础上继续通过引进技术和改善管理来减少 20% 的非期望产出。因此，对于北京来说，可以假设其对 SO_2 的不可处置度下界为 0.8，即北京有 $\alpha_{1j}^L = 0.8$，$\alpha_{1j}^U = 1$。同样地，对于上海来说，假设其有 $\alpha_{2j}^L = 0.8$，$\alpha_{2j}^U = 1$。随后，通过 RPC 方法重新进行计算，可得我国各地区工业产业运营系统基于区间不可处置度的 E-DEA 效率，并分别记为 θ_j^{mL} 和 θ_j^{mU}。

2）应用背景二

考虑到社会就业率及劳动者权益的问题，工业从业人数并不能随意地减少。因此，从政府部门的角度来看，工业从业人数可以被认为是一种非期望投入。然而，考虑到随意地扩张工业从业人数对企业来说可能造成严重的负担，使其容易因人力资源的拥堵而产生资源的浪费，因此，本节假设工业从业人数的不可处置

度 β 为 1,即各地区在调整投入/产出时,应该以不随意增减工业从业人数为前提。同时,在继续考虑非期望产出半可处置性的基础上,对工业产业运营的环境效率进行评价,并将其效率值记为 θ_j^{ml}。

根据以上两种应用背景,本节分别通过 3.3 节和 3.4.2 节中所提出的方法,对 2014 年我国各地区工业产业运营的环境效率进行评价,结果如表 3-4 所示。

表 3-4　不同应用背景下的评价结果

地区	θ_j^{mU}	θ_j^{mL}	θ_j^{ml}	地区	θ_j^{mU}	θ_j^{mL}	θ_j^{ml}	地区	θ_j^{mU}	θ_j^{mL}	θ_j^{ml}
北京	1.00	1.00	1.00	浙江	1.00	1.00	1.00	海南	0.79	0.77	0.79
天津	1.00	1.00	1.00	安徽	0.93	0.93	0.93	重庆	0.82	0.82	0.82
河北	0.93	0.93	0.93	福建	0.87	0.87	0.87	四川	0.93	0.93	0.93
山西	0.58	0.57	0.58	江西	0.81	0.81	0.81	贵州	0.85	0.83	0.85
内蒙古	1.00	1.00	1.00	山东	0.84	0.84	0.84	云南	0.73	0.72	0.73
辽宁	0.93	0.93	0.93	河南	0.74	0.74	0.74	陕西	0.90	0.90	0.90
吉林	0.87	0.87	0.87	湖北	0.82	0.82	0.82	甘肃	0.57	0.57	0.57
黑龙江	0.73	0.73	0.73	湖南	1.00	1.00	1.00	青海	0.71	0.71	0.71
上海	1.00	1.00	1.00	广东	0.88	0.87	0.88	宁夏	0.61	0.59	0.60
江苏	0.87	0.87	0.87	广西	0.90	0.90	0.90	新疆	0.64	0.64	0.64

通过 θ_j^{mL} 和 θ_j^{mU} 可以发现,随着不可处置度的减小,工业产业运营的环境效率也随之减少,特别是对于一些非有效地区,其影响更加明显,如海南、宁夏等。其结果与图 3-2 描述的现象相一致。事实上,不可处置度越小,该地区在当前最优技术水平下可以自由减少的非期望产出就越多,则工业产业运营环境效率的改进空间也就越大。因此,在实际中,具有较小不可处置度的非有效地区可以比较容易地通过从有效地区引入先进的科学技术及管理手段来实现跨越式发展。

通过 θ_j^{ml} 可以发现,考虑与不考虑非期望投入的评价结果相差不大。事实上,在本节的分析结果中,仅宁夏、山西等部分省区市的评价效率存在一些细微的差异。这可能是因为目前各地区工业的人力投入在总体上无法满足当前工业产业运营的需求,从而使得对其加上的半可处置性假设限制无法产生实质的影响。同时,这也在一定程度上解释了当前普遍存在的"用工荒"问题。

第4章 技术差异视角下的 E-DEA 方法及应用

传统的 DEA 方法以所有 DMU 均处于统一的技术环境作为基本假设来评价 DMU 的效率。然而，在实际生产活动中，DMU 之间常常存在技术差异性，这就导致了效率评价结果存在一定的局限性。针对这个问题，本章将 DMU 之间的技术差异性纳入考虑范围，以此来讨论 E-DEA 模型的构建与应用。

4.1 共同前沿 DEA 方法

4.1.1 共同前沿 DEA 分析框架

由定义 2-1 可知，传统 DEA 方法将所有的 DMU 共同勾勒的凸集作为生产可能集，并以该集的边界作为生产前沿面，从而判断所有 DMU 的效率。这就意味着所有 DMU 均处于统一的技术环境中，它们可能的生产活动都是一致的。然而，在实际生产活动中，不同 DMU 的技术集往往各不相同，这主要是因为生产过程中参与的人员素质、物质条件、地域政策、客观环境等多方面因素可能存在差异（O'Donnell et al., 2008）。以我国各省区市的技术创新效率为例，上海和西藏在经济、教育、环境等方面的巨大差异使得这两个地区的技术创新人才素质存在较大差异，因此，若直接以上海作为西藏的参照对象，则存在较大的不公平性。

为了消除 DMU 之间的技术差异性给效率评价带来的负面影响，O'Donnell 等（2008）首次提出了共同前沿 DEA 分析框架，尝试将技术差异纳入效率评价过程中。该分析框架的主要内容如下。

1. 定义共同前沿面与群组前沿面

假设有 n 个具有可比性的 DMU，每个 DMU 都有 m 种投入和 s 种期望产出，则其共同生产可能集 T^M 是由这些 DMU 及其可能的线性组合共同组成的凸集，该集可以表示如下：

$$T^M=\{(X,Y) \mid Y \text{ 可以由 } X \text{ 生产出来}；X\geq0；Y\geq0\} \tag{4-1}$$

由式（4-1）和定义 2-1 可知，共同生产可能集等同于传统 DEA 方法的生产可能集，而由该集中的有效 DMU 所组成的包络面称为共同前沿面。

若这些 DMU 之间存在 K 种（$K>1$）不同的技术水平，则可以根据这些技术水平将所有 DMU 分为 K 类，即不同类别的 DMU 均具有不同的技术水平。每一类 DMU 及其可能的线性组合所形成的凸集称为群组生产可能集 T^K，则第 k 个群组的群组生产可能集可以表示如下：

$$T^k=\{(X,Y) \mid Y \text{ 可以由在群组 } k \text{ 中的 DMU 通过 } X \text{ 生产出来}；X\geq0；Y\geq0\}$$
$$\tag{4-2}$$

而由该集中的有效 DMU 所组成的包络面称为群组 k 的群组前沿面。

根据式（4-1）式（4-2）可知，共同生产可能集和群组生产可能集具有以下性质。

性质 4-1　对于任一群组 k，若有 $(X,Y)\in T^k$，则必有 $(X,Y)\in T^M$。

性质 4-2　$T^M=\left\{T^1\cup T^2\cdots\cup T^K\right\}$。

此外，共同前沿面和群组前沿面的关系如图 4-1 所示。

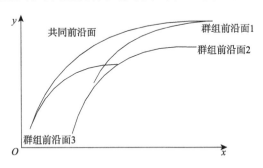

图 4-1　共同前沿面和群组前沿面的关系

如图 4-1 所示，群组前沿面是通过对共同生产可能集进行分解所得到的群组生产可能集的边界，所有群组前沿面必在共同前沿面以内。

需要指出的是，群组前沿面的并集和共同前沿面在严格意义上来说并不完全等价，更准确地说，这个并集并非凸集；但在假设投入/产出组合具有较强灵活性的前提下，两个集可以认为是近似的（O'Donnell et al.，2008）。本章沿用 O'Donnell

等（2008）的做法，近似地认为群组前沿面的并集和共同前沿面是等价的。

2. 计算共同效率和群组效率

DEA 方法是根据生产前沿面来评价 DMU 效率的方法。因此，本章将以共同前沿面作为评价基准所得的效率称为 DMU 的共同效率，并记为 θ^{ME}。从共同前沿面的定义可知，以共同前沿面来评价效率等同于通过传统的生产前沿面来评价效率。因此，在 CRS 和强可处置性假设下，DMU_d 的 θ_d^{ME} 可以由以下公式得到：

$$
\begin{aligned}
&\mathrm{Min}\ \theta_d^{\mathrm{ME}} \\
&\mathrm{s.t.}\ \sum_{j=1}^{n}\lambda_j x_{ij} \leqslant \theta_d^{\mathrm{ME}} x_{id}, \quad i=1,2,\cdots,m \\
&\qquad \sum_{j=1}^{n}\lambda_j y_{rj} \geqslant y_{rd}, \quad r=1,2,\cdots,s \\
&\qquad \lambda_j \geqslant 0, \quad j=1,2,\cdots,n
\end{aligned}
\tag{4-3}
$$

式（4-3）为传统 DEA 模型（即 CCR 模型的对偶形式）。

同时，本章将以群组前沿面作为评价基准所得的效率称为 DMU 的群组效率，并记为 θ^{GE}。假设第 k 个群组中 DMU 的数量为 n_k，则在 CRS 和强可处置性假设下，DMU_d（DMU_d 为群组 k 中的 DMU）的 θ_d^{GE} 可以由以下公式得到：

$$
\begin{aligned}
&\mathrm{Min}\ \theta_d^{\mathrm{GE}} \\
&\mathrm{s.t.}\ \sum_{j=1}^{n_k}\lambda_j x_{ij} \leqslant \theta_d^{\mathrm{GE}} x_{id}, \quad i=1,2,\cdots,m \\
&\qquad \sum_{j=1}^{n_k}\lambda_j y_{rj} \geqslant y_{rd}, \quad r=1,2,\cdots,s \\
&\qquad \lambda_j \geqslant 0, \quad j=1,2,\cdots,n_k
\end{aligned}
\tag{4-4}
$$

通过对比式（4-3）和式（4-4）可知，它们之间的差别在于生产可能集中 DMU 的数量不同。

定理 4-1　对于任一群组 k 中的 DMU_d，均有 $\theta_d^{\mathrm{GE}} \geqslant \theta_d^{\mathrm{ME}}$。

证明　$\left(\theta_d^{\mathrm{GE}}, \lambda_j^*\right)$ 是式（4-4）的最优解，且存在 $n_k < n$，则 $\left(\theta_d^{\mathrm{GE}}, \lambda_j^*\right)$ 必是式（4-3）的可行解；反之，式（4-3）的最优解未必是式（4-4）的可行解。又因为式（4-3）和式（4-4）均为投入导向的 DEA 模型，其最优值均为越大越好，所以有 $\theta_d^{\mathrm{GE}} \geqslant \theta_d^{\mathrm{ME}}$。证毕。

3. 计算共同前沿面和群组前沿面之间的技术差异

假设 $\theta_d^{\mathrm{ME^*}}$ 和 $\theta_d^{\mathrm{GE^*}}$ 分别为式（4-3）和式（4-4）所得的最优解，则 DMU_d 相对

于共同前沿面和群组前沿面的技术差异值（meta-technology ratio，MTR_d）可以表示如下：

$$MTR_d = \frac{\theta_d^{ME*}}{\theta_d^{GE*}}$$　　　　　　　　　　（4-5）

根据定理 4-1 可知，$\theta_d^{GE} \geqslant \theta_d^{ME}$，则 $MTR_d \in (0,1]$。事实上，从图 4-1 中可知，任意一个在群组前沿面内的 DMU，其在调整投入/产出的过程中，必将先投影在群组前沿面上，而后再投影在共同前沿面上，因此，$MTR_d \leqslant 1$ 是合理的。MTR_d 越接近 1，则群组前沿面和共同前沿面之间的差异越小；反之，差异越大。

4.1.2　共同前沿 DEA 分析框架的进一步拓展

共同前沿 DEA 方法是由 O'Donnell 等（2008）提出的从技术差异视角来评价 DMU 相对效率的方法；Chiu 等（2012）在其基础上对共同前沿 DEA 分析框架做了进一步的拓展，具体内容如下。

DMU_d 的效率无效来源主要包括技术差异无效（technology gap inefficiency，TGI）和群组管理无效（group managerial inefficiency，GMI），其中 TGI 代表由群组前沿面和共同前沿面之间的技术差异导致的DMU_d的效率无效，其可以表示为

$$TGI_d = \theta_d^{GE*} \times (1 - MTR_d)$$　　　　　　　　　　（4-6）

而 GMI 则表示在相似的技术水平下DMU_d投入过多或者产出过少导致的效率无效，其值可以表示为

$$GMI_d = 1 - \theta_d^{GE*}$$　　　　　　　　　　（4-7）

由此可知，DMU_d 相对于共同前沿面的技术效率无效值（meta-frontier technology inefficiency，MTI）可以表示为

$$MTI_d = TGI_d + GMI_d = 1 - \theta_d^{ME*}$$　　　　　　　　　　（4-8）

4.1.3　共同前沿 DEA 方法及其拓展的基本原理

为了便于理解，本节以图 4-2 为例，来说明共同前沿 DEA 方法及其拓展的基本原理。

如图 4-2 所示，A 属于群组 2 中的一个 DMU，则其 $\theta_d^{ME*} = OD/OB$，而 $\theta_d^{GE*} = OC/OB$；且 MTR_d 的值则为 OD/OC。Chiu 等（2012）对共同前沿 DEA 方法的拓展主要是通过 DMU 无效源的解析来展开，因此，对于 A 来说，其 TGI 的值为 DC/OB，GMI 的值为 CB/OB，而 MTI 的值则为 DB/OB。

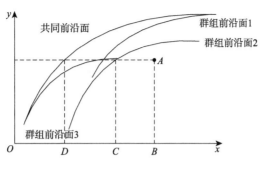

图 4-2　共同前沿 DEA 原理图

通过对图 4-2 的解析可以发现，共同前沿 DEA 方法及其拓展就是分别以共同前沿面和群组前沿面为基准，对 DMU 的相对效率及技术差异进行分析。

4.2　共同前沿 E-DEA 方法

4.2.1　考虑非期望产出的共同前沿面和群组前沿面

假设有 n 个具有可比性的 DMU，每个 DMU 都有 m 种投入、s 种期望产出和 h 种非期望产出。这些 DMU 可以分为具有不同技术水平的 K 个群组，且第 k 个群组中 DMU 的数量为 n_k。因此，这些 DMU 的共同生产可能集和群组生产可能集分别可以表示如下：

$$T^{UM}=\{(X,Y,Z)\mid Y \text{ 和 } Z \text{ 可以由 } X \text{ 生产出来；} X\geqslant0；Y\geqslant0；Z\geqslant0\}\quad（4\text{-}9）$$
$$T^{Uk}=\{(X,Y,Z)\mid Y \text{ 和 } Z \text{ 可由在群组 } k \text{ 中的 DMU 通过 } X \text{ 生产出来；} X\geqslant0；Y\geqslant0；Z\geqslant0\}$$
$$（4\text{-}10）$$

由式（4-9）和式（4-10）可知，在考虑非期望产出的情况下，DMU 的共同生产可能集同样可以拆分为 K 个不同的群组前沿面。基于此，可以得到如下性质。

性质 4-3　对于任一群组 k，若有 $(X,Y,Z)\in T^{Uk}$，则必有 $(X,Y,Z)\in T^{UM}$。

性质 4-4　$T^{UM}=\{T^{U1}\cup T^{U2}\cdots\cup T^{UK}\}$。

假设非期望产出具有弱可处置性，根据式（4-9）和式（4-10）与性质 4-3 和性质 4-4，DMU 的生产可能集及前沿面之间的关系如图 4-3 所示。

由图 4-3 可知，虽然比传统共同前沿 DEA 方法多了非期望产出，E-DEA 方法中的共同前沿面同样是由不同的群组前沿面组成的。

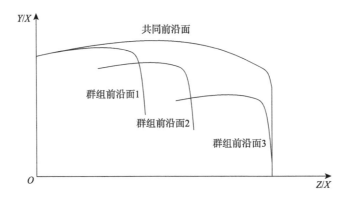

图 4-3　共同前沿面和群组前沿面之间的关系图

不同生产前沿面下的生产可能集是由该生产前沿面和坐标轴共同组成的区域

4.2.2　共同前沿 E-DEA 分析框架

根据共同前沿 DEA 方法，本节将其拓展为共同前沿 E-DEA 方法，具体思路如下。

1）共同前沿 E-DEA 模型的确定

根据式（4-9）可知，共同前沿 E-DEA 模型等同于弱处置性假设下的传统 E-DEA 模型，因此其投入导向型的效率评价模型可以定义如下：

$$\text{Min } \theta_d^{\text{UME}}$$

$$\text{s.t.} \sum_{j=1}^{n} \lambda_j x_{ij} \leqslant \theta_d^{\text{UME}} x_{id}, \quad i = 1, 2, \cdots, m$$

$$\sum_{j=1}^{n} \lambda_j y_{rj} \geqslant y_{rd}, \quad r = 1, 2, \cdots, s \qquad （4\text{-}11）$$

$$\sum_{j=1}^{n} \lambda_j z_{fj} = z_{fd}, \quad f = 1, 2, \cdots, h$$

$$\lambda_j \geqslant 0, \quad j = 1, 2, \cdots, n$$

其中，θ_d^{UME} 表示弱可处置性假设下 DMU_d 的共同前沿 E-DEA 效率。

2）群组前沿 E-DEA 模型的确定

根据式（4-10）可知，弱可处置性假设下的群组共同前沿 E-DEA 方法用于测量效率时，其生产可能集由 T^{UM} 缩小为 T^{Uk}，则 DMU_d 的群组前沿面 E-DEA 效率可以表示如下：

$$\text{Min } \theta_d^{\text{UGE}}$$

$$\text{s.t. } \sum_{j=1}^{n_k} \lambda_j x_{ij} \leqslant \theta_d^{\text{UGE}} x_{id}, \quad i=1,2,\cdots,m$$

$$\sum_{j=1}^{n_k} \lambda_j y_{rj} \geqslant y_{rd}, \quad r=1,2,\cdots,s \qquad (4\text{-}12)$$

$$\sum_{j=1}^{n_k} \lambda_j z_{fj} = z_{fd}, \quad f=1,2,\cdots,h$$

$$\lambda_j \geqslant 0, \quad j=1,2,\cdots,n_k$$

其中，θ_d^{UGE} 表示弱可处置性假设下 DMU_d 的群组前沿面 E-DEA 效率。

3）技术差异及效率分解

假设 $\theta_d^{\text{UME}^*}$ 和 $\theta_d^{\text{UGE}^*}$ 是式（4-11）和式（4-12）的最优解，并分别表示在非期望产出弱可处置性假设下 DMU_d 相对于共同前沿面和群组前沿面的效率值，因此，DMU_d 在两个前沿面之间的效率值可以表示为

$$\text{MTR}_d = \frac{\theta_d^{\text{UME}^*}}{\theta_d^{\text{UGE}^*}} \qquad (4\text{-}13)$$

而根据 Chiu 等（2012）的研究，其效率值还能通过 MTR_d、$\theta_d^{\text{UME}^*}$ 和 $\theta_d^{\text{UGE}^*}$ 的值进一步分解为 TGI_d、GMI_d 和 MTI_d；具体分解过程与式（4-6）、式（4-7）和式（4-8）一致，本节不再赘述。

4.2.3　共同前沿 E-DEA 的基本原理

为了方便说明原理，本节以图 4-4 为例，来说明共同前沿 E-DEA 方法的效率分解原理。需要注意的是，图 4-4 是一个产出导向的图，为了方便展示期望产出与非期望产出之间的关系，在分析的过程中需要将结果取倒数，以转化为投入导向的结果进行说明。

假设 A 是群组 2 中的一个非有效 DMU。由于在弱可处置性假设下期望产出与非期望产出具有零点关联性，A 向前沿面的投影方向必是射线 OA 的方向，因此，B 和 C 分别是 A 在群组前沿面 2 和共同前沿面上的投影点。所以，对于 A 来说，其投入导向的 θ_A^{UME} 和 θ_A^{UGE} 分别可以表示为 OA/OC 和 OA/OB；而两种前沿面之间的技术差异则可以表示为 $\text{MTR}_A = \theta_A^{\text{UME}} / \theta_A^{\text{UGE}} =(OA/OC)/(OA/OB)= OB/OC$。

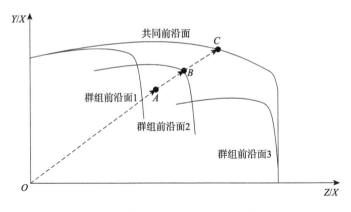

图 4-4　共同前沿 E-DEA 方法原理图

不同生产前沿面下的生产可能集是由该生产前沿面和坐标轴共同组成的区域

4.3　动态共同前沿 E-DEA 方法

共同前沿 E-DEA 方法只能用于某个时间截面上的效率分析，当需要分析不同时期 DMU 的效率时，该方法无法考虑不同时间数据之间的关联性，从而导致了效率评价结果的局限性。因此，本节采用 Yao 等（2016）的做法，将共同前沿 DEA 方法和 Malmquist 指数相结合，从而构建动态共同前沿 E-DEA 分析框架来评价不同时期的 DMU 效率及其技术差异。

4.3.1　Malmquist-DEA 方法概述

Malmquist 指数是 1953 年由 Malmquist 提出的用来分析某一时期生产效率变化的，由 Färe 等（1992）引入 DEA 方法，并用于测算 DMU 的效率。此后，Malmquist-DEA 方法引起了国内外学者的广泛关注，并成为当前评价具有面板数据的 DMU 效率最常用的方法之一（Walheer，2018）。

在 CRS 的情况下，Malmquist-DEA 方法所得的 Malmquist 指数分别由技术效率变动（efficiency change，EC）指数和技术进步变动（technological change，TC）指数组成，具体的测算公式如下所示：

$$M_d\left(x^{t+1}, y^{t+1}, x^t, y^t\right) = \text{EC}_d \times \text{TC}_d \qquad （4-14）$$

其中，$M_d\left(x^{t+1}, y^{t+1}, x^t, y^t\right)$ 表示从 t 到 $t+1$ 时期 DMU_d 的 Malmquist 指数。当 $M_d > 1$ 时，DMU_d 从 t 到 $t+1$ 时期呈增加态势；当 $M_d = 1$ 时，DMU_d 效率在两个时期保

持不变；当 $M_d < 1$ 时，DMU_d 从 t 到 $t+1$ 时期呈减少态势。

令 $E_d^t\left(x^t,\ y^t\right)$ 和 $E_d^t\left(x^{t+1},\ y^{t+1}\right)$ 表示在 t 时期和 $t+1$ 时期的 DMU_d 相对于 t 时期的生产前沿面的 DEA 效率值；$E_d^{t+1}\left(x^t,\ y^t\right)$ 和 $E_d^{t+1}\left(x^{t+1},\ y^{t+1}\right)$ 表示在 t 时期和 $t+1$ 时期的 DMU_d 相对于 $t+1$ 时期的生产前沿面的 DEA 效率值。则 EC 和 TC 可以分别表示为

$$\mathrm{EC}_d = \frac{E_d^t\left(x^t,\ y^t\right)}{E_d^{t+1}\left(x^{t+1},\ y^{t+1}\right)} \quad\quad (4\text{-}15)$$

$$\mathrm{TC}_d = \left(\frac{E_d^{t+1}\left(x^{t+1},\ y^{t+1}\right)}{E_d^t\left(x^{t+1},\ y^{t+1}\right)} \times \frac{E_d^{t+1}\left(x^t,\ y^t\right)}{E_d^t\left(x^t,\ y^t\right)}\right)^{\frac{1}{2}} \quad\quad (4\text{-}16)$$

其中，$E_d^t\left(x^{t+1},\ y^{t+1}\right)$ 和 $E_d^{t+1}\left(x^t,\ y^t\right)$ 可分别表示为

$$E_d^t\left(x^{t+1}, y^{t+1}\right) = \mathrm{Min}\ \theta_d^{\mathrm{UME}}$$

$$\text{s.t.} \sum_{j=1}^n \lambda_j x_{ij}^t \leqslant \theta_d^{\mathrm{UME}} x_{id}^{t+1}, \quad i = 1, 2, \cdots, m$$

$$\sum_{j=1}^n \lambda_j y_{rj}^t \geqslant y_{rd}^{t+1}, \quad r = 1, 2, \cdots, s \quad\quad (4\text{-}17)$$

$$\sum_{j=1}^n \lambda_j z_{fj}^t = z_{fd}^{t+1}, \quad f = 1, 2, \cdots, h$$

$$\lambda_j \geqslant 0, \quad j = 1, 2, \cdots, n$$

和

$$E_d^{t+1}\left(x^t,\ y^t\right) = \mathrm{Min}\ \theta_d^{\mathrm{UME}}$$

$$\text{s.t.} \sum_{j=1}^n \lambda_j x_{ij}^{t+1} \leqslant \theta_d^{\mathrm{UME}} x_{id}^t, \quad i = 1, 2, \cdots, m$$

$$\sum_{j=1}^n \lambda_j y_{rj}^{t+1} \geqslant y_{rd}^t, \quad r = 1, 2, \cdots, s \quad\quad (4\text{-}18)$$

$$\sum_{j=1}^n \lambda_j z_{fj}^{t+1} = z_{fd}^t, \quad f = 1, 2, \cdots, h$$

$$\lambda_j \geqslant 0, \quad j = 1, 2, \cdots, n$$

而 $E_d^t\left(x^t,\ y^t\right)$ 和 $E_d^{t+1}\left(x^{t+1},\ y^{t+1}\right)$ 可由式（4-11）直接得到，此处不再赘述。

当 $\mathrm{EC}_d > 1$ 时，表明 DMU_d 从 t 到 $t+1$ 时期技术效率提高；当 $\mathrm{EC}_d = 1$ 时，表明 DMU_d 从 t 到 $t+1$ 时期技术效率不变；当 $\mathrm{EC}_d < 1$ 时，表明 DMU_d 从 t 到 $t+1$ 时期技术效率下降。同样地，TC_d 也存在大于 1、等于 1 和小于 1 三种情况，并分别

代表技术从 t 到 $t+1$ 时期的进步、不变和衰退三种状态。

4.3.2　动态共同前沿面的分解

假设在 T 时段有 n 个具有可比性的 DMU，每个 DMU 都有 m 种投入、s 种期望产出和 h 种非期望产出。这些 DMU 可以分为具有不同技术水平的 K 个群组，且第 k 个群组中 DMU 的数量为 n_k。同时，DMU 的技术水平随着时间 t（$t=1,2,\cdots,T$）的推移出现了变化，因此，式（4-9）和式（4-10）将被进一步拓展，具体表示如下：

$$T^{UMT} = \left\{ (X^t,Y^t,Z^t) \middle| Y^t 和 Z^t 可以在 t 时期由 X^t 生产出来; X^t,Y^t,Z^t \geqslant 0; t=1,2,\cdots,T \right\}$$
（4-19）

$$T^{UkT} = \left\{ (X^t,Y^t,Z^t) \middle| Y^t 和 Z^t 可以在 t 时期由 X^t 生产出来; X^t,Y^t,Z^t \geqslant 0; t=1,2,\cdots,T \right\}$$
（4-20）

$$T^{Ukt} = \left\{ (X^t,Y^t,Z^t) \middle| Y^t 和 Z^t 可以在 t 时期由群组 k 中的 DMU 通过 X^t 生产出来; X^t, Y^t, Z^t \geqslant 0 \right\}$$
（4-21）

其中，T^{UMT} 表示 T 时段 DMU 的共同生产可能集；T^{UkT} 表示 T 时段 DMU 的群组 k 的生产可能集；T^{Ukt} 表示 t 时期 DMU 的群组 k 的生产可能集。

假设非期望产出 Z 具有弱可处置性，则 DMU 的生产可能集及前沿面之间的关系如图 4-5 所示。

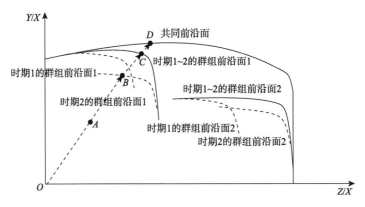

图 4-5　分时期分群组的前沿面之间关系图

不同生产前沿面下的生产可能集是由该生产前沿面和坐标轴共同组成的区域

如图 4-5 所示，A 是群组 1 在时期 2 的一个非有效 DMU，其值沿着射线 OA 方向往各个前沿面进行投影，在时期 2 的群组前沿面 1 上的投影为 B、在时期 1~2 的群组前沿面 1 上的投影为 C、在所有时期的共同前沿面上的投影为 D。由此可知，各时期各群组的前沿面之间均存在不同的技术差异。因此，需要构建动态共同前沿 E-DEA 方法来对这些 DMU 的效率进行分解。

4.3.3 动态共同前沿 E-DEA 分析框架

共同前沿 E-DEA 方法处理的是在效率评价过程中不同 DMU 之间的技术差异问题，而 Malmquist-DEA 则是应用在具有面板数据的效率评价问题上。当面板数据和技术差异同时存在时，则需要联合这两种方法以构建一个新的分析框架——动态共同前沿 E-DEA 方法（杨先明等，2016；Yao et al.，2016）。该方法的具体过程可构建如下。

1）确定效率测算方式

由于非期望产出具有弱可处置性，则在 T 时段内 DMU_d 的共同前沿面 E-DEA 效率 θ_d^{UMT*} 可由以下方程得到：

$$\text{Min} \ \theta_d^{UMT}$$

$$\text{s.t.} \ \sum_{j=1}^{n} \lambda_j x_{ij}^t \leqslant \theta_d^{UMT} x_{id}^t, \quad i=1,2,\cdots,m; t=1,2,\cdots,T$$

$$\sum_{j=1}^{n} \lambda_j y_{rj}^t \geqslant y_{rd}^t, \quad r=1,2,\cdots,s; \ t=1,2,\cdots,T \quad (4\text{-}22)$$

$$\sum_{j=1}^{n} \lambda_j z_{fj}^t = z_{fd}^t, \quad f=1,2,\cdots,h; \ t=1,2,\cdots,T$$

$$\lambda_j \geqslant 0, \quad j=1,2,\cdots,n$$

与式（4-11）和式（4-12）之间相似的是，若将式（4-22）中的 n 替换为 n_k，则其所得的值为 T 时段内 DMU_d 的群组前沿面 E-DEA 效率 θ_d^{UkT*}；而若在将式（4-22）中的 n 替换为 n_k 的基础上，继续剔除约束"$t=1,2,\cdots,T$"，则所得的值为 t 时段内 DMU_d 的群组前沿面 E-DEA 效率 θ_d^{Ukt*}。因此，θ_d^{UkT*} 和 θ_d^{Ukt*} 可分别表示为

$$\theta_d^{UkT*} = \text{Min} \ \theta_d^{UkT}$$

$$\text{s.t.} \ \sum_{j=1}^{n_k} \lambda_j x_{ij}^t \leqslant \theta_d^{UkT} x_{id}^t, \quad i=1,2,\cdots,m; \quad t=1,2,\cdots,T$$

$$\sum_{j=1}^{n_k} \lambda_j y_{rj}^t \geqslant y_{rd}^t, \quad r=1,2,\cdots,s; \ t=1,2,\cdots,T \quad (4\text{-}23)$$

$$\sum_{j=1}^{n_k} \lambda_j z_{fj}^t = z_{fd}^t, \quad f=1,2,\cdots,h; \ t=1,2,\cdots,T$$

$$\lambda_j \geqslant 0, \quad j=1,2,\cdots,n_k$$

和

$$\theta_d^{Ukt*} = \text{Min } \theta_d^{Ukt}$$

$$\text{s.t. } \sum_{j=1}^{n_k} \lambda_j x_{ij}^t \leqslant \theta_d^{Ukt} x_{id}^t, \quad i = 1, 2, \cdots, m$$

$$\sum_{j=1}^{n_k} \lambda_j y_{rj}^t \geqslant y_{rd}^t, \quad r = 1, 2, \cdots, s \qquad (4\text{-}24)$$

$$\sum_{j=1}^{n_k} \lambda_j z_{fj}^t = z_{fd}^t, \quad f = 1, 2, \cdots, h$$

$$\lambda_j \geqslant 0, \quad j = 1, 2, \cdots, n_k$$

定理 4-2 对于任一时期 t 群组 k 中的 DMU_d，均有 $\theta_d^{Ukt*} \geqslant \theta_d^{UkT*} \geqslant \theta_d^{UMT*}$。

证明 $\left(\theta_d^{UkT*}, \lambda_j^*\right)$ 是式（4-23）的最优解，且存在 $n_k < n$，则 $\left(\theta_d^{UkT*}, \lambda_j^*\right)$ 必是式（4-24）的可行解；反之，式（4-24）的最优解未必是式（4-23）的可行解。又因为式（4-23）和式（4-24）均为投入导向的 DEA 模型，其最优值均为越大越好，所以有 $\theta_d^{Ukt*} \geqslant \theta_d^{UkT*}$。同理可得，必有 $\theta_d^{UkT*} \geqslant \theta_d^{UMT*}$。

证毕。

2）共同前沿面效率的动态分解

令 $\text{MD} = M_d^D\left(x^{t+1}, y^{t+1}, z^{t+1}, x^t, y^t, z^t\right)$ 表示 DMU_d 从 t 时期到 $t+1$ 时期的动态效率指数，依据式（4-17）~式（4-24），可令 $E_d^{tk}\left(x^t, y^t, z^t\right)$ 和 $E_d^{tk}\left(x^{t+1}, y^{t+1}, z^{t+1}\right)$ 表示在 t 时期和 $t+1$ 时期的 DMU_d 相对于 t 时期的群组前沿面 k 的 E-DEA 效率值；令 $E_d^{Tk}\left(x^t, y^t, z^t\right)$ 表示 t 时期的 DMU_d 相对于跨时期的群组前沿面 k 的 E-DEA 效率值；令 $E_d^{TM}\left(x^t, y^t, z^t\right)$ 表示 t 时期的 DMU_d 相对于跨时期的共同前沿面的 E-DEA 效率值。根据 Oh 和 Lee（2010）的研究，MD 可以被分解如下：

$$\text{MD} = M_d^D\left(x^{t+1}, y^{t+1}, z^{t+1}, x^t, y^t, z^t\right)$$

$$= \frac{E_d^{TM}\left(x^{t+1}, y^{t+1}, z^{t+1}\right)}{E_d^{TM}\left(x^t, y^t, z^t\right)}$$

$$= \frac{E_d^{tk}\left(x^{t+1}, y^{t+1}, z^{t+1}\right)}{E_d^{tk}\left(x^t, y^t, z^t\right)} \times \left(\frac{E_d^{Tk}\left(x^{t+1}, y^{t+1}, z^{t+1}\right) / E_d^{tk}\left(x^{t+1}, y^{t+1}, z^{t+1}\right)}{E_d^{Tk}\left(x^t, y^t, z^t\right) / E_d^{tk}\left(x^t, y^t, z^t\right)}\right) \qquad (4\text{-}25)$$

$$\times \left(\frac{E_d^{TM}\left(x^{t+1}, y^{t+1}, z^{t+1}\right) / E_d^{Tk}\left(x^{t+1}, y^{t+1}, z^{t+1}\right)}{E_d^{TM}\left(x^t, y^t, z^t\right) / E_d^{Tk}\left(x^t, y^t, z^t\right)}\right)$$

$$= \text{EC} \times \text{BPC} \times \text{TGC}$$

其中，EC 表示 t 时期到 $t+1$ 时期群组 E-DEA 效率的变化率，用于衡量每个 DMU

在这两个时期内与同时期群组前沿面之间差距的变化程度，可称为"追赶效应"；BPC 表示同时期群组前沿面与跨时期群组前沿面之间的差距，可称为"创新效应"；TGC 表示跨时期群组前沿面和共同前沿面之间的差距，可称为"领先效应"。对于 MD、EC、BPC 和 TGC 来说，其值大于（等于或小于）1，则被评 DMU 在 $t+1$ 时期优于（等于或劣于）t 时期。

4.4　我国交通运输业动态环境效率分析

作为能源密集型产业，交通运输业已经成为我国重要的能源消费终端和二氧化碳排放来源。2017 年底，交通运输部在《关于全面深入推进绿色交通发展的意见》中指出，"到 2020 年，初步建成布局科学、生态友好、清洁低碳、集约高效的绿色交通运输体系"[①]。然而，根据《中国统计年鉴》（2003~2019 年）的数据，2002~2018 年我国交通运输业的能源消费量仍在持续增长。这不仅与交通运输部的规划相悖，也不符合党的十九大以来我国经济绿色发展的主旋律。因此，科学地审视交通运输业的发展模式，考虑我国不同区域之间的技术差异，合理评价其环境效率，并以此促进交通运输业绿色、低碳、高效的可持续发展已经成为我国当前亟待解决的重大社会问题。

4.4.1　指标选取与数据来源

根据环境效率评价的相关研究（Song et al.，2012），DMU 的投入一般包括人力、资本和能源三方面。因此，本节选取交通运输业的从业人数、固定资产资本存量和能源消费量作为投入指标。各个指标数据均来源于《中国统计年鉴》（2008~2017 年）、《中国能源统计年鉴》（2008~2017 年）等资料。

由于缺乏固定资产资本存量的统计数据，本节以 2000 年为基年，根据张军等（2004）的做法，以基年的固定资本形成总额的 10%作为原始资本存量，以 9.6%为折旧值，通过指数平减法来消除不同年份间的价格影响，并基于永续存盘法来估算各省区市交通运输业的固定资产资本存量值。此外，本节选取交通运输业的生产总值和 CO_2 排放量作为期望产出和非期望产出。同样以 2000 年为基年，通过指数平减法消除不同年份间生产总值的价格影响。而 CO_2 排放量则是基于《2006年 IPCC 国家温室气体清单指南》的方法，通过不同能源的消费量、标准煤折算系

---

① 《交通运输部关于全面深入推进绿色交通发展的意见》，http://xxgk.mot.gov.cn/2020/jigou/zcyjs/202006/t20200623_3307286.html，2017 年 11 月 27 日。

数和碳排放系数等数据来估算得到。

本节以 2007~2016 年我国 30 个省区市（不含西藏和港澳台地区）的交通运输业为研究对象进行动态环境效率评价研究。为了更好地进行分析，本节按地域分布，将 30 个省区市分为东部地区、中部地区和西部地区，具体划分如表 4-1 所示。

表 4-1　我国地域划分

区域	省区市
东部地区	北京、天津、河北、辽宁、上海、江苏、浙江、福建、山东、广东、海南
中部地区	山西、吉林、黑龙江、安徽、江西、河南、湖北、湖南
西部地区	内蒙古、广西、重庆、四川、贵州、云南、陕西、甘肃、青海、宁夏、新疆

4.4.2　基于截面数据的环境效率分析

通过共同前沿 E-DEA 方法及其拓展方法，本节对 2016 年我国各地区交通运输业的环境效率进行实证分析，结果如表 4-2 所示。

表 4-2　2016 年我国各地区交通运输业的环境效率评价结果

地区	$\theta_d^{\mathrm{UME}*}$	$\theta_d^{\mathrm{UGE}*}$	MTR_d	TGI_d	GMI_d	MTI_d
东部地区均值	0.829	0.904	0.922	0.075	0.096	0.171
北京	0.949	0.949	1.000	0.000	0.051	0.051
天津	0.862	1.000	0.862	0.138	0.000	0.138
河北	1.000	1.000	1.000	0.000	0.000	0.000
辽宁	1.000	1.000	1.000	0.000	0.000	0.000
上海	0.749	1.000	0.749	0.251	0.000	0.251
江苏	0.904	0.904	1.000	0.000	0.096	0.096
浙江	0.782	0.884	0.884	0.103	0.116	0.218
福建	0.875	1.000	0.875	0.125	0.000	0.125
山东	0.803	1.000	0.803	0.197	0.000	0.197
广东	0.795	0.795	1.000	0.000	0.205	0.205
海南	0.398	0.411	0.967	0.014	0.589	0.602
中部地区均值	0.805	0.913	0.870	0.109	0.087	0.195
山西	0.823	1.000	0.823	0.177	0.000	0.177

续表

地区	$\theta_d^{\mathrm{UME}*}$	$\theta_d^{\mathrm{UGE}*}$	MTR_d	TGI_d	GMI_d	MTI_d
吉林	1.000	1.000	1.000	0.000	0.000	0.000
黑龙江	1.000	1.000	1.000	0.000	0.000	0.000
安徽	0.508	0.711	0.713	0.204	0.289	0.492
江西	0.675	0.901	0.748	0.227	0.099	0.325
河南	0.888	1.000	0.888	0.112	0.000	0.112
湖北	0.546	0.695	0.787	0.148	0.305	0.454
湖南	1.000	1.000	1.000	0.000	0.000	0.000
西部地区均值	0.618	0.850	0.719	0.232	0.150	0.382
内蒙古	0.875	1.000	0.875	0.125	0.000	0.125
广西	0.570	0.713	0.801	0.142	0.287	0.430
重庆	0.462	0.740	0.624	0.278	0.260	0.538
四川	0.441	0.746	0.591	0.305	0.254	0.559
贵州	1.000	1.000	1.000	0.000	0.000	0.000
云南	0.246	1.000	0.246	0.754	0.000	0.754
陕西	0.479	0.796	0.601	0.317	0.204	0.521
甘肃	1.000	1.000	1.000	0.000	0.000	0.000
青海	0.286	0.422	0.677	0.136	0.578	0.714
宁夏	0.747	0.929	0.805	0.181	0.071	0.253
新疆	0.687	1.000	0.687	0.313	0.000	0.313
全国均值	0.745	0.887	0.834	0.142	0.113	0.255

从整体上看，我国东部和中部地区交通运输业的 $\theta_d^{\mathrm{UME}*}$ 和 $\theta_d^{\mathrm{UGE}*}$ 均处于较高的水平，而西部地区的 $\theta_d^{\mathrm{UME}*}$ 和 $\theta_d^{\mathrm{UGE}*}$ 则差强人意。MTR_d 的值说明了无论哪个地区，不同前沿面之间均存在技术差异，而从 MTI_d、TGI_d 和 GMI_d 的值来看，东部地区的共同前沿面环境效率无效主要更多来自管理无效，而中部和西部地区则更多来自技术差异无效。这说明东部地区的群组前沿面更加贴近共同前沿面，而对中部和西部地区来说，东部地区领先的技术水平抬高了它们评价效率的标准。因此，通过共同前沿 E-DEA 方法来评价我国各地区交通运输业的环境效率具有重要的意义。

从局部上看，对于东部地区而言，$\theta_d^{\mathrm{UME}*}$ 有效的地区有 2 个，$\theta_d^{\mathrm{UGE}*}$ 有效的地区有 6 个，且大部分地区的效率水平均较高。这主要是因为我国的东部地区是经济发达地区，其代表了我国当前先进的技术水平。相对东部其他地区来说，海南的效率相对较低，这主要是其 GMI 值仅为 0.589 所致的，这可能有两个原因：一是海南经济主要以服务业为主，在交通运输业方面很难产生规模效率；二是作为一个岛屿，海南特殊的地理位置限制了其交通运输业的发展。对于中部地区而言，$\theta_d^{\text{UME*}}$ 有效的地区有 3 个，$\theta_d^{\text{UGE*}}$ 有效的地区有 5 个，虽然中部地区具有较多的 $\theta_d^{\text{UME*}}$ 有效的地区，但也存在较多的非有效地区。这说明了中部地区的发展较不均衡，如湖北和吉林的效率分别为 0.546 和 1.000。对于西部地区而言，其发展更为不均衡，且严重受到技术差异的影响。例如，云南的 $\theta_d^{\text{UME*}}$ 和 $\theta_d^{\text{UGE*}}$ 分别为 0.246 和 1.000。具体来说，西部地区的效率低下可能包含两方面原因，一是西部地区经济发展水平较低，难以吸引高端人才，从而导致行业整体技术水平不高；二是西部地区地广人稀，难以发挥行业的规模效应。

4.4.3 基于面板数据的环境效率分析

共同前沿 E-DEA 方法能有效测量 DMU 在存在截面数据情况下的环境效率，但难以评价存在面板数据的情况下跨时期 DMU 环境效率之间的动态关联性及区域技术差异性。因此，本节在共同前沿 E-DEA 方法的基础上，采用动态共同前沿 E-DEA 方法对我国交通运输业的环境效率做进一步的剖析，结果如图 4-6 所示。

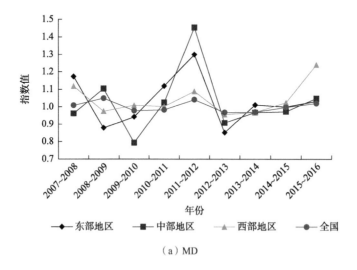

（a）MD

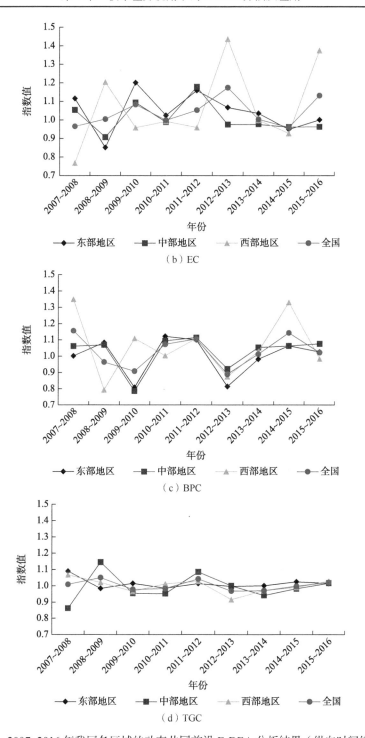

图 4-6　2007~2016 年我国各区域的动态共同前沿 E-DEA 分析结果（纵向时间维度）

由图 4-6（a）可知，无论哪个地区，从 2007 年到 2016 年，大部分的 MD 值均大于 1，说明该时间段内各地区交通运输业的环境效率在整体上均处于上升趋势。从局部上看，东部地区和中部地区在 2011~2012 年进步明显，而 2013~2016 年趋于平稳，这可能是由于国家的"十二五"规划对交通运输业的可持续发展提出了更高的要求，从而促进其环境效率的提升。而对于西部地区，其环境效率前期增长较为缓慢，2014~2016 年开始出现明显的提高，说明国家对西部地区大力扶持与开发的成果开始显现。

由图 4-6（b）~（d）可知，东部地区 EC 值的变化趋势较为平稳，大体保持在 1 以上，说明其在 2007~2016 年保持了较好的追赶趋势；但其整体上创新效应并不显著，BPC 的均值略低于 1，这可能是因为其交通运输体系较为完善，创新难度较大，加之近年来非东部地区的人才回流现象明显；此外，东部地区的 TGC 均值略大于 1，且在整体上高于中部和西部地区，说明其在全国范围内还保持着领先效应，但该效应并不十分显著。对中部地区而言，其追赶效应并不明显，2013~2016 年的 EC 值均小于 1，说明若从群组截面数据来看，其多数省份交通运输业的相对环境效率存在一定程度的倒退；其创新效应表现尚可，BPC 值的变化趋势与东部地区相一致，并略高于东部地区，说明中部地区受东部地区的影响明显，并通过吸收东部地区回流的人才及技术溢出效应，使自身的创新能力得以提高。对西部地区而言，其在 2008~2016 年的追赶效应与创新效应均较为明显，但 EC 值和 BPC 值的稳定性均较差，容易受政策导向的影响，总体来看，西部地区与其他地区之间的差距在不断缩小。

在图 4-7 中，各地区的值皆是 2007~2016 年的均值。从 EC 值来看，北京、天津和辽宁均有较好的表现，这些地区不断加强环保力度，从而促进了交通运输业的可持续发展。中部地区各省份均有明显的改善，如江西和湖南的 EC 值分别为 1.026 和 1.022。对西部地区来说，云南存在较为明显的异常值，其主要原因可能是统计数据的偏差。云南能源消耗量和 CO_2 排放量在部分年份间出现迥异于西部其他省区市的倒"V"形增长态势，从而导致其相对效率出现了异常变化，例如，其在 2014~2016 年由 E-DEA 模型所得的群组截面效率分别为 1、0.26、1，这就使得其 EC 值出现异常波动。而对于西部地区其他省区市来说，除青海外，均呈现出较好的追赶效应。从 BPC 值来看，除云南可能存在异常值外，其他各省区市的值呈自东向西逐步增强的分布态势，这主要是因为 2007~2016 年国家不断加大中西部地区的基础设施建设，使中西部地区的交通运输体系有了很好的改善；同时这也说明中西部地区的交通运输业发展潜力要大于东部地区。从 TGC 值上看，上海等发达地区保持着明显的领先效应，而北京、广东、福建等地区的 TGC 值均约为 1，这是因为这些地区的技术水平代表了我国这一时期交通运输业的整体前沿面状况。而部分西部地区也出现了一些领先效应，如贵州、新疆等，这主要有以下两方面原因：一是这些地区的交通运输业并不发达，因此，能源消耗量和 CO_2 排放量均相对较少；二是其基础设施相对集中，发挥出了一定的规模效率。从 MD 值上看，大部分省区市的值均大于 1，这与之前所得的整体交通运输行业环境效率值在逐渐提升的结论相一致。

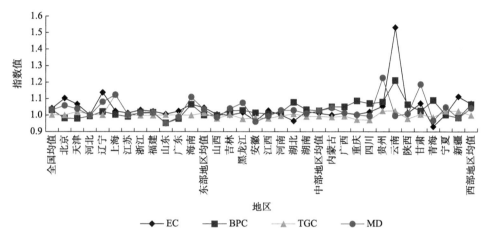

图 4-7 2007~2016 年我国各区域的动态共同前沿 E-DEA 分析结果（横向地区维度）

4.4.4 与传统效率评价方法的对比分析

为了说明本章所用方法的有效性与实用性，本节将 E-DEA 方法与不考虑非期望产出的传统 CCR 模型（DEA 原始模型）进行对比；同时，在 E-DEA 方法的基础上，将动态共同前沿 E-DEA 方法与传统 Malmquist-DEA 方法进行对比，结果如图 4-8 和图 4-9 所示。

图 4-8 为基于 CCR 模型和 E-DEA 模型对 2016 年我国各地区交通运输业进行环境效率评价的结果对比。两者之间的差别在于 CCR 模型并不考虑非期望产出，即 CO_2 排放量。可以看出，传统 CCR 模型往往低估了交通运输业的效率。事实上，当考虑了环境因素后，各地区之间交通运输业的效率差距有了明显的减少。

图 4-9 为 2007~2016 年我国东、中、西部各地区间交通运输业环境效率的 Malmquist 指数值和 MD 值的对比。可以看到的是，两种指数值之间的差距并不大，均在 1 值上下波动；但两者并未达成统一的变化趋势。这种差异值主要是由传统 Malmquist-DEA 方法的结果并未考虑区域技术差异性导致的。

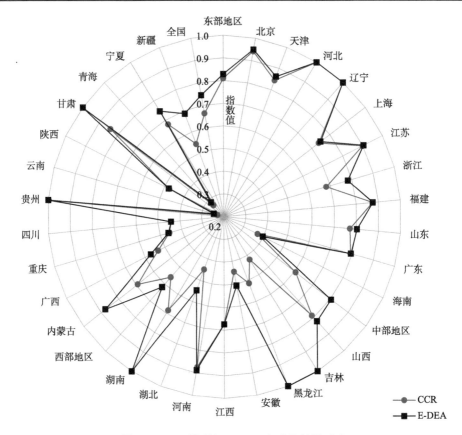

图 4-8　CCR 模型与 E-DEA 方法的结果对比

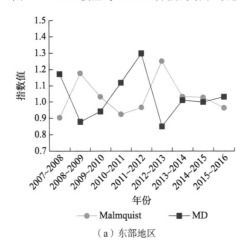

（a）东部地区

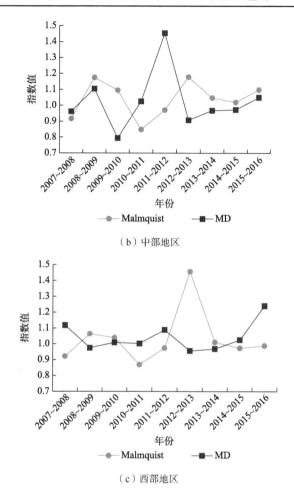

（b）中部地区

（c）西部地区

图 4-9　Malmquist-DEA 方法与动态共同前沿 E-DEA 方法的结果对比

4.4.5　区域技术差异视角下我国交通运输业环境效率提升策略

本章在区域技术差异视角下采用共同前沿 E-DEA 法和动态共同前沿 E-DEA 法来对 2007~2016 年我国交通运输业的动态环境效率进行评价与分析，并得出了以下几个主要结论。

（1）我国各地区交通运输业的环境效率无论是相对于共同前沿面还是群组前沿面均有较大的提升空间，且不同前沿面之间存在较为明显的技术差异。

（2）我国东部地区交通运输业的无效主要来源于管理无效，而中、西部地区的无效更多源自技术差异无效。

（3）2007~2016 年，我国各地区交通运输业的动态环境效率呈缓慢增长的态势，但不同地区均存在各自的不足，主要表现为：东部地区的创新效应不显著，中部地区的追赶效应表现较差，西部地区创新效应与追赶效应均具有较大的不稳定性。此外，因自身的经济技术水平和生态环境特征，东部与西部地区均保持一定的领先效应，但并不显著。

根据以上这些结论，本章提出以下几点政策建议。

（1）我国东部地区应适当加大资本投入，重视交通运输业的整体规划，以此提高其规模效率；加强专业人才培养和环保技术研发，以此提高人力和能源投入的利用率，并增强自身环境效率的创新效应；向国外发达地区学习先进经验，探索交通运输业低碳、绿色、高效的可持续发展模式，从而在巩固经济技术方面既有的领先效应的同时，带动全国交通运输业的发展。

（2）我国中部地区应加快承接东部发达地区先进的技术手段和管理模式，从而缩小与东部地区之间的技术差异；调整生产结构，进一步完善交通运输业的基础设施，加大人才引进力度，吸引发达地区的人才回流，从而改善产业规模收益不佳的现状；适当加强环境规制，设立有效的改进标杆，给予一定的政策引导，激发该地区交通运输业的追赶效应。

（3）我国西部地区需要进一步增强交通运输业的政策支持力度，并保持一定的政策连贯性与导向性，这些政策的着力点应更多地放在人才与技术上，提高资本投入的利用率，有针对性地加强基础设施建设，提高整体技术水平；加强环境规制，在保证其生态环境方面领先效应的同时，充分发挥其追赶效应与创新效应，实现跨越式可持续发展。

第5章 E-DEA 拥塞测量方法及应用

E-DEA 方法不仅可以用于评价 DMU 的效率，而且能够帮助决策者合理配置资源，从而实现收益最大化。在对资源优化配置的研究中，其中一个主要方向是避免在生产过程中过度地投入资源，以此避免拥塞效应。本章主要聚焦于同时考虑期望产出和非期望产出的拥塞测量方法。

5.1 非期望要素在拥塞测量问题中的拓展

5.1.1 E-DEA 框架下的拥塞测量问题

定义 5-1 拥塞是指一种或几种投入的减少造成一种或几种产出的增加，却不影响其他的投入和产出的这样一种特殊的经济现象。

以公路交通运输为例：某公路具有每分钟通行 100 辆汽车的能力，则在 100 辆汽车的范围内，基于有序的交通管理，每分钟进入该段公路的汽车越多，驶出该段公路的汽车也就越多。然而，若因高峰期的到来，每分钟涌入该段公路的汽车达到了 200 辆，则各种走向的车辆相互干扰，容易出现拥塞现象。此时，每分钟通过该段公路的汽车反而小于 100 辆，甚至寸步难行。若此时通过交通疏导，减少了涌入该路段的汽车，从而减轻或消除了拥塞现象，则每分钟通过该段公路的汽车数将会大大增加。

由此可知，拥塞是一种无谓的资源浪费，在实践中应该予以避免。然而，Sueyoshi 和 Goto（2012）认为传统意义上的拥塞仅考虑了投入和期望产出之间的关系，而没有将污染考虑在内。因此，他们提出了如下定义。

定义 5-2 传统期望产出的拥塞称为非期望拥塞，而非期望产出的拥塞称为期望拥塞。

事实上，消除非期望拥塞和促进期望拥塞都对效率的提高具有重要的意义。

无论是避免还是利用拥塞，首先要做的就是对拥塞现象进行科学的甄别，而 DEA 方法就是测量拥塞效应的重要方法。

自 Färe 等（1985）率先提出 DEA 拥塞方法之后，大量的学者开始在 DEA 框架下研究拥塞现象。Cooper 等（1996）提出了一种基于松弛变量的双模型拥塞测量方法，通过对比观测值和期望值之间的差异来测量拥塞效应。在此基础上，Cooper 等（2002）进一步做出改进，提出单模型的拥塞测量方法。不同于以往关于拥塞测量的研究，一些学者不再强调过度投入对拥塞的影响，而是开始从产出的角度评价拥塞效应（Tone and Sahoo，2004；Wei and Yan，2004）。Khodabakhshi（2009）基于宽松的投入组合来构建一个修正的单模型方法，以测量拥塞效应。Noura 等（2010）提出一种新的单模型方法，通过比 Cooper 等（2002）的方法更简单的方式来测量拥塞。Marques 和 Simões（2010）和 Simões 和 Marques（2011）回顾了在 DEA 框架下测量拥塞效应的三种主要方法，并分别用以识别全球机场和葡萄牙医院在运营过程中的拥塞效应。Kao（2010）通过图解法讨论了当前拥塞测量方法各自的优劣。Sueyoshi 和 Goto（2012）将拥塞分为期望拥塞和非期望拥塞，并在此基础上开展了一系列的研究（Sueyoshi and Goto，2014b；Sueyoshi and Wang，2014）。Khoveyni 等（2013）构建了基于松弛变量的 DEA 模型来区分强拥塞和弱拥塞。Wu 等（2013）提出了一个考虑非期望产出的拥塞测量新方法，并将该方法用于分析我国省域经济的拥塞情况。Fang（2015）基于方向距离函数来构建可以在期望与非期望产出同时存在的情况下测量拥塞的 DEA 方法。

然而，绝大部分测量拥塞效应的研究都只考虑了投入和期望产出，而忽略了非期望产出的存在。Wu 等（2013）和 Fang（2015）意识到了非期望产出在测量中的重要性，但他们的研究均无法得出具体的拥塞量。事实上，非期望产出在生产过程中往往扮演着重要的角色，如生产过程中的碳排放。因此，如何构建 E-DEA 拥塞测量模型来识别期望产出和非期望产出可能存在的拥塞现象具有重要的意义。

5.1.2　可处置性假设的区别与选择

根据第 3 章中对强、弱、半三种非期望产出可处置性的论述，本节对它们的区别做了系统的归纳，具体见表 5-1。

表 5-1　不同可处置性假设的区别

类别	强可处置性	弱可处置性	半可处置性
假设内容	决策者可以自由地增加或减少非期望产出，而不影响期望产出的产量	非期望产出与期望产出的增加与减少具有同步关联性	在当前最优的技术水平内，非期望产出可以自由地增减；若超出该水平，则非期望产出的变化必将引起期望产出的同步变化

类别	强可处置性	弱可处置性	半可处置性
优势	应用简单；可处置性的主流假设之一，方法成熟；识别能力相对较强；具有很好的可拓展性	应用较为简单；可处置性的主流假设之一，方法相对成熟；具有较好的可拓展性	假设更符合实际情况，评价结果更具合理性；识别能力适中
劣势	假设具有一定的局限性，并常常低估了 DMU 的效率	假设具有一定的局限性，并常常高估了 DMU 的效率；识别能力相对较弱	应用略显复杂；由本书首次提出，可拓展性有待进一步开发

　　如表 5-1 所示，本章提出的半可处置性假设虽然较为全面，但该方法还不够成熟，在进一步深入研究中容易变得更加复杂难懂，不利于 E-DEA 方法的推广应用。从本质上看，半可处置性可以看作强可处置性与弱可处置性的集结；从应用上看，强可处置性假设的应用范围比弱可处置性假设更广泛。这是因为在许多情况下，导致非期望产出居高不下的直接原因往往是管理及技术的应用不善，而非超出了当前最优的技术水平（Yang and Pollitt，2010）。同时，强可处置性假设结构简单，方法成熟，也更利于理解、拓展与应用。

　　本章的主要目的在于研究 E-DEA 拥塞测量方法。因此，本章在研究中选择非期望产出的强可处置性作为基本假设，这既有利于阐述本章方法的核心原理，揭示投入/产出要素、效率与拥塞之间的独特关系，也为今后对弱、半可处置性假设的进一步深入研究打下坚实的理论基础。

5.2　理论基础：传统拥塞测量方法

　　本节简要介绍 Cooper 等（1996）的双模型拥塞测量方法和 Cooper 等（2002）的单模型拥塞测量方法。

5.2.1　双模型拥塞测量方法

　　假设有 n 个 DMU，即 $\{\mathrm{DMU}_j \mid j = 1, 2, \cdots, n\}$，每个 DMU 利用 m 种投入 x_{ij}（$i = 1, 2, \cdots, m$）来生产 s 种产出 y_{rj}（$r = 1, 2, \cdots, s$），则根据 Banker 等（1984）的研究，产出导向的 BCC 模型可以表示如下：

$$\mathrm{Max}\ \theta_d + \varepsilon\left(\sum_{r=1}^{s} s_r^+ + \sum_{i=1}^{m} s_i^-\right)$$

$$\mathrm{s.t.}\ \sum_{j=1}^{n} \lambda_j x_{ij} + s_i^- = x_{id}, \qquad i = 1, 2, \cdots, m$$

$$\sum_{j=1}^{n} \lambda_j y_{rj} - s_r^+ = \theta_d y_{rd}, \qquad r = 1, 2, \cdots, s$$

$$\sum_{j=1}^{n} \lambda_j = 1 \qquad\qquad\qquad (5\text{-}1)$$

$$\forall s_r^+, \, s_i^-, \, \lambda_j \geq 0$$

其中，ε 为非阿基米德无穷小，即小于任何正实数的正数。

假设 $(\theta_d^*, \lambda_j^*, s_r^{+*}, s_i^{-*})$ 为式（5-1）的一组最优解，则式（5-1）的前两条约束可以被重新表示为

$$\theta_d^* y_{rd} + s_r^{+*} = \sum_{j=1}^{n} \lambda_j^* y_{rj}, \quad r = 1, 2, \cdots, s$$

$$x_{id} - s_i^{-*} = \sum_{j=1}^{n} \lambda_j^* x_{ij}, \quad i = 1, 2, \cdots, m \qquad (5\text{-}2)$$

根据式（5-2），一组新的投入产出可以被定义如下：

$$\hat{y}_{rd} = \theta_d^* y_{rd} + s_r^{+*} \geq y_{rd}, \quad r = 1, 2, \cdots, s$$

$$\hat{x}_{id} = x_{id} - s_i^{-*} \leq x_{id}, \quad i = 1, 2, \cdots, m \qquad (5\text{-}3)$$

由这组投入产出构成的 DMU 称为 DMU_d 的目标 DMU，这是因为该 DMU 是 DMU_d 在生产前沿面上的投影；换句话说，在不减少任一产出或不增加任一投入的情况下，该目标 DMU 在生产可能集的范围内无法做进一步的改进。

定义 5-3 若 $\theta_d^* = 1$ 和 $s_r^{+*} = s_i^{-*} = 0$，则称 DMU_d 为 DEA 强有效 DMU。

由拥塞的定义可知，其是一种十分严重的技术非有效现象，因此，非 DEA 强有效可以作为拥塞存在的基本前提。由此可知，式（5-1）可作为用来识别拥塞的第一步，即若 DMU_d 为非强有效 DMU，则其可能存在拥塞现象。

若 DMU_d 可能存在拥塞现象，则可以对其做进一步的筛查。筛查模型如下：

$$\text{Max } \sum_{i=1}^{m} \delta_i^-$$

$$\text{s.t. } \hat{x}_{id} = \sum_{j=1}^{n} \lambda_j x_{ij} - \delta_i^- = x_{id} - s_i^{-*}, \qquad i = 1, 2, \cdots, m$$

$$\hat{y}_{rd} = \sum_{j=1}^{n} \lambda_j y_{rj} = \theta_d^* y_{rd} + s_r^{+*}, \qquad r = 1, 2, \cdots, s \qquad (5\text{-}4)$$

$$\sum_{j=1}^{n} \lambda_j = 1$$

$$s_i^{-*} \geq \delta_i^-, \qquad i = 1, 2, \cdots, m$$

$$\forall s_r^+, \, s_i^-, \, \lambda_j, \, \delta_i^- \geq 0$$

若 δ_i^{-*} 为式（5-4）的最优解，则 DMU_d 的具体拥塞量可以定义为

$$s_i^{-c*} = s_i^{-*} - \delta_i^{-*}, \quad i = 1, 2, \cdots, m \tag{5-5}$$

其中，s_i^{-c} 为松弛变量中的属于拥塞的部分，而 δ_i^{-*} 则属于纯技术无效的部分。

5.2.2　单模型拥塞测量方法

虽然 Cooper 等（1996）的方法能够计算出 DMU_d 可能存在的具体拥塞量，但其需要先对 DMU_d 的有效性进行识别，过程较为烦琐。因此，Cooper 等（2002）在该方法的基础上做进一步的整合和简化，提出了 DEA 单模型拥塞测量方法，具体过程如下。

假设 $(\theta_d^*, \lambda_j^*, s_r^{+*}, s_i^{-*})$ 为式（5-1）的最优解，且有 $s_i^{-c} = s_i^{-*} - \delta_i^{-}$；则通过变量代换，式（5-4）等价于式（5-6）。

$$
\begin{aligned}
\text{Max} \quad & \sum_{i=1}^{m} s_i^{-c} \\
\text{s.t.} \quad & \sum_{j=1}^{n} \lambda_j x_{ij} = x_{id} - s_i^{-c}, \quad i = 1, 2, \cdots, m \\
& \sum_{j=1}^{n} \lambda_j y_{rj} = \theta_d^* y_{rd} + s_r^{+*}, \quad r = 1, 2, \cdots, s \\
& \sum_{j=1}^{n} \lambda_j = 1 \\
& \forall \lambda_j, \ s_i^{-c} \geqslant 0
\end{aligned} \tag{5-6}
$$

结合式（5-1），引入非阿基米德无穷小 ε 来表示不同目标的重要性，则双模型拥塞模型可以整合为一个统一的模型，具体如下：

$$
\begin{aligned}
\text{Max} \quad & \theta_d + \varepsilon \left(\sum_{r=1}^{s} s_r^+ - \sum_{i=1}^{m} s_i^{-c} \right) \\
\text{s.t.} \quad & \sum_{j=1}^{n} x_{ij} \lambda_j = x_{id} - s_i^{-c}, \quad i = 1, 2, \cdots, m \\
& \sum_{j=1}^{n} y_{rj} \lambda_j = \theta_d y_{rd} + s_r^+, \quad r = 1, 2, \cdots, s \\
& \sum_{j=1}^{n} \lambda_j = 1 \\
& \forall s_i^{-c}, s_r^+, \lambda_j \geqslant 0
\end{aligned} \tag{5-7}
$$

其中，权重变量 λ_j（$j = 1, 2, \cdots, n$）、松弛变量 s_i^{-c} 与 s_r^+ 都是决策变量。松弛变量 s_i^{-c}

为第 i 种投入的具体拥塞量；θ_d 为 DMU$_d$ 的相对效率值。

假设 $(\theta_d^*, \lambda_j^*, s_r^{+*}, s_i^{-c*})$（$j = 1, 2, \cdots, n; r = 1, 2, \cdots, s; i = 1, 2, \cdots, m$）是式（5-7）的最优解，则根据 Cooper 等（2002）的研究，可以得到以下定理。

定理 5-1　若存在至少一个 $s_i^{-c*} > 0$（$1 \leqslant i \leqslant m$），则 DMU$_d$ 存在拥塞，且其拥塞量的值为 s_i^{-c*}。

5.3　不同决策目标下 E-DEA 拥塞测量模型

Cooper 等（2002）提出的单模型方法仅适用于测量非期望拥塞。当非期望产出存在时，该模型就无法适用了，这是因为此时不是所有的产出都越大越好。现实中，生产过程将同时产生期望产出和非期望产出，决策者往往希望尽可能地增加期望产出，而减少投入和非期望产出，即若有可能，决策者希望能够在消除非期望拥塞的同时，促进期望拥塞。基于不同的决策目标，决策者可以有的放矢地采用合适的行动。本章将政策目标概括为三类：期望产出优先、非期望产出优先、期望产出和非期望产出双赢（为了便于表述，下文直接使用"双赢"来表示该决策目标）。

5.3.1　期望产出优先下的非期望拥塞

期望产出优先表示在非期望产出不恶化的前提下尽可能地增加期望产出。为了达到这个目标，决策者应当在不增加非期望产出的前提下，尽可能地消除非期望拥塞。

在处理非期望产出拥塞问题之前，非期望产出应该先通过 Seiford 和 Zhu（2002）的方法转化为一种新的期望产出。假设每个 DMU$_j$ 有 m 种投入 x_{ij}（$i = 1, 2, \cdots, m$）、s 种期望产出 y_{rj}（$r = 1, 2, \cdots, s$）和 f 种非期望产出 z_{hj}（$h = 1, 2, \cdots, f$），则在期望产出优先视角下测量非期望拥塞的模型可以构建如下：

$$\text{Max}\quad \theta_d^{\text{und}} + \varepsilon\left(\sum_{r=1}^{s} s_r^+ - \sum_{i=1}^{m} s_i^{-c1}\right)$$

$$\text{s.t.}\quad \sum_{j=1}^{n} x_{ij}\lambda_j = x_{id} - s_i^{-c1}, \quad i = 1, 2, \cdots, m$$

$$\sum_{j=1}^{n} y_{rj}\lambda_j = \theta_d^{\text{und}} y_{rd} + s_r^+, \quad r = 1, 2, \cdots, s$$

$$\sum_{j=1}^{n} b_{hj}\lambda_j = b_{hd} + s_h^+, \quad h = 1, 2, \cdots, f$$

$$b_{hj} = \alpha_h - z_{hj}, \quad h = 1, 2, \cdots, f$$

$$\sum_{j=1}^{n} \lambda_j = 1 \tag{5-8}$$

$$s_i^{-c1}, s_r^+, s_h^+, \lambda_j \geqslant 0; \quad j = 1, 2, \cdots, n; r = 1, 2, \cdots, s; h = 1, 2, \cdots, f; i = 1, 2, \cdots, m$$

其中，α_h 为一个可以保证每个 b_{hj} 都大于 0 的足够大的正数；θ_d^{und} 为在期望产出优先视角下 DMU_d 的效率；s_i^{-c1} 为第 i 种投入非期望拥塞的数量。第三条约束用以确保生产过程中的非期望产出不会增加，而第四条约束用以将非期望产出转化为一个越大越好的新变量。由于没有任何证据表明投入和产出之间存在任何比例关系，本章假设生产过程是规模收益可变的，该假设通过第五条约束来实现。其他约束同式（5-6）的约束相一致。

根据定理 5-1，若存在至少一个 s_i^{-c1*} 不等于 0，则在期望产出优先的视角下 DMU_d 是非有效的，而 s_i^{-c1*} 的值代表了第 i 种投入的拥塞量。

5.3.2　非期望产出优先下的期望拥塞

非期望产出优先表示在期望产出稳定的前提下尽可能地减少非期望产出。为了达到这个目标，决策者应当在不减少期望产出的前提下，尽可能地促进期望拥塞。通过非期望产出的转化，期望拥塞问题可以转化为一种新的非期望拥塞问题。因此，消除这种新非期望拥塞就是在促进期望拥塞。基于此，测量这种新非期望拥塞的模型可以构建如下：

$$\text{Max} \quad \theta_d^{\text{des}} + \varepsilon \left(\sum_{h=1}^{f} s_h^+ - \sum_{i=1}^{m} s_i^{-c2} \right)$$

$$\text{s.t.} \quad \sum_{j=1}^{n} x_{ij} \lambda_j = x_{id} - s_i^{-c2}, \quad i = 1, 2, \cdots, m$$

$$\sum_{j=1}^{n} y_{rj} \lambda_j = y_{rd} + s_r^+, \quad r = 1, 2, \cdots, s$$

$$\sum_{j=1}^{n} b_{hj} \lambda_j = \theta_d^{\text{des}} b_{hd} + s_h^+, \quad h = 1, 2, \cdots, f \tag{5-9}$$

$$b_{hj} = \alpha_h - z_{hj}, \quad h = 1, 2, \cdots, f$$

$$\sum_{j=1}^{n} \lambda_j = 1$$

$$s_i^{-c2}, s_r^+, s_h^+, \lambda_j \geqslant 0; \quad j = 1, 2, \cdots, n; r = 1, 2, \cdots, s; h = 1, 2, \cdots, f; i = 1, 2, \cdots, m$$

其中，θ_d^{des} 为在非期望产出优先视角下 DMU_d 的效率；s_i^{-c2} 为第 i 种投入新非期望

拥塞的数量。第二条约束用来保证在生产过程中期望产出不会减少。

根据定理 5-1，若存在至少一个 s_i^{-c2*} 不等于 0，则在非期望产出优先视角下 DMU_d 存在新非期望拥塞，且 s_i^{-c2*} 代表第 i 种投入的新非期望拥塞量。

5.3.3　双赢下的双重拥塞

双赢表示尽可能地同时增大期望产出和减小非期望产出。因此，决策者应该同时考虑由投入引起的非期望拥塞和期望拥塞，并调整投入量，以确保在非期望产出不增加和期望产出不减少的基础上最大化全局效率。具体的模型如下：

$$\text{Max}\quad \theta_d^{\text{dou}} = \frac{1}{2}\left(\phi + \tau + \varepsilon\left(\sum_{r=1}^{s} s_r^+ + \sum_{h=1}^{f} s_h^+ - \sum_{i=1}^{m} s_i^{-c3} \right) \right)$$

$$\text{s.t.}\quad \sum_{j=1}^{n} x_{ij}\lambda_j = x_{id} - s_i^{-c3},\quad i=1,2,\cdots,m$$

$$\sum_{j=1}^{n} y_{rj}\lambda_j = \phi y_{rd} + s_r^+,\quad r=1,2,\cdots s$$

$$\sum_{j=1}^{n} b_{hj}\lambda_j = \tau b_{hd} + s_h^+,\quad h=1,2,\cdots,f \tag{5-10}$$

$$b_{hj} = \alpha_h - z_{hj},\quad h=1,2,\cdots,f$$

$$\sum_{j=1}^{n} \lambda_j = 1$$

$$\phi,\tau \geqslant 1$$

$$s_i^{-c3}, s_r^+, s_h^+, \lambda_j \geqslant 0;\ i=1,2,\cdots,m;\ r=1,2,\cdots,s;\ h=1,2,\cdots,f;\ j=1,2,\cdots,n$$

其中，θ_d^{dou} 为在双赢视角下 DMU_d 的效率；ϕ 为期望产出的效率；τ 为新期望产出的效率。第六条约束是用以确保全局效率的提升不以牺牲期望产出和非期望产出的效率为代价。

根据定理 5-1，若存在至少一个 s_i^{-c3*} 不等于 0，则在双赢视角下 DMU_d 存在双重拥塞，且 s_i^{-c3*} 代表第 i 种投入的双重拥塞量。

5.3.4　不同模型间的区别

本节将对比不同政策目标下的三种模型和 Cooper 等（2002）提出的传统单模型方法之间的区别。

第一，应用范围不同。传统方法适用于仅存在期望产出的情况，而不同决策目标下的三种模型均可适用于期望产出和非期望产出同时存在的情况。

第二，可解决的问题不同。传统方法用以在仅存在期望产出的情况下，测量由投入引起的期望产出的拥塞。式（5-8）（期望产出优先）用以在同时存在期望与非期望产出的情况下测量期望产出的非期望拥塞。式（5-9）（非期望产出优先）用以在与式（5-8）同样的情况下测量由投入引起的非期望产出的期望拥塞。式（5-10）（双赢）用以在与式（5-8）同样的情况下测量由投入引起的非期望产出与期望产出的双重拥塞。

第三，所要实现的目的不同。传统方法测量拥塞的目的是在不考虑非期望产出的情况下消除拥塞，以增加期望产出。式（5-8）（期望产出优先）测量与消除非期望拥塞的目的是在不增加非期望产出的前提下增加期望产出。式（5-9）（非期望产出优先）测量与促进期望拥塞的目的是在不减少期望产出的前提下减少非期望产出。式（5-10）（双赢）测量双重拥塞的目的是在不减少期望产出和不增加非期望产出的前提下最大化全局效率。

总而言之，对决策者来说，不同政策目标下的三种模型比传统方法具有更好的实践意义和针对性。同时，式（5-8）、式（5-9）、式（5-10）的最优解 $\theta_d^{\text{und}*}$、$\theta_d^{\text{des}*}$ 和 $\theta_d^{\text{dou}*}$ 遵循以下定理。

定理 5-2　若存在 $\theta_d^{\text{dou}*}=1$，则有 $\theta_d^{\text{und}*}=1$ 和 $\theta_d^{\text{des}*}=1$。

证明　根据式（5-4）的约束可知，当 $\theta_d^{\text{dou}*}=1$ 时，存在 $s_i^{-c3*}=s_r^{+*}=s_h^{+*}=0$ 和 $\phi^*=\tau^*=1$，其中的符号 "*" 代表最优解的值。因此，可以发现式（5-10）很容易转化为式（5-8）和式（5-9）的形式。换句话说，式（5-10）的最优解也是式（5-8）和式（5-9）的最优解。

证毕。

定理 5-2 的逆定理未必成立，这是因为式（5-8）和式（5-9）的最优解可能并不相同。

值得注意的是，式（5-8）、式（5-9）、式（5-10）均是产出导向的 DEA 模型。因此，其效率值越小，则效率越高。当其效率值等于 1 时，该 DMU 将被认为是有效的。

5.4　不同决策目标下我国工业产业的拥塞分析

为了说明本章方法的有效性和实用性，本节以我国工业产业为研究对象，分析我国工业产业 2007~2012 年的拥塞情况。作为工业大国，我国十分关注如何实现可持续发展。然而，资源利用率低下和环境污染严重都深深地困扰着我国工业的发展。

因此，本章的实证结果也将有助于政府依据其自身偏好实现不同的决策目标。

5.4.1　指标选取与数据来源

本节选取了我国 30 个省区市作为研究样本（由于数据缺失，不考虑西藏和港澳台地区）。这些地区可以分为三大类——东部、中部和西部地区（Bian et al.，2015）。东部地区是能够产生最多工业利润的发达地区；中部地区是具有相当工业基础的发展中地区；而西部地区是缺乏工业基础的欠发达地区。具体的地域分类情况如表 4-1 所示。

根据 Golany 和 Roll（1989）的研究，DMU 的数量应该是投入/产出指标数的5 倍以上，否则将面临有效 DMU 的识别问题。因此，本节选取 6 个代表性的指标作为投入、期望产出和非期望产出，以分析我国工业产业的拥塞问题。这些指标分别是工业从业人数（ x_1 ）、工业固定资产投资总额（ x_2 ）、工业能源消耗量（ x_3 ）、工业利润总值（ y_1 ）、工业废气排放量（ z_1 ）和工业废水排放量（ z_2 ）。其中，工业从业人数（ x_1 ）直接反映了工业的劳动力投入；工业固定资产投资总额（ x_2 ）是资本投入的代表性指标之一；工业能源消耗量（ x_3 ）代表了能源的投入。工业利润总值（ y_1 ）为期望产出，直接反映了工业经济的发展水平。而工业废气排放量和工业废水排放量为非期望产出，代表了工业产生的污染物（Wu et al.，2013）；同时，它们也是工业对环境污染的主要方式。

数据来源于《中国统计年鉴》（2008~2013 年）、《中国环境统计年鉴》（2008~2013 年）和《中国能源统计年鉴》（2008~2013 年）。数据的相关统计描述如表 5-2 所示。

表 5-2　数据相关统计描述（2007~2012 年）

指标	x_1/万人	x_2/亿元	x_3/万吨标准煤	y_1/亿元	z_1/亿米³	z_2/万吨
最大值	564.46	15 718.02	38 899.25	8 016.35	276 107.00	263 760.00
最小值	10.33	134.71	1 232.52	83.76	1 353.00	5 782.00
平均值	159.41	4 076.87	13 435.56	1 757.12	20 945.85	77 006.65
方差	126.35	3 178.65	8 312.11	1 700.21	27 291.79	64 951.95

基于表 5-2 的原始数据，本节通过以下模型来定义 α_h ：

$$\alpha_h = \underset{j \in \{1, 2, \cdots, n\}}{\text{Max}} z_{hj} + 10\,000 \tag{5-11}$$

其中，10 000 是用以保证这些数据变化的幅度不会太大。因此， α_1 和 α_2 的值分别为 286 107 和 273 760。

5.4.2　基于截面数据的拥塞分析

本节将在不同决策目标视角下分析 2012 年我国工业产业的拥塞效应。通过式（5-8）、式（5-9）和式（5-10）的应用，可以得到不同决策目标下我国各地区工业产业的运营效率及其投入拥塞的情况。为了方便描述，本节使用 θ_d^{und*}、θ_d^{des*} 和 θ_d^{dou*} 分别代表式（5-8）、式（5-9）和式（5-10）所得的效率。计算结果如表 5-3 所示。

表 5-3　不同决策目标下的拥塞情况（基于 2012 年的截面数据）

地区	期望产出优先				非期望产出优先				双赢			
	s_1^{-c1}	s_2^{-c1}	s_3^{-c1}	θ_d^{und*}	s_1^{-c2}	s_2^{-c2}	s_3^{-c2}	θ_d^{des*}	s_1^{-c3}	s_2^{-c3}	s_3^{-c3}	θ_d^{dou*}
安徽	0	1 794.57	0	1.32	6.03	4 695.88	3 435.00	1.28	0	3 128.42	0	1.22
北京	0	0	0	1	0	0	0	1	0	0	0	1
重庆	0	284.33	2 463.47	2.52	37.36	2 338.10	5 112.82	1.08	0	284.33	2 463.47	1.76
福建	136.97	0	0	1.39	104.07	2 945.45	54.25	1.11	136.97	0	0	1.20
甘肃	0	0	468.54	3.17	23.22	1 568.14	4 584.16	1.05	0	0	468.54	2.10
广东	0	0	0	1	0	0	0	1	0	0	0	1
广西	0	158.11	0	1.76	0	3 372.34	3 759.06	1.49	0	158.11	0	1.52
贵州	0	0	4 830.12	1.80	13.25	1 087.06	5 801.68	1.07	0	0	4 830.12	1.42
海南	0	0	0	1	0	0	0	1	0	0	0	1
河北	0	0	8 027.85	1.53	35.71	5 672.25	19 661.85	1.74	0	4 572.70	16 645.20	1.42
黑龙江	0	922.65	4 590.29	1.49	0	3 217.28	5 656.60	1.10	0	922.65	4 590.29	1.25
河南	0	699.86	0	1.33	0	5 355.67	3 242.39	1.35	0	2 923.13	890.29	1.21
湖北	0	732.43	4 309.83	1.64	0	5 097.08	6 580.49	1.20	0	732.43	4 309.83	1.32
湖南	0	934.81	5 594.96	1.54	0	4 358.59	7 038.42	1.15	0	934.81	5 594.96	1.27
内蒙古	0	0	0	1	0	0	0	1	0	0	0	1
江苏	0	0	0	1	0	0	0	1	0	0	0	1
江西	8.92	3 488.84	0	1.20	2.57	4 510.93	0	1.15	8.92	3 488.84	0	1.15
吉林	0	1 997.33	2 467.11	1.29	0	3 745.96	3 667.69	1.08	0	1 997.33	2 467.11	1.14
辽宁	0	592.78	0	1.63	65.21	5 516.47	13 580.22	1.37	0	1 337.94	848.21	1.32
宁夏	0	0	749.17	2.77	8.86	669.31	2 874.41	1.04	0	0	749.17	1.90

续表

地区	期望产出优先				非期望产出优先				双赢			
	s_1^{-c1}	s_2^{-c1}	s_3^{-c1}	θ_d^{und*}	s_1^{-c2}	s_2^{-c2}	s_3^{-c2}	θ_d^{des*}	s_1^{-c3}	s_2^{-c3}	s_3^{-c3}	θ_d^{dou*}
青海	0	175.28	833.69	1.39	0.18	479.32	1 664.11	1.01	0	175.28	833.69	1.20
陕西	0	0	0	1.06	0	730.93	1 927.10	1.07	0	0	304.35	1.04
山东	0	0	0	1	0	0	0	1	0	0	0	1
上海	0	0	0	1	0	0	0	1	0	0	0	1
山西	0	0	7 750.58	2.74	73.08	3 562.53	13 401.36	1.20	0	0	7 434.47	1.89
四川	0	0	6 324.32	1.41	17.36	3 150.15	9 385.42	1.21	0	1 338.20	7 753.43	1.21
天津	0	0	0	1	0	0	0	1	0	0	0	1
新疆	0	0	1 477.50	1.34	0	1 727.43	7 310.16	1.08	0	0	1 477.5	1.18
云南	0	0	2 677.81	2.86	45.52	2 082.78	6 552.95	1.17	0	0	2 677.81	1.98
浙江	83.08	0	0	1.29	69.69	3 090.47	1 243.39	1.19	126.02	0	0	1.17

由表 5-3 可知,无论是期望产出优先还是非期望产出优先,北京、天津、上海、江苏、山东、广东、内蒙古和海南均为有效 DMU。这些地区不存在非期望拥塞和新非期望拥塞,即这些地区所有 s_i^{-c1} 和 s_i^{-c2} 的值皆为 0。

在期望产出优先的目标下,投入 x_1 除了在福建、江西和浙江外,几乎不存在非期望拥塞;而对于投入 x_2,有包括安徽、江西和吉林在内的 11 个地区存在非期望拥塞;投入 x_3 在大部分地区都存在较为严重的拥塞。这意味着我国大部分地区的工业都较好地利用了劳动力资源,但是过度投入固定资产和能源已经成为较为普遍的现象,特别是中部地区。这种过度投入将产生非期望拥塞,从而导致工业利润总值的下降。需要注意的是,陕西不存在拥塞现象,即 s_1^{-c1}、s_2^{-c1} 和 s_3^{-c1} 的值皆为 0;然而其仍旧是非有效 DMU。这主要是由其技术非有效导致的。换句话说,陕西并不在效率前沿面上,它的效率改进应着眼于调整投入产出结构,而不是消除拥塞。事实上,消除拥塞是成为有效 DMU 的必要条件,但不是充分条件。

在非期望产出优先的目标下,我国许多地区不仅在投入 x_2 和 x_3 上存在拥塞,而且在投入 x_1 也出现了拥塞。由于期望拥塞在计算过程中转化为新非期望拥塞,因此,x_1、x_2 和 x_3 的过度投入将在不增加期望产出 y_1 的情况下造成新期望产出 b_1 和 b_2 的减少,从而导致非期望产出 z_1 和 z_2 的增加。s_1^{-c2}、s_2^{-c2} 和 s_3^{-c2} 皆大于 0 的现象将使工业产业规模的扩张陷入困境,如河北。事实上,该结果可能是由工业产能的落后导致的。因此,只有通过发展环保技术并加快产业升级,才有可能同时实现促进期望拥塞和扩大产业规模的目的；否则，不断加大工业投入只能导致更严重的资源浪费和环境污染。

在双赢的目标下，北京、天津、上海、江苏、山东、广东、内蒙古和海南是不存在双重拥塞现象的有效 DMU。对于投入 x_1，只有福建、江西和浙江出现了拥塞；而对于投入 x_2 和 x_3，分别有 13 个和 17 个地区存在着双重拥塞。这意味着即便在双赢目标下，固定资产和能源的过度投入仍旧是个普遍存在的严重问题。

表 5-4 展示了不同决策目标下的分析结果，其中 Δs_i^{-c} 代表了双赢目标下的拥塞值 s_i^{-c3} 和期望产出优先下的拥塞值 s_i^{-c1} 之间的差值；而 ∇s_i^{-c} 代表了双赢目标下的拥塞值 s_i^{-c3} 和非期望产出优先下的拥塞值 s_i^{-c2} 之间的差值。$\bar{\theta}$ 代表了 θ_d^{und*} 和 θ_d^{des*} 的平均值。通过对这些结果的对比，可以发现一些有趣的现象。

表 5-4　不同模型结果的对比

地区	Δs_1^{-c}	Δs_2^{-c}	Δs_3^{-c}	∇s_1^{-c}	∇s_2^{-c}	∇s_3^{-c}	$\bar{\theta}$	θ_d^{dou*}
安徽	0	1 333.84	0	−6.03	−1 567.46	−3 435.00	1.30	1.22
北京	0	0	0	0	0	0	1	1
重庆	0	0	0	−37.36	−2 053.78	−2 649.35	1.80	1.76
福建	0	0	0	0	−2 945.45	−54.25	1.25	1.20
甘肃	0	0	0	−23.22	−1 568.14	−4 115.61	2.11	2.10
广东	0	0	0	0	0	0	1	1
广西	0	0	0	0	−3 214.24	−3 759.06	1.62	1.52
贵州	0	0	0	−13.25	−1 087.06	−971.56	1.44	1.42
海南	0	0	0	0	0	0	1	1
河北	0	4 572.70	8 617.34	−35.71	−1 099.56	−3 016.65	1.63	1.42
黑龙江	0	0	0	0	−2 294.63	−1 066.31	1.29	1.25
河南	0	2 223.27	890.29	0	−2 432.53	−2 352.09	1.34	1.21
湖北	0	0	0	0	−4 364.65	−2 270.66	1.42	1.32
湖南	0	0	0	0	−3 423.78	−1 443.46	1.35	1.27
内蒙古	0	0	0	0	0	0	1	1
江苏	0	0	0	0	0	0	1	1
江西	0	0	0	0	−1 022.09	0	1.18	1.15
吉林	0	0	0	0	−1 748.63	−1 200.58	1.18	1.14

续表

地区	Δs_1^{-c}	Δs_2^{-c}	Δs_3^{-c}	∇s_1^{-c}	∇s_2^{-c}	∇s_3^{-c}	$\overline{\theta}$	θ_d^{dou*}
辽宁	0	745.17	848.21	−65.21	−4 178.53	−12 732.01	1.50	1.32
宁夏	0	0	0	−8.86	−669.31	−2 125.23	1.91	1.90
青海	0	0	0	−0.18	−304.04	−830.42	1.20	1.20
陕西	0	0	304.35	0	−730.93	−1 622.76	1.06	1.04
山东	0	0	0	0	0	0	1	1
上海	0	0	0	0	0	0	1	1
山西	0	0	0	−73.08	−3 562.53	−5 966.88	1.97	1.89
四川	0	1 338.20	1 429.12	−17.36	−1 811.95	−1 631.98	1.31	1.21
天津	0	0	0	0	0	0	1	1
新疆	0	0	0	0	−1 727.43	−5 832.66	1.21	1.18
云南	0	0	0	−45.52	−2 082.78	−3 875.13	2.02	1.98
浙江	42.94	0	0	0	−3 090.47	−1 243.39	1.24	1.17

如表 5-4 所示，双赢目标下的拥塞值介于期望产出优先目标和非期望产出优先目标之间，即 s_i^{-c3} 大于 s_i^{-c1}，s_i^{-c3} 小于 s_i^{-c2}。每个 θ_d^{dou} 的值都不大于 $\overline{\theta}$ 的值，这说明在完全消除非期望拥塞后，决策者应该进一步减少投入，直到实现双赢目标下的最优全局效率。在期望产出不减少和非期望产出不增加的情况下，最优全局效率优于其他两种最优效率的平均值。需要注意的是，这些模型是产出导向的DEA 模型，因此效率值越小，对应的效率越高。s_i^{-c1}、s_i^{-c2} 和 s_i^{-c3} 之间的相互关系反映了我国工业产业的发展模式更多偏向于经济，不利于环境。因此，实现双赢目标的有效对策包括有针对性地减少固定资产和能源的投入，发展环境保护技术，并淘汰落后的工业产能。这种现象同样符合环境库兹涅茨曲线的发展规律（Yin et al.，2015）。

基于以上分析，可以发现东部许多地区的效率较高，如北京和上海，即便考虑了环境保护，也是如此。严重的拥塞问题常常发生在中部和西部这类经济仍旧不够发达的地区，如甘肃和宁夏。不同决策目标下不同拥塞的产生原因主要可以概括为三个方面。第一，我国工业从业者环境保护的意识还相对较弱。他们更多地关注生产过程中期望产出的提升，而不是减少非期望产出。这就导致了在期望产出优先目标下投入 x_1 几乎不存在非期望拥塞；而在非期望产出优先目标下投入 x_1 普遍存在新非期望拥塞。第二，我国固定资产过度投入问题严重。我国大部分地区的工业经济增长具有粗放式增长的特征，并主要依赖于资本的驱动，但是在技术创新方面的投入不足。因此，这些资本投入的无效利用

直接导致了投入 x_2 不同类型的拥塞量。第三，能源的过度投入是我国工业产业发展中存在的严重问题。我国能源分布和利用的不合理、生产技术的相对落后以及对传统能源的过度依赖都是导致投入 x_3 出现拥塞的重要原因，特别是在非期望产出优先的目标下，这些因素不仅严重阻碍了非期望产出的减少，更产生了新非期望拥塞。

由表 5-3 中的拥塞量可知，无论在哪种决策目标下，非有效的地区是可以通过减少投入来增加期望产出和减少非期望产出的。同时，它们也可以从有效地区中选择合适的标杆，通过调整自身的工业产业结构来实现它们自身的决策目标。

5.4.3　基于面板数据的拥塞分析

本节通过 2007~2012 年的面板数据来分析双赢目标视角下我国工业产业的拥塞效应。通过式（5-10），可以计算出我国各地区工业产业的运营效率及其投入的双重拥塞情况，从而可以得到这些地区效率及双重拥塞的变化趋势，具体如图 5-1~图 5-4 所示。

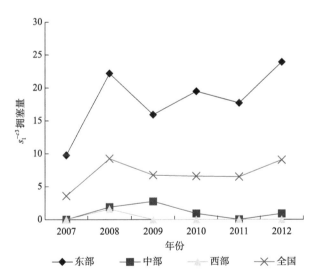

图 5-1　2007~2012 年双赢目标下投入 x_1 拥塞的变化趋势

通过对比不同时期不同地区投入拥塞的情况及其效率，可以发现一些有趣的现象。第一，在我国大部分地区，工业产业劳动力常常能够得到充分的利用。然而，作为全国劳动力的主要输入地，少数东部地区在双赢目标视角下也存在工业劳动力的过度投入。这就使得东部地区 s_1^{-c3} 的值要大于其他地区 s_1^{-c3} 的值。但这并不意味

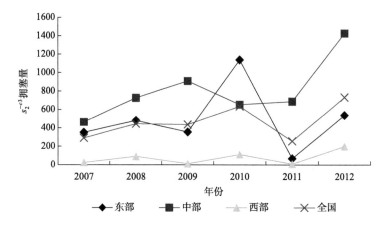

图 5-2　2007~2012 年双赢目标下投入 x_2 拥塞的变化趋势

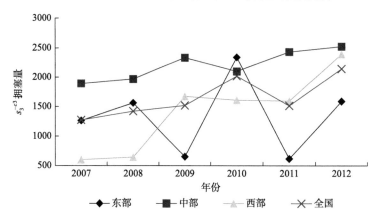

图 5-3　2007~2012 年双赢目标下投入 x_3 拥塞的变化趋势

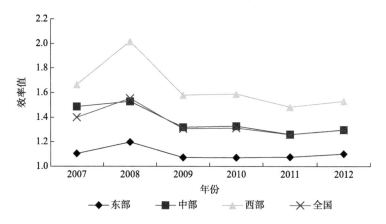

图 5-4　2007~2012 年双赢目标下效率 θ_d^{dou} 的变化趋势

着劳动力对于这些东部地区不重要，其拥塞更可能是由劳动力本身的结构问题导致的。第二，在东部和西部地区，固定资产投入一般得到相对较好的利用，但是中部地区却长期存在较为严重的固定资产投入拥塞现象。同时，随着我国西部大开发战略的推进，大量的资本涌入西部地区，但相应的工业技术并未得到明显的改善。这就导致了近年来西部地区逐渐开始出现固定资产的投入拥塞。第三，对于工业的能源消费来说，在双赢目标视角下东部各地区存在的拥塞量相对较少。这也许是因为这些地区的工业技术水平和环保意识相对较高。然而，在中部和西部地区，能源投入的拥塞是长期存在的。第四，我国每年所有工业投入的拥塞量都在持续增加，而工业运营效率也在逐渐提升。这并不意味着拥塞有助于提高效率，而是因为产业的升级及环保意识的加强改善了工业效率，却还不足以完全消化掉越来越多的工业投入。事实上，当拥塞存在的时候，减少投入可以进一步地提升效率。

基于以上分析，可以发现在双赢目标视角下，我国许多地区都长期受到双重拥塞的影响，特别是中部地区。因此，消除双重拥塞有利于促进资源的优化配置和工业的可持续发展。

5.4.4　方法比较

考虑非期望产出的 E-DEA 拥塞测量是一个新的研究领域，根据我们所掌握的资料来看，Wu 等（2013）最早研究了这个问题，并通过 E-DEA 方法成功地识别出 DMU 的拥塞情况。其方法通过两个模型来测量拥塞，具体过程如下所示。

$$
\begin{aligned}
&\text{Max}\quad \theta_d \\
&\text{s.t.}\ \sum_{j=1}^{n} x_{ij}\lambda_j \leqslant x_{id}, \quad i=1,2\cdots,m \\
&\quad\ \ \sum_{j=1}^{n} y_{rj}\lambda_j \geqslant \theta_d y_{id}, \quad r=1,2\cdots,s \\
&\quad\ \ \sum_{j=1}^{n} b_{hj}\lambda_j \geqslant \theta_d b_{hd}, \quad h=1,2,\cdots,f \\
&\quad\ \ b_{hj}=\alpha_h - z_{hj}, \quad h=1,2,\cdots,f \\
&\quad\ \ \sum_{j=1}^{n} \lambda_j = 1 \\
&\quad\ \ \forall \lambda_j \geqslant 0
\end{aligned}
\tag{5-12}
$$

和

$$\text{Max} \quad \theta_d$$

$$\text{s.t.} \quad \sum_{j=1}^{n} x_{ij}\lambda_j = x_{id}, \quad i = 1,2,\cdots,m$$

$$\sum_{j=1}^{n} y_{rj}\lambda_j \geqslant \theta_d y_{id}, \quad r = 1,2,\cdots,s$$

$$\sum_{j=1}^{n} b_{hj}\lambda_j \geqslant \theta_d b_{hd}, \quad h = 1,2\cdots,f \qquad (5\text{-}13)$$

$$b_{hj} = \alpha_h - z_{hj}, \quad h = 1,2,\cdots,f$$

$$\sum_{j=1}^{n} \lambda_j = 1$$

$$\forall \lambda_j \geqslant 0$$

Wu 等（2013）的研究所得的结论是：若 DMU_d 在模型（5-12）中是有效的 DMU，则当且仅当其在模型（5-13）中是非有效 DMU 时，该 DMU 存在投入拥塞。通过这个方式，能够很容易地识别拥塞现象。

通过分析 2012 年我国工业产业数据来对本章所提方法和 Wu 等（2013）的方法做一个比较，所得结果如表 5-5 所示。

表 5-5　方法对比结果

地区	Wu 等（2013）的方法	本章的方法		
		期望产出优先	非期望产出优先	双赢
安徽	拥塞	拥塞（0.09）	拥塞（0.34）	拥塞（0.15）
北京	无	无	无	无
重庆	无	拥塞（0.12）	拥塞（0.59）	拥塞（0.12）
福建	拥塞	拥塞（0.15）	拥塞（0.33）	拥塞（0.15）
甘肃	无	拥塞（0.02）	拥塞（0.64）	拥塞（0.02）
广东	无	无	无	无
广西	无	拥塞（0.01）	拥塞（0.42）	拥塞（0.01）
贵州	拥塞	拥塞（0.16）	拥塞（0.49）	拥塞（0.16）
海南	无	无	无	无
河北	拥塞	拥塞（0.09）	拥塞（0.49）	拥塞（0.35）
黑龙江	拥塞	拥塞（0.19）	拥塞（0.41）	拥塞（0.19）
河南	拥塞	拥塞（0.02）	拥塞（0.21）	拥塞（0.10）
湖北	无	拥塞（0.12）	拥塞（0.37）	拥塞（0.12）

地区	Wu 等（2013）的方法	本章的方法		
		期望产出优先	非期望产出优先	双赢
湖南	拥塞	拥塞（0.16）	拥塞（0.38）	拥塞（0.16）
内蒙古	无	无	无	无
江苏	无	无	无	无
江西	拥塞	拥塞（0.22）	拥塞（0.26）	拥塞（0.22）
吉林	拥塞	拥塞（0.22）	拥塞（0.37）	拥塞（0.22）
辽宁	拥塞	拥塞（0.02）	拥塞（0.50）	拥塞（0.06）
宁夏	拥塞	拥塞（0.05）	拥塞（0.57）	拥塞（0.05）
青海	拥塞	拥塞（0.15）	拥塞（0.35）	拥塞（0.15）
陕西	无	无	拥塞（0.13）	拥塞（0.01）
山东	无	无	无	无
上海	无	无	无	无
山西	拥塞	拥塞（0.13）	拥塞（0.66）	拥塞（0.13）
四川	拥塞	拥塞（0.10）	拥塞（0.36）	拥塞（0.20）
天津	无	无	无	无
新疆	拥塞	拥塞（0.04）	拥塞（0.39）	拥塞（0.04）
云南	无	拥塞（0.09）	拥塞（0.63）	拥塞（0.09）
浙江	无	拥塞（0.07）	拥塞（0.25）	拥塞（0.11）

注：括号内的数据是地区工业的整体拥塞水平 C_{all}，其能够通过公式 $C_{all} = \frac{1}{m} \sum_{i=1}^{m} \frac{s_i^{-c}}{x_i}$ 来获得

　　如表 5-5 所示，这些方法的分析结果是相近的。Wu 等（2013）的方法识别出的拥塞在本章的方法中也能被识别出来，且本章方法具有更好的拥塞识别能力。例如，云南和浙江在本章方法中识别出来的拥塞在 Wu 等（2013）的方法中并未被发现。此外，通过表 5-3 中的数据，可以得到不同决策目标下不同类型的具体投入拥塞量。而如表 5-5 所示，地区工业产业的整体拥塞水平可以通过本章的方法被测算出来。显然，相对于 Wu 等（2013）的方法而言，决策者通过本章的方法可以从不同的视角获得更多的拥塞信息。因此，本章的方法具有更好的实践价值。

5.4.5　我国工业产业拥塞效应的处理策略

　　近年来，随着我国工业产业的快速发展，越来越多的环境问题不断涌现，并

日趋严峻。而投入拥塞不仅造成了资源严重浪费的现象，而且严重污染了环境。因此，工业投入拥塞的测量对促进可持续发展和资源优化配置具有重要的意义。

本章的实证结果表明，在具有非期望拥塞、期望拥塞和双重拥塞的地区，是可以使用更少的工业投入来获取更多的期望产出和更少的非期望产出的。基于这些结果，本节提出一些建议来帮助我国政府促进工业产业升级。

第一，政府应该根据其所制定的决策目标来处理各地区的工业拥塞。不同的决策目标下的拥塞量是各不相同的。通过本章所提出的方法，我国政府可以准确地识别各地区工业产业的拥塞情况和具体的拥塞量。随后，根据各地区自身的决策目标，可以有针对性地消除非期望拥塞，促进期望拥塞，并处理双重拥塞。

第二，具有不同类型拥塞的工业效率非有效地区应该从工业效率有效地区中选取合适的标杆，以此为参照地调整自身工业产业结构和工业投入，从而提高自身的工业效率。同时，这些地区的政府应该从工业效率有效地区引入先进的技术、设备和管理经验，而不是简单地增加工业投入；否则将引起更为严重的投入拥塞。此外，环保技术的发展和技术创新的加快都是处理拥塞的重要手段。

第三，政府应该优先向工业效率有效地区投入更多的劳动力、资源和资金，同时应该尝试向工业效率非有效地区投入部分不存在非期望拥塞、新非期望拥塞和双重拥塞的特定投入。同时，可以通过广泛开展环境宣传教育来提高工业从业人员，乃至全国人民的环保意识；并通过加大技术创新的投入加强新能源的开发力度。

第6章 逆 E-DEA 方法、资源配置与目标设置

传统 DEA 方法通过投入产出的客观数据来评估 DMU 的相对效率；而逆 DEA 方法反其道而行之，试图在既定效率水平下探索投入与产出的变化引起的联动关系。该方法为决策者提供了资源配置和目标设置的强效工具，具有很强的应用价值。传统逆 DEA 方法基本集中在投入与期望产出之间的关系上，而如何将非期望产出合理地纳入逆 DEA 方法体系已成为当前研究的热点之一。

6.1 逆 E-DEA 方法研究的必要性

逆最优化问题是最优化领域的研究热点之一。最优化问题寻求的是最优解，而逆最优化问题是基于最优化问题中给定的参数，使某个可行解成为该最优化问题的最优解（魏权龄，2012）；逆 DEA 方法就是传统 DEA 方法的逆问题。

根据 2.2.2 节中对逆 DEA 方法现状的综述可知，逆 DEA 方法的主要功能有：第一，在既定的效率水平下，DMU 投入增加后，用于确定 DMU 应该生产的最大产出量；第二，在既定的效率水平下，DMU 产出增加后，用于估计可行的最小投入量。然而现有逆 DEA 方法研究中的产出往往都是期望产出，而对于非期望产出方面，涉猎较少，这就是严重限制了该方法的应用范围。在许多决策情境中，非期望产出已经成为决策者关注的重心，如交通安全评价中的死亡人数和环境效率评价中的碳排放量等。因此，对逆 E-DEA 的研究就具有重要的意义。

6.2　理论基础：传统逆 DEA 方法

6.2.1　确定最优产出的逆 DEA 方法

逆 DEA 方法是由 Wei 等（2000）提出的 DEA 方法的逆问题，该方法认为 DEA 所得的效率值 θ_d^* 反映了 DMU_d 的技术状态和技术水平，若投入由 x_{id} 增加到 $x_{id} + \Delta x_{id}$ 时（给定的投入增量 $\Delta x_{id} \geqslant 0$，$i = 1, 2, \cdots, m$），在现有生产可能集中可以测算出产出相应的增量 Δy_{rd}（$r = 1, 2, \cdots, s$），以使 DMU_d 的效率值保持不变。换句话说，投入产出调整过的新 DMU_d 相对原 DMU 来说，其相对效率仍为 θ_d^*。

根据 Wei 等（2000）的研究可知，以既定的投入和效率来估算产出增量的逆 DEA 方法的具体过程如下。

1）步骤 1：测算 DMU_d 的最优效率

由于需要测算最优的产出，因此其效率评价需要使用产出导向的 DEA 模型，具体如下：

$$\begin{aligned} \text{Max} \quad & \theta_d \\ \text{s.t.} \quad & \sum_{j=1}^{n} x_{ij}\lambda_j \leqslant x_{id}, \quad i = 1, 2, \cdots, m \\ & \sum_{j=1}^{n} y_{rj}\lambda_j \geqslant \theta_d y_{rd}, \quad r = 1, 2, \cdots, s \\ & \forall \lambda_j \geqslant 0 \end{aligned} \tag{6-1}$$

2）步骤 2：测算给定投入增量下的最优产出

根据式（6-1），可得 DMU_d 的最优效率为 θ_d^*，则其逆 DEA 模型可以构建如下：

$$\begin{aligned} \text{Max} \quad & \left(\Delta y_{1d}, \Delta y_{2d}, \cdots, \Delta y_{sd}\right) \\ \text{s.t.} \quad & \sum_{j=1}^{n} x_{ij}\lambda_j \leqslant x_{id} + \Delta x_{id}, \quad i = 1, 2, \cdots, m \\ & \sum_{j=1}^{n} y_{rj}\lambda_j \geqslant \theta_d^*(y_{rd} + \Delta y_{rd}), \quad r = 1, 2, \cdots, s \\ & \forall \Delta x_{id}, \Delta y_{rd}, \lambda_j \geqslant 0 \end{aligned} \tag{6-2}$$

其中，Δy_{rd} 和 λ_j 为决策变量，而 Δx_{id} 为给定的投入增量。这是一个多目标规划模型，可以通过引入决策者对 Δy_{rd} 的偏好 w_r 来对式（6-2）进行线性化求解。具体如下：

$$\text{Max}\quad w_1\Delta y_{1d}+w_2\Delta y_{2d}+\cdots+w_s\Delta y_{sd}$$

$$\text{s.t.}\quad \sum_{j=1}^{n}x_{ij}\lambda_j\leqslant x_{id}+\Delta x_{id},\quad i=1,2,\cdots,m \tag{6-3}$$

$$\sum_{j=1}^{n}y_{rj}\lambda_j\geqslant\theta_d^*(y_{rd}+\Delta y_{rd}),\quad r=1,2,\cdots,s$$

$$\forall\Delta x_{id},\Delta y_{rd},\lambda_j\geqslant0$$

其中，$\sum_{r=1}^{s}w_r=1$。通过求解，可以确定给定投入增量 Δx_{id} 所对应的产出增量 Δy_{rd}，从而保持 DMU_d 的效率值不变。

6.2.2　确定最优投入的逆 DEA 方法

6.2.1 节介绍了逆 DEA 方法在既定的效率和投入增量的情况下确定最优产出的过程，而本节则介绍 Wei 等（2000）提出的在既定效率和产出增量的情况下确定最优投入的逆 DEA 模型。其具体过程如下。

1）步骤 1：测算 DMU_d 的最优效率

由于需要测算最优的投入，因此其效率评价需要使用投入导向的 DEA 模型，具体如下：

$$\text{Min}\quad \theta_d$$

$$\text{s.t.}\quad \sum_{j=1}^{n}x_{ij}\lambda_j\leqslant\theta_d x_{id},\quad i=1,2,\cdots,m \tag{6-4}$$

$$\sum_{j=1}^{n}y_{rj}\lambda_j\geqslant y_{rd},\quad r=1,2,\cdots,s$$

$$\forall\lambda_j\geqslant0$$

2）步骤 2：测算给定产出增量下的最优投入

根据式（6-4），可得 DMU_d 的最优效率为 θ_d^*，则其逆 DEA 模型可以构建如下：

$$\text{Min}\quad \left(\Delta x_{1d},\Delta x_{2d},\cdots,\Delta x_{md}\right)$$

$$\text{s.t.}\quad \sum_{j=1}^{n}x_{ij}\lambda_j\leqslant\theta_d^*(x_{id}+\Delta x_{id}),\quad i=1,2,\cdots,m \tag{6-5}$$

$$\sum_{j=1}^{n}y_{rj}\lambda_j\geqslant y_{rd}+\Delta y_{rd},\quad r=1,2,\cdots,s$$

$$\forall\Delta x_{id},\Delta y_{rd},\lambda_j\geqslant0$$

其中，Δx_{id} 和 λ_j 为决策变量，而 Δy_{rd} 为给定的产出增量。这是同样一个如式（6-2）般的多目标规划模型；因此，可以通过引入决策者对 Δx_{id} 的偏好 w_r 来对式（6-5）

进行线性化求解，具体如下：

$$\text{Min} \quad w_1\Delta x_{1d} + w_2\Delta x_{2d} + \cdots + w_m\Delta x_{md}$$

$$\text{s.t.} \quad \sum_{j=1}^{n} x_{ij}\lambda_j \leq \theta_d^*(x_{id} + \Delta x_{id}), \quad i = 1, 2, \cdots, m \qquad (6\text{-}6)$$

$$\sum_{j=1}^{n} y_{rj}\lambda_j \geq y_{rd} + \Delta y_{rd}, \quad r = 1, 2, \cdots, s$$

$$\forall \Delta x_{id}, \Delta y_{rd}, \lambda_j \geq 0$$

通过求解，可以确定给定产出增量 Δy_{rd} 所对应的投入增量 Δx_{id}，从而保持 DMU_d 的效率值不变。

6.3 不同决策情境下的逆 E-DEA 方法

在真实的生产过程中，存在大量期望产出与非期望产出共存的决策情境，而就非期望产出来说，其增加反而会引起效率的减少，这就超出了传统逆 DEA 方法的应用范围。因此，本节将根据不同的决策情境来构建逆 E-DEA 方法，并用于平衡效率、投入、期望产出与非期望产出之间的相互关系。

6.3.1 逆 E-DEA 方法与目标设置

本节将从产出导向的视角来构建逆 E-DEA 方法，用于在被评 DMU_d 投入增加的情境下确定期望产出和非期望产出的最优调整量，从而保证 DMU_d 的效率不变。由此可知，这是一个典型的目标设置问题，即在投入增加和效率不变的情况下，确定期望产出与非期望产出的最优目标设置值。

在强可处置性假设的基础上，采用 Seiford 和 Zhu（2002）的数据转换函数处理法来将非期望产出转化为一种新的期望产出。假设每个 DMU_j 有 m 种投入 x_{ij}（$i = 1, 2, \cdots, m$）、s 种期望产出 y_{rj}（$r = 1, 2, \cdots, s$）和 f 种非期望产出 z_{hj}（$h = 1, 2, \cdots, f$），则其产出导向的 E-DEA 模型可以构建如下：

$$\text{Max} \quad \theta_d^O$$

$$\text{s.t.} \quad \sum_{j=1}^{n} \lambda_j x_{ij} \leq x_{id}, \quad i = 1, 2, \cdots, m$$

$$\sum_{j=1}^{n} \lambda_j y_{rj} \geq \theta_d^O y_{rd}, \quad r = 1, 2, \cdots, s$$

$$\sum_{j=1}^{n} \lambda_j b_{fj} \geqslant \theta_d^O b_{fd}, \quad f = 1, 2, \cdots, h$$

$$b_{fj} = -z_{fj} + \alpha_f, \quad f = 1, 2, \cdots, h \qquad (6\text{-}7)$$

$$\forall \lambda_j \geqslant 0$$

其中，α_f 是一个可以保证每个 b_{fj} 都大于 0 的足够大的正数。

假设被评单元 DMU_d 的投入从 x_{id} 增加到 $x_{id} + \Delta x_{id}$（其中 $\forall \Delta x_{id} \geqslant 0$），且其最优效率为 θ_d^{O*}，则其逆 DEA 模型可以构建如下：

$$\text{Max} \quad (\Delta y_{1d}, \Delta y_{2d}, \cdots, \Delta y_{sd}, \Delta b_{1d}, \Delta b_{2d}, \cdots, \Delta b_{hd})$$

$$\text{s.t.} \quad \sum_{j=1}^{n} \lambda_j x_{ij} \leqslant x_{id} + \Delta x_{id}, \quad i = 1, 2, \cdots, m$$

$$\sum_{j=1}^{n} \lambda_j y_{rj} \geqslant \theta_d^{O*}(y_{rd} + \Delta y_{rd}), \quad r = 1, 2, \cdots, s$$

$$\sum_{j=1}^{n} \lambda_j b_{fj} \geqslant \theta_d^{O*}(b_{fd} + \Delta b_{fd}), \quad f = 1, 2, \cdots, h \qquad (6\text{-}8)$$

$$b_{fj} = -z_{fj} + \alpha_f, \quad f = 1, 2, \cdots, h$$

$$\alpha_f \geqslant b_{fd} + \Delta b_{fd}$$

$$\forall \lambda_j, \Delta y_{rd}, \Delta b_{fd} \geqslant 0$$

其中，Δx_{id} 为给定的投入增量；θ_d^{O*} 为由式（6-7）所得的最优效率；Δy_{rd}、Δb_{fd} 和 λ_j 为决策变量。第五条约束用来保证由非期望产出转化而来的新期望产出的值在调整后不会大于 α_f；这是因为若其大于 α_f，则其还原为非期望产出时，还原后的非期望产出值将为负数。

通过引入决策者对期望产出的偏好 w_r 和对非期望产出的偏好 W_f 来对式（6-8）进行线性化求解，则其转化后的模型如下：

$$\text{Max} \quad w_1 \Delta y_{1d} + w_2 \Delta y_{2d} + \cdots + w_s \Delta y_{sd} + W_1 \Delta b_{1d} + W_2 \Delta b_{2d} + \cdots + W_h \Delta b_{hd}$$

$$\text{s.t.} \quad \sum_{j=1}^{n} \lambda_j x_{ij} \leqslant x_{id} + \Delta x_{id}, \quad i = 1, 2, \cdots, m$$

$$\sum_{j=1}^{n} \lambda_j y_{rj} \geqslant \theta_d^{O*}(y_{rd} + \Delta y_{rd}), \quad r = 1, 2, \cdots, s$$

$$\sum_{j=1}^{n} \lambda_j b_{fj} \geqslant \theta_d^{O*}(b_{fd} + \Delta b_{fd}), \quad f = 1, 2, \cdots, h \qquad (6\text{-}9)$$

$$b_{fj} = -z_{fj} + \alpha_f, \quad f = 1, 2, \cdots, h$$

$$\alpha_f \geqslant b_{fd} + \Delta b_{fd}$$

$$\forall \lambda_j, \Delta y_{rd}, \Delta b_{fd} \geqslant 0$$

其中，$\sum_{r=1}^{s} w_r + \sum_{f=1}^{h} W_f = 1$。通过求解，可以确定给定投入增量 Δx_{id} 所对应的最优期望产出增量 Δy_{rd} 和最优新期望产出增量 Δb_{fd} ，从而保持 DMU_d 的效率值不变。

在此基础上，需要将新期望产出还原成非期望产出，具体过程如下：

$$\Delta z_{fd} = (\alpha_f - b_{fd} - \Delta b_{fd}^*) - z_{fd} \qquad （6-10）$$

其中，Δb_{fd}^* 是由式（6-9）求得的最优解，Δz_{fd} 则代表非期望产出的最优调整量。因此，DMU_d 在投入为 $\hat{x}_{id} = x_{id} + \Delta x_{id}$ 的情况下，可以将目标设置为生产期望产出 $\hat{y}_{rd}$ 和非期望产出 $\hat{z}_{fd}$ ，从而实现最优。$\hat{y}_{rd}$ 和 $\hat{z}_{fd}$ 可以由式（6-11）得到：

$$\hat{y}_{rd} = y_{rd} + \Delta y_{rd}$$
$$\hat{z}_{fd} = z_{fd} + \Delta z_{fd} \qquad （6-11）$$

由于 $\Delta b_{fd}^* \geqslant 0$ ，则有 $\Delta z_{fd} \leqslant 0$ ，即非期望产出的调整量为负数。因此，调整后的非期望产出 $\hat{z}_{fd} = z_{fd} + \Delta z_{fd} \leqslant z_{fd}$ 。

6.3.2　逆 E-DEA 方法与资源配置

本节将从投入导向的视角来构建逆 E-DEA 方法，用于在被评 DMU_d 期望产出增加和非期望产出减少的情境下确定投入的最优调整量，从而保证 DMU_d 的效率不变。由此可知，这是一个典型的资源配置问题，即在期望产出增加、非期望产出减少和效率不变的情况下，确定投入资源的最优配置值。

由于需要确定投入的具体量，则 E-DEA 效率评价模型应从产出导向视角转化为投入导向视角。因此，在强可处置性假设和数据转换函数处理法（Seiford and Zhu，2002）的基础上，E-DEA 模型可以构建如下：

$$\mathrm{Min}\quad \theta_d^I$$

$$\begin{aligned}
\mathrm{s.t.}\quad & \sum_{j=1}^{n} \lambda_j x_{ij} \leqslant x_{id}, \quad i = 1, 2, \cdots, m \\
& \sum_{j=1}^{n} \lambda_j y_{rj} \geqslant \theta_d^I y_{rd}, \quad r = 1, 2, \cdots, s \\
& \sum_{j=1}^{n} \lambda_j b_{fj} \geqslant \theta_d^I b_{fd}, \quad f = 1, 2, \cdots, h \\
& b_{fj} = -z_{fj} + \alpha_f, \quad f = 1, 2, \cdots, h \\
& \forall \lambda_j \geqslant 0
\end{aligned} \qquad （6-12）$$

假设被评 DMU_d 的期望产出从 y_{rd} 增加到 $y_{rd} + \Delta y_{rd}$（其中 $\forall \Delta y_{rd} \geqslant 0$），非期望产出从 z_{fd} 减少到 $z_{fd} + \Delta z_{fd}$（其中 $\forall z_{fd} \geqslant \Delta z_{fd}$），且其最优效率为 θ_d^{I*} ，则其逆 DEA

模型可以构建如下：

$$\mathrm{Min}\ \left(\Delta x_{1d}, \Delta x_{2d}, \cdots, \Delta x_{md}\right)$$

$$\mathrm{s.t.}\ \sum_{j=1}^{n} \lambda_j x_{ij} \leqslant \theta_d^{I*}(x_{id} + \Delta x_{id}), \quad i = 1, 2, \cdots, m$$

$$\sum_{j=1}^{n} \lambda_j y_{rj} \geqslant y_{rd} + \Delta y_{rd}, \quad r = 1, 2, \cdots, s \tag{6-13}$$

$$\sum_{j=1}^{n} \lambda_j b_{fj} \geqslant b_{fd}, \quad f = 1, 2, \cdots, h$$

$$b_{fj} = -(z_{fj} - \Delta z_{fd}) + \alpha_f, \quad f = 1, 2, \cdots, h$$

$$\forall \lambda_j, \Delta x_{id} \geqslant 0$$

其中，Δy_{rd} 和 Δz_{fd} 为给定的期望产出增量和非期望产出减少量；θ_d^{I*} 为由式（6-12）所得的最优效率；Δx_{id} 和 λ_j 为决策变量。与式（6-8）不同的是，目标函数由 Max 变为 Min，这是因为投入增加量越小，所得方案越佳。随后，引入决策者对期望产出的偏好 w_r 对式（6-13）进行线性化求解，其转化后的模型如下：

$$\mathrm{Min}\ w_1 \Delta x_{1d} + w_2 \Delta x_{2d} + \cdots + w_m \Delta x_{md}$$

$$\mathrm{s.t.}\ \sum_{j=1}^{n} \lambda_j x_{ij} \leqslant \theta_d^{I*}(x_{id} + \Delta x_{id}), \quad i = 1, 2, \cdots, m$$

$$\sum_{j=1}^{n} \lambda_j y_{rj} \geqslant y_{rd} + \Delta y_{rd}, \quad r = 1, 2, \cdots, s \tag{6-14}$$

$$\sum_{j=1}^{n} \lambda_j b_{fj} \geqslant b_{fd}, \quad f = 1, 2, \cdots, h$$

$$b_{fj} = -(z_{fj} - \Delta z_{fd}) + \alpha_f, \quad f = 1, 2, \cdots, h$$

$$\forall \lambda_j, \Delta x_{id} \geqslant 0$$

其中，$\sum_{i=1}^{m} w_i = 1$。通过求解，可以确定给定期望产出增量 Δy_{rd} 和非期望产出减少量 Δz_{fd} 所对应的最优投入增量 Δx_{id}，从而保持 DMU_d 的效率值不变。

因此，DMU_d 在投入为 $\hat{y}_{rd} = y_{rd} + \Delta y_{rd}$ 和 $\hat{z}_{fd} = z_{fd} + \Delta z_{fd}$ 的情况下，可以将投入资源按 $\hat{x}_{id}$ 进行配置，从而实现最优。$\hat{x}_{id}$ 可以由式（6-15）得到：

$$\hat{x}_{id} = x_{id} + \Delta x_{id} \tag{6-15}$$

6.3.3　不同决策情境对逆 E-DEA 方法的影响

在现实决策情境中，决策者的目标并非同时调整所有投入或产出，也可能不满足当前的效率水平。而在这些决策情境下，完全遵照之前所提的逆 E-DEA 模型是难以满足决策者灵活多变的决策需求的。因此，本节将以式（6-9）为例，重点讨论不同决策情境对逆 E-DEA 方法的影响。

1）投入产出的指标偏好对逆 E-DEA 方法的影响

在式（6-9）中，决策者对第 r 个期望产出的偏好为 w_r，对第 f 个非期望产出的偏好为 W_f，且有 $\sum_{r=1}^{s} w_r + \sum_{f=1}^{h} W_f = 1$。因此，可以通过调节偏好 w_r 和 W_f 的值，以实现有选择性地改进投入、期望产出和非期望产出。

决策情境 1：若决策者无特殊偏好时，则令 $w_1 = w_2 = \cdots = w_s = W_1 = W_2 = \cdots = W_h = \dfrac{1}{s+h}$。

决策情境 2：若决策者只改进期望产出时，则令 $w_1 = w_2 = \cdots = w_s = \dfrac{1}{s}$；$W_1 = W_2 = \cdots = W_h = 0$。

决策情境 3：若决策者只改进非期望产出时，则令 $w_1 = w_2 = \cdots = w_s = 0$；$W_1 = W_2 = \cdots = W_h = \dfrac{1}{h}$。

决策情境 4：若决策者只希望改进第 $1 \sim k$ 种期望产出（$k < s$）时，则令 $w_1 = w_2 = \cdots = w_k = \dfrac{1}{k}$；$w_{k+1} = w_{k+2} = \cdots = w_s = W_1 = W_2 = \cdots = W_h = 0$。

决策情境 5：若决策者只希望改进第 $1 \sim k$ 种期望产出（$k < s$）和第 $1 \sim g$ 种非期望产出（$g < h$）时，则令 $w_1 = w_2 = \cdots = w_k = W_1 = W_2 = \cdots = W_g = \dfrac{1}{k+g}$；$w_{k+1} = w_{k+2} = \cdots = w_s = W_{g+1} = W_{g+2} = \cdots = W_h = 0$。

此外，决策者还可以根据其对不同产出的偏好来设置不同的 w_r 和 W_f 值，从而有针对性地调整目标设置方案。同理，决策者也可以通过调整对不同投入的偏好来有针对性地进行资源配置，从而实现自身的决策目标。这些偏好对逆 E-DEA 方法的影响就能通过目标函数的调整来实现，具体模型本节不再赘述。

2）效率水平预期对逆 E-DEA 的影响

在式（6-9）中，决策者需要确定最优的期望产出和非期望产出值，以保持在投入增加的情况下 DMU 的效率维持不变。然而，在现实中，决策者往往更希望 DMU 能在调整的过程中逐渐变得有效。因此，假设 $\hat{\theta}_d^{O*}$ 为决策者对自身效率的预期值，则可用其替换式（6-9）中的 θ_d^{O*}，并进行目标设置，从而满足决策者对效率水平的预期。而 $\hat{\theta}_d^{O*}$ 的估值存在以下三种情况。

情况 1：$\hat{\theta}_d^{O*} = \theta_d^{O*}$。决策者的效率水平预期为保持效率不变，在原有效率的前提下进行目标设置。

情况 2：$1 \leqslant \hat{\theta}_d^{O*} < \theta_d^{O*}$。决策者具体效率存在进一步改进的需求，具体的改进效率值依据决策者的主观预期而定；当 $\hat{\theta}_d^{O*} = 1$ 时，DMU_d 为 DEA 有效单元；此时的效率值达到在当前生产可能集的范围内无法进一步改进的理想状态，并以此进行目标设置。

情况 3：$\hat{\theta}_d^{O*} > \theta_d^{O*}$。决策者对效率水平预期出现了下降，即以更低的效率预期来进行目标设置。

三种不同的情况对应着不同的决策情境。情况 1 的决策者以目标的可达性为考虑的首要标准，属于稳健型目标设置方案，该方案适用于大多数决策情境；情况 2 的决策者以乐观的视角看待目标设置，希望在目标设置的过程中进一步地改进当前的效率水平，属于进攻型目标设置方案，该方案适用于乐观性的决策者；而情况 3 的决策者往往不太关注效率水平，而是强调合理消化给定的投入，属于防守型目标设置方案，该方案适用范围有限，但也有一定的应用空间。例如，某公司因战略目标调整而取消了某个事业部，可以通过适当牺牲其他事业部效率的方式，合理地安置该事业部的既有员工，从而达到保持公司稳定的目的。

同样地，调整效率水平预期也影响针对资源配置的逆 E-DEA 模型，本节就不再赘述。需要注意的是，针对目标设置的逆 E-DEA 模型使用的是产出导向的 E-DEA 框架，因此所得 θ_d^O 越小越好；而针对资源配置的逆 E-DEA 模型则恰好相反，其使用了投入导向的 E-DEA 框架，因此所得 θ_d^O 越大越好。

6.4　逆 E-DEA 方法在道路运输上的应用

道路运输是我国主要的交通运输模式，根据我国交通运输部发布的数据，2019 年道路交通运输完成的客运周转量和货运周转量占我国总客货运周转量的 73.9% 和 77.9%。而根据交通运输部发布的《综合运输服务"十三五"发展规划》可知，增加公路里程和减少道路交通运输死亡人数是当前我国道路运输的两个重要目标。因此，本节将应用逆 E-DEA 方法来对我国道路交通运输进行讨论，从而在保证安全环境效率的前提下实现我国道路交通运输的资源优化配置和目标科学设置。

6.4.1　指标选取与数据来源

为了说明本章方法的有效性，本节以 2018 年我国 31 个省区市道路交通运输的安全效率的评价为例进行实证研究。选用公路里程数（x_1）、客运汽车营运数量

（x_2）和货运汽车营运数量（x_3）作为投入，客运周转量（y_1）和货运周转量（y_2）为期望产出，道路交通事故死亡人数（z_1）为非期望产出。数据来源于《中国统计年鉴 2019》，数据的统计描述如表 6-1 所示。

表 6-1　2018 年我国省域道路交通运输投入产出数据的统计描述

指标	x_1/公里	x_2/万辆	x_3/万辆	y_1/（亿人次/公里）	y_2/（亿吨/公里）	z_1/人
最大值	331 592	7.53	135.91	1 120.71	8 550.15	4 917
最小值	13 106	0.36	5.48	27.97	84.55	124
平均值	156 340	2.57	43.74	299.34	2 298.36	2 039
方　差	82 911	1.65	31.94	238.77	2 079.64	1 347

基于表 6-1 的原始数据，本节令 α_h =10 000。其中，10 000 是根据各省区市 z_1 值的量级来确定的，用于保证这些数据变化的幅度不会太大。基于此，在各个逆 E-DEA 模型中，所有非期望产出 z_1 均可被转化为新期望产出 b_1，且有 $b_1>0$。

6.4.2　资源配置方案制订

为了突显本章方法的有效性，本节参照道路交通运输的现实情况，制定了以下产出目标。

目标 1：在安全环境效率不变的前提下，各地区的道路交通运输客运周转量和货运周转量分别增加 10%，而道路交通事故死亡人数下降 10%。

目标 1 给出了各地区期望产出的增加量和非期望产出的减少量，因此，决策者需要考虑的是如何加大投入来保证目标的实现，这是一个资源配置问题，可以通过 6.3.2 节中的逆 E-DEA 方法来制订一个最优的资源配置方案，其计算结果如表 6-2 所示。

表 6-2　目标 1 所对应的最优投入增量

地区	θ_d^I	Δx_{1d}	Δx_{2d}	Δx_{3d}	地区	θ_d^I	Δx_{1d}	Δx_{2d}	Δx_{3d}
北京	0.941	0	0.182	0	湖北	0.904	0	0	0
天津	1.000	0.228	0.420	0	湖南	1.000	0	0.065	0
河北	1.000	0.116	0.462	173.993	广东	1.000	0.117	0.710	0
山西	0.577	0.017	0	0	广西	0.950	0	0.576	0
内蒙古	1.000	0.007	0.054	0	海南	1.000	0.011	0.259	0
辽宁	0.782	0	0	0	重庆	0.675	0.008	0	0
吉林	0.621	0.010	0	0	四川	0.459	0.107	0	0
黑龙江	0.459	0.010	0	0	贵州	1.000	0.002	0.115	0
上海	1.000	0.030	0.149	90.664	云南	0.401	0	0.400	0
江苏	0.862	0	0	0	西藏	1.000	0.001	0.007	0
浙江	0.849	0	0.544	0	陕西	0.744	0.008	0	0

续表

地区	θ_d^I	Δx_{1d}	Δx_{2d}	Δx_{3d}	地区	θ_d^I	Δx_{1d}	Δx_{2d}	Δx_{3d}
安徽	0.962	0	0	0	甘肃	0.594	0.016	0	0
福建	0.720	0.009	0.122	0	青海	1.000	0.010	0	0
江西	1.000	0.007	0.307	0	宁夏	1.000	0.006	0.095	0
山东	1.000	0.018	0	0	新疆	0.503	0	0.156	0
河南	0.838	0	0	0					

　　根据表 6-2 可知，13 个地区为道路交通运输安全环境效率有效 DMU，其 $\theta_d^I = 1.000$，如天津、河北；其他地区则为非有效地区。由第 3~5 列和第 8~10 列的数据可知，只有 5 个地区不需要任何调整即可实现目标 1，它们分别为：辽宁、江苏、安徽、河南、湖北。而其他地区若要实现目标 1，就需要对其投入做不同的调整。例如，若要在保持安全环境效率不变的前提下实现目标 1，上海需要增加 0.030 单位的 x_1、0.149 单位的 x_2 和 90.664 单位的 x_3；而福建只需要增加 0.009 单位的 x_1 和 0.122 单位的 x_2 即可。由此可知，通过逆 E-DEA 方法可以得到一个具体的资源配置方案，从而帮助决策者更好地实现决策目标。

　　目标 1 假设各地区的安全环境效率保持不变，而在 31 个省区市中，共有 18 个皆为非有效地区。若这些地区希望在资源配置的过程中实现安全环境效率的改进，则表 6-2 给出的资源配置方案就无法满足决策者的需求了。

　　目标 2：在安全环境效率等于 1 的前提下，各地区的道路交通运输客运周转量和货运周转量分别增加 10%，而道路交通事故死亡人数下降 10%。

　　目标 2 意味着各地区在资源配置的过程中，不仅需要增加足够的期望产出和减少足够的非期望产出，还应该提升自己的效率，使其成为原有生产可能集内的有效 DMU。目标 1 和目标 2 的资源配置方案对比如图 6-1 所示。

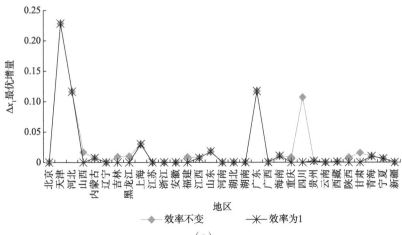

（a）

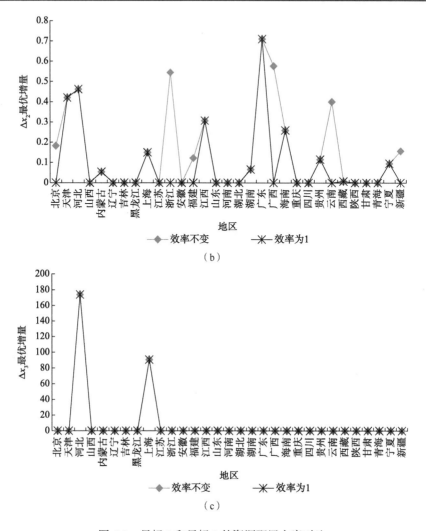

图 6-1　目标 1 和目标 2 的资源配置方案对比

如图 6-1 所示，目标 2 所需要的资源不大于目标 1 所需要的资源。例如，四川想实现目标 1，则需要增加 0.107 单位的 x_1；而若其将目标锁定为目标 2，则其无须做任何的改进。这是因为目标 2 力图在资源配置的过程中将 DMU 改进为有效 DMU，而四川的原效率为 0.459，随着其安全环境效率的提高，四川对投入的需求逐渐减少，因此其能够在投入不变的情况下完成目标 2 中对期望产出增加和非期望产出减少的要求。由此可知，安全环境效率的提高对 DMU 的资源配置方案有明显的影响。

6.4.3　目标设置方案制订

6.4.2 节讨论了逆 E-DEA 方法在资源配置上的应用，本节则将该方法用于目标设置方案的制订中。为此，本节参照道路交通运输的现实情况，制定了以下投入目标。

目标 3：在安全环境效率不变的前提下，各地区的公路里程数增加 5%，而其他的投入量不变。

公路里程的增加是我国交通运输部在《综合运输服务"十三五"发展规划》中提出的重要目标，其他投入并未明确提及。目标 3 给出了各地区公路里程数的增加量，决策者需要考虑的是如何加大期望产出和减少非期望产出来保证目标的实现，因此这是一个目标设置问题，可以通过 6.3.1 节中的逆 E-DEA 方法来制订一个最优的目标设置方案，其计算结果如表 6-3 所示。

表 6-3　目标 3 所对应的最优非期望产出减少量

地区	θ_d^O	Δy_{1d}	Δy_{2d}	Δb_{1d}	地区	θ_d^O	Δy_{1d}	Δy_{2d}	Δb_{1d}
北京	1.063	0	75.547	400.338	湖北	1.107	0	0	4152.362
天津	1.000	0.183	5.467	139.733	湖南	1.000	0	0	0
河北	1.000	0	0	0	广东	1.000	0	0	0
山西	1.732	0	0	653.079	广西	1.053	0	0	2371.203
内蒙古	1.000	0	0	0	海南	1.000	0	0	0
辽宁	1.278	0	48.667	1860.000	重庆	1.481	0	0	0
吉林	1.610	0	0	411.414	四川	2.176	0	0	3.419
黑龙江	2.180	0	0	234.307	贵州	1.000	0	0	0
上海	1.000	0	7.865	156.509	云南	2.496	0	0	891.727
江苏	1.160	0	374.956	4490.000	西藏	1.000	0	0	0
浙江	1.178	0	0	1454.442	陕西	1.345	0	0	341.846
安徽	1.040	0	157.028	2626.000	甘肃	1.684	0	0	0
福建	1.389	0	0	189.075	青海	1.000	0	0	0
江西	1.000	0	0	0	宁夏	1.000	0.546	0	40.120
山东	1.000	0	0	0	新疆	1.986	64.427	0	45.879
河南	1.193	0	62.738	2670.000					

根据表 6-3 可知，13 个地区为道路交通运输安全环境效率有效 DMU，其

$\theta_d^O = 1.000$，如天津、河北；其他地区为非有效地区。事实上，由于式（6-1）和式（6-4）分别为 CRS 下产出导向和投入导向的 CCR 模型，因此，θ_d^O 和表 6-2 中的 θ_d^I 互为倒数。由第 3~5 列和第 8~10 列的数据可知，共有 12 个地区不需要任何调整即可实现目标 1，它们分别为：河北、内蒙古、江西、山东、湖南、广东、海南、重庆、贵州、西藏、甘肃和青海。而其他地区要实现目标 1，需要对其期望产出和非期望产出目标做不同的调整。例如，若要在保持安全环境效率不变的前提下实现目标 3，天津需要增加 0.183 单位的 y_1、5.467 单位的 y_2 和 139.733 单位的 b_1。需要注意的是，由于 b_1 是由 z_1 转化而来的，因此，b_1 的增加量即为 z_1 的减少量。

由此可知，通过逆 E-DEA 方法可以得到一个具体的目标设置方案，从而帮助决策者更好地实现决策目标。

第7章 交叉评价视角下的 E-DEA 方法

非期望要素广泛地存在于实际的生产过程中,而 E-DEA 方法能够客观地评价具有非期望要素的 DMU 效率,具有重要的现实意义。然而,当前国内外的相关研究往往忽略了 E-DEA 模型也具有传统 DEA 方法的不足:一是只能将有效 DMU 从所有 DMU 中区分出来,而无法进一步对有效 DMU 进行排序;二是过度强调 DMU 的优势,并遮掩自身的缺陷,从而易导致 DMU 效率的高估(Wang and Chin,2010b)。因此,作为弥补传统 DEA 方法评价能力不足的主要途径,引入"他评"机制,对具有非期望要素的 DMU 进行交叉评价是很有必要的。

7.1 非期望要素在传统交叉评价视角中的拓展

7.1.1 传统交叉评价视角下的 DEA 方法

Sexton 等(1986)基于"自评"与"他评"相结合的视角,率先提出交叉评价视角下的 DEA 方法。该方法在一定程度上解决了原有 DEA 方法权重确定的随意性和无法进行 DMU 全排序的问题。其主要思想是:将 CCR 模型看作 DMU_d 基于自我最优视角下的评价过程,并将其结果称为"自评"效率,记为 θ_{dd}($d = 1,2,\cdots,n$);而若继续保持这种视角对 DMU_j 进行效率评价,则所得结果称为 DMU_j 来自 DMU_d 的"他评"效率。该"他评"效率 θ_{dj} 可以定义为

$$\theta_{dj} = \frac{\sum_{r=1}^{s} u_{rd}^* y_{rj}}{\sum_{i=1}^{m} v_{id}^* x_{ij}}, \qquad j = 1,2,\cdots,n; j \neq d \qquad (7\text{-}1)$$

其中，v_{id}^* 和 u_{rd}^* 是使 DMU_d 达到 CCR 效率最优的投入/产出权重。通过传统 CCR 模型[即式（2-3）和式（7-1）]，可以得到所有 DMU 的"自评"与"他评"效率，并共同组成一个交叉评价效率矩阵：

$$
\begin{bmatrix}
\theta_{11} & \theta_{12} & \cdots & \theta_{1d} & \cdots & \theta_{1n} \\
\theta_{21} & \theta_{22} & \cdots & \theta_{2d} & \cdots & \theta_{2n} \\
\vdots & \vdots & \ddots & & & \vdots \\
\theta_{d1} & \theta_{d2} & & \theta_{dd} & & \theta_{dn} \\
\vdots & \vdots & & & \ddots & \vdots \\
\theta_{n1} & \theta_{n2} & \cdots & \theta_{nd} & \cdots & \theta_{nn}
\end{bmatrix}
\tag{7-2}
$$

从式（7-2）可以看出，每个 DMU_d 都有 1 个"自评"效率 θ_{dd}（即主对角线上的效率元素）和 $n-1$ 个"他评"效率 θ_{jd}（$j=1,2,\cdots,n;\ j\neq d$）（即除对角线上的效率元素外，第 d 行的效率元素）。最终，DMU_d 的交叉评价效率 $\overline{\theta}_d$ 可以通过对"自评"效率与"他评"效率进行平均来得到，其模型如式（7-3）所示。

$$
\overline{\theta}_d = \frac{1}{n}\sum_{j=1}^{n}\theta_{jd}
\tag{7-3}
$$

然而，CCR 模型的最优解经常存在不唯一的问题，这就产生了多个交叉评价效率矩阵，从而严重影响了评价结果的稳定性。因此，Doyle 和 Green（1994）在原始交叉评价 DEA 模型的基础上，引入一个二次目标规划来解决这一问题，即交叉评价 DEA 模型中最经典的激进型与宽容型交叉评价策略。其中，激进型交叉评价策略的基本思路为：将其余 DMU 皆视为竞争者，并力求在保证自身效率最大化的前提下使它们的总效率最小。其具体模型如式（7-4）所示。

$$
\begin{aligned}
&\text{Min}\quad \frac{\displaystyle\sum_{r=1}^{s} u_{rd} y_{rd}}{\displaystyle\sum_{i=1}^{m} v_{id} x_{id}} \\[2ex]
&\text{s.t.}\quad \frac{\displaystyle\sum_{r=1}^{s} u_{rd} y_{rj}}{\displaystyle\sum_{i=1}^{m} v_{id} x_{ij}} \leqslant 1, \quad j=1,2,\cdots,n \\[2ex]
&\qquad\ \ \frac{\displaystyle\sum_{r=1}^{s} u_{rd} y_{rd}}{\displaystyle\sum_{i=1}^{m} v_{id} x_{id}} = \theta_{dd}^* \\[2ex]
&\qquad\ \ v_{id},\ u_{rd} \geqslant 0, \quad i=1,2,\cdots,m;\ r=1,2,\cdots,s
\end{aligned}
\tag{7-4}
$$

其中，θ_{dd}^* 表示 DMU_d 的"自评"最优效率。通过 Charnes-Cooper 变换（Charnes and Cooper，1962），式（7-4）可由分式规划等价转化为如式（7-5）所示的线性规划。

$$
\text{Min} \quad \sum_{r=1}^{s} u_{rd} \left(\sum_{\substack{j=1 \\ j \neq d}}^{n} y_{rj} \right)
$$

$$
\text{s.t.} \quad \sum_{i=1}^{m} v_{id} \sum_{\substack{j=1 \\ j \neq d}}^{n} x_{ij} = 1
$$

$$
\sum_{r=1}^{s} u_{rd} y_{rd} - \theta_{dd}^{*} \sum_{i=1}^{m} v_{id} x_{id} = 0
$$

$$
\sum_{r=1}^{s} u_{rd} y_{rj} - \sum_{i=1}^{m} v_{id} x_{ij} \leqslant 0, \quad j = 1, 2, \cdots, n; \quad j \neq d
$$

$$
u_{rd}, v_{id} \geqslant 0, \quad r = 1, 2, \cdots, s; \quad i = 1, 2, \cdots, m
$$

（7-5）

而宽容型交叉评价策略的基本思路恰恰相反，其将其余 DMU 皆视为合作者，力求在保证自身效率最大化的前提下使它们的总效率最大。其模型通过 Charnes-Cooper 变换（Charnes and Cooper，1962）可得

$$
\text{Max} \quad \sum_{r=1}^{s} u_{rd} \left(\sum_{\substack{j=1 \\ j \neq d}}^{n} y_{rj} \right)
$$

$$
\text{s.t.} \quad \sum_{i=1}^{m} v_{id} \sum_{\substack{j=1 \\ j \neq d}}^{n} x_{ij} = 1
$$

$$
\sum_{r=1}^{s} u_{rd} y_{rd} - \theta_{dd}^{*} \sum_{i=1}^{m} v_{id} x_{id} = 0
$$

$$
\sum_{r=1}^{s} u_{rd} y_{rj} - \sum_{i=1}^{m} v_{id} x_{ij} \leqslant 0, \quad j = 1, 2, \cdots, n; \quad j \neq d
$$

$$
u_{rd}, v_{id} \geqslant 0, \quad r = 1, 2, \cdots, s; \quad i = 1, 2, \cdots, m
$$

（7-6）

通过式（7-5）或式（7-6），可以得到一组最优权重 v_{id}^{*}，u_{rd}^{*}（$r = 1, 2, \cdots, s$；$i = 1, 2, \cdots, m$）既满足 DMU$_d$ 自评效率最优，又在很大程度上解决了投入/产出最优权重不唯一的问题。

7.1.2　传统交叉评价策略下的 E-DEA 拓展模型

非期望要素作为贯穿整个生产过程的重要因素，是用以评价 DMU 环境效率的主要指标。而考虑非期望要素的环境效率评价问题往往也具有传统效率评价问题效率虚高且无法进行全排序的不足，但作为处理这些不足的主要途径，交叉评价 DEA 方法在处理非期望要素方面的国内外研究却很少。Zoroufchi 等（2012）

通过 SBM 模型来评价具有非期望产出的 DMU 效率,且借助其对偶形式来构建交叉评价 E-DEA 模型。Yang 等(2014)对非期望产出和投入的权重进行相应的约束,以此来构建交叉评价 E-DEA 模型,并借之评价 25 个 OECD 国家的环境效率。然而,这些方法的评价视角都太过于单一,且忽略了非期望要素本身的特性。通过对国内外相关研究的归纳总结发现,其可能的原因主要分为以下两点:第一,E-DEA 理论方法尚不成熟。从国外相关研究来看,现有的 E-DEA 方法主要关注非期望产出的技术特性和处理手段,而国内研究则更侧重于 E-DEA 方法的实证应用,还未能对评价方法本身予以应有的重视。第二,交叉评价 DEA 方法虽然能综合"自评"与"他评"效率,但其较为复杂的模型结构使得传统的交叉评价策略难以兼容非期望要素迥异于传统要素的特性。因此,本节将非期望要素引入传统交叉评价 DEA 方法中,对其做一个扩展研究,以弥补现有 E-DEA 理论方法在评价及排序能力上的不足。

首先,构建 E-DEA 效率"自评"模型。根据 5.1.2 节的论述,本节选用非期望产出的强可处置性假设来构建 E-DEA 评价模型。在 CRS 的情况下,其具体模型如式(7-7)所示。

$$\text{Min} \quad \theta_{dd}$$
$$\text{s.t.} \quad \sum_{j=1}^{n} \lambda_j x_{ij} \leqslant \theta_{dd} x_{id}, \qquad i=1,2,\cdots,m$$
$$\sum_{j=1}^{n} \lambda_j y_{rj} \geqslant y_{rd}, \quad r=1,2,\cdots,s \qquad (7\text{-}7)$$
$$\sum_{j=1}^{n} \lambda_j z_{fj} \leqslant z_{fd}, \quad f=1,2,\cdots,h$$
$$\lambda_j \geqslant 0, \quad j=1,2,\cdots,n$$

将其转化为对偶模型可得

$$\text{Max} \quad \theta_{dd} = \sum_{r=1}^{s} u_{rd} y_{rd} - \sum_{f=1}^{h} w_{fd} z_{fd}$$
$$\text{s.t.} \quad \sum_{i=1}^{m} v_{id} x_{id} = 1 \qquad (7\text{-}8)$$
$$\sum_{r=1}^{s} u_{rd} y_{rj} - \sum_{f=1}^{h} w_{fd} z_{fj} - \sum_{i=1}^{m} v_{id} x_{ij} \leqslant 0, \quad j=1,2,\cdots,n$$
$$u_{rd}, v_{id}, w_{fd} \geqslant 0, \quad r=1,2,\cdots,s; \ i=1,2,\cdots,m; \ f=1,2,\cdots,h$$

其次,构建交叉评价 E-DEA"他评"模型。将非期望产出引入激进型交叉评价策略中,并通过 Charnes-Cooper 变换(Charnes et al.,1962)可得

$$\text{Min} \quad \sum_{r=1}^{s} u_{rd} \sum_{\substack{j=1 \\ j \neq d}}^{n} y_{rj} - \sum_{h=1}^{k} w_{fd} \sum_{\substack{j=1 \\ j \neq d}}^{n} z_{hj}$$

$$\text{s.t.} \quad \sum_{i=1}^{m} v_{id} \sum_{\substack{j=1 \\ j \neq d}}^{n} x_{ij} = 1$$

$$\sum_{r=1}^{s} u_{rd} y_{rj} - \sum_{f=1}^{h} w_{fd} z_{fj} - \sum_{i=1}^{m} v_{id} x_{ij} \leqslant 0, \quad j = 1, 2, \cdots, n \; ; \; j \neq d \qquad (7\text{-}9)$$

$$\sum_{r=1}^{s} u_{rd} y_{rd} - \sum_{f=1}^{h} w_{fd} z_{fd} - \theta_{dd}^{*} \sum_{i=1}^{m} v_{id} x_{id} = 0$$

$$u_{rd}, v_{id}, w_{fd} \geqslant 0, \quad r = 1, 2, \cdots, s; \; i = 1, 2, \cdots, m; \; f = 1, 2, \cdots, h$$

其中，θ_{dd}^{*} 为式（7-8）的最优解。在式（7-9）中，被评决策单元 DMU$_d$ 视其余 DMU 皆为竞争者，因此，其目标函数是使它们的总效率最小，而第三条约束是用于保证整个优化过程在 DMU$_d$ 本身的效率等于其"自评"最优效率的前提下进行。

同样地，将非期望产出引入宽容型交叉评价策略中，并通过 Charnes-Cooper 变换可得式（7-10）。其中，被评决策单元 DMU$_d$ 视其余 DMU 皆为合作者，力求在保证自身效率为 θ_{dd}^{*} 的前提下，使它们的总效率最大。具体模型如下：

$$\text{Max} \quad \sum_{r=1}^{s} u_{rd} \sum_{\substack{j=1 \\ j \neq d}}^{n} y_{rj} - \sum_{f=1}^{h} w_{fd} \sum_{\substack{j=1 \\ j \neq d}}^{n} z_{fj}$$

$$\text{s.t.} \quad \sum_{i=1}^{m} v_{id} \sum_{\substack{j=1 \\ j \neq d}}^{n} x_{ij} = 1$$

$$\sum_{r=1}^{s} u_{rd} y_{rj} - \sum_{f=1}^{h} w_{fd} z_{fj} - \sum_{i=1}^{m} v_{id} x_{ij} \leqslant 0, \quad j = 1, 2, \cdots, n \; ; \; j \neq d \qquad (7\text{-}10)$$

$$\sum_{r=1}^{s} u_{rd} y_{rd} - \sum_{f=1}^{h} w_{fd} z_{fd} - \theta_{dd}^{*} \sum_{i=1}^{m} v_{id} x_{id} = 0$$

$$u_{rd}, v_{id}, w_{fd} \geqslant 0, \quad r = 1, 2, \cdots, s; \; i = 1, 2, \cdots, m; \; f = 1, 2, \cdots, h$$

7.2　整体环境交叉评价视角下的 E-DEA 模型

激进型与宽容型交叉评价策略虽然可以较好地拓展到具有非期望要素的情况下，但其将所有 DMU 皆视为竞争者或合作者的假设太过绝对，难以贴合现实中 DMU 之间复杂的竞合关系（杨锋等，2011）。因此，本节不再关注 DMU 之间的竞合关系，而是从整体环境的实际利益出发，提出几种新的交叉评价策略，并以此构建相应的 E-DEA 交叉评价模型。

7.2.1　整体环境最优型交叉评价策略

在实际情况中，行业整体环境对决策者具有重要的影响。比如，在环境效率评价问题中，整个行业的污染水平直接关系到社会及自然环境对该行业的容忍度；又比如，在银行运营效率评价问题中，整体不良贷款率关系到社会对整个银行业的信任度。因此，营造良好的整体行业环境对于该行业的可持续发展具有重要的现实意义。

为了使评价结果向整体环境最优的情况倾斜，本节提出了一种新的交叉评价策略——整体环境最优型交叉评价策略。与激进型和宽容型交叉策略不同的是，该策略并不根据被评 DMU 与其他 DMU 之间的关系来确定投入/产出权重，而是着眼于 DMU 所处的整体环境上。该策略的思路为：在保证自身效率最优的前提下，使得行业整体生产非期望产出的总效率最小。其规划可以表示为

$$
\text{Min} \quad \frac{\sum_{f=1}^{h} w_{fd} \sum_{j=1}^{n} z_{hj}}{\sum_{i=1}^{m} v_{id} \sum_{j=1}^{n} x_{ij}}
$$

$$
\text{s.t.} \quad \frac{\sum_{r=1}^{s} u_{rd} y_{rj} - \sum_{f=1}^{h} w_{fd} z_{hj}}{\sum_{i=1}^{m} v_{id} x_{ij}} \leqslant 0, \qquad j=1,2,\cdots,n; \ j \neq d \tag{7-11}
$$

$$
\frac{\sum_{r=1}^{s} u_{rd} y_{rd} - \sum_{f=1}^{h} w_{fd} z_{hd}}{\sum_{i=1}^{m} v_{id} x_{id}} = \theta_{dd}^{*}
$$

$$
u_{rd}, v_{id}, w_{fd} \geqslant 0, \quad r=1,2,\cdots,s; \ i=1,2,\cdots,m; \ f=1,2,\cdots,h
$$

通过 Charnes-Cooper 变换（Charnes and Cooper，1962），式（7-11）可以转化为如下线性规划：

$$
\text{Min} \quad \sum_{f=1}^{h} w_{fd} \sum_{j=1}^{n} z_{fj}
$$

$$
\text{s.t.} \quad \sum_{i=1}^{m} v_{id} \sum_{j=1}^{n} x_{ij} = 1
$$

$$\sum_{r=1}^{s} u_{rd} y_{rj} - \sum_{f=1}^{h} w_{fd} z_{fj} - \sum_{i=1}^{m} v_{id} x_{ij} \leqslant 0, \quad j = 1, 2, \cdots, n ; \quad j \neq d$$

$$\sum_{r=1}^{s} u_{rd} y_{rd} - \sum_{f=1}^{h} w_{fd} z_{fd} - \theta_{dd}^{*} \sum_{i=1}^{m} v_{id} x_{id} = 0 \qquad （7\text{-}12）$$

$$u_{rd}, v_{id}, w_{fd} \geqslant 0, \quad r = 1, 2, \cdots, s; \; i = 1, 2, \cdots, m; \; f = 1, 2, \cdots, h$$

通过求解式（7-12），可得各个投入/产出的最优权重，即 u_{rd}^{*}、v_{id}^{*}、w_{fd}^{*}（$r = 1, 2, \cdots, s; \; i = 1, 2, \cdots, m; \; f = 1, 2, \cdots, h$）。通过这些权重，即可计算各个 DMU 的交叉评价效率矩阵，并采用相加平均的方法进行集成。具体的集成方法如下所示：

$$\bar{\theta}_j = \frac{1}{n} \sum_{d=1}^{n} \frac{\displaystyle\sum_{r=1}^{s} u_{rd}^{*} y_{rj} - \sum_{f=1}^{h} w_{fd}^{*} z_{fj}}{\displaystyle\sum_{i=1}^{m} v_{id}^{*} x_{ij}} \qquad （7\text{-}13）$$

其中，$\bar{\theta}_j$ 表示 DMU_j 的交叉评价效率值。

整体环境最优型交叉评价策略不再考虑被评 DMU 和其他 DMU 之间的竞合关系，而在自身效率最优的基础上聚焦于整体行业环境中非期望产出的生产效率，其评价结果反映了整体环境与个体效率之间的关联性。

7.2.2　整体平均环境最优型交叉评价策略

整体环境最优型交叉评价策略追求的是最小化所有非期望产出的生产效率和，其评价结果允许某种非期望产出具有较高的生产效率。而事实上，环境对于各种非期望产出都具有一定的承载力，无论哪种非期望产出超出了环境的承载范围，都可能产生严重的后果。因此，在许多情况下，具有非期望要素的评价问题不能仅局限于追求非期望产出的生产效率总和最小化，还应该将每种非期望产出的产出效率都控制在环境可承载的范围内，从而实现整体行业环境的均衡。根据该评价思想，本节构建了整体平均环境最优型交叉评价策略，具体评价模型如下：

$$\text{Min } \delta = \underset{f \in \{1, 2, \cdots, h\}}{\text{Max}} \left\{ \frac{w_{fd} \displaystyle\sum_{j=1}^{n} z_{fj}}{\displaystyle\sum_{i=1}^{m} v_{id} \sum_{j=1}^{n} x_{ij}} \right\}$$

$$\text{s.t.} \quad \frac{\displaystyle\sum_{r=1}^{s} u_{rd} y_{rj} - \sum_{f=1}^{h} w_{fd} z_{fj}}{\displaystyle\sum_{i=1}^{m} v_{id} x_{ij}} \leqslant 0, \qquad j = 1, 2, \cdots, n ; \; j \neq d$$

$$\frac{\displaystyle\sum_{r=1}^{s} u_{rd} y_{rd} - \sum_{f=1}^{h} w_{fd} z_{fd}}{\displaystyle\sum_{i=1}^{m} v_{id} x_{id}} = \theta_{dd}^{*} \tag{7-14}$$

$$u_{rd}, v_{id}, w_{fd} \geqslant 0, \quad r = 1, 2, \cdots, s; \ i = 1, 2, \cdots, m; \ f = 1, 2, \cdots, h$$

式（7-14）目标函数的作用是使整体行业环境中每种非期望产出总效率的最大值最小化。因此，通过该模型可以得到一组投入/产出权重，使得每种非期望产出的总效率都控制在最低效率水平 δ 以内。通过 Charnes-Cooper 变换（Charnes and Cooper，1962），式（7-14）可以转化为如下线性规划：

Min δ

s.t. $\displaystyle\sum_{i=1}^{m} v_{id} \sum_{j=1}^{n} x_{ij} = 1$

$$\sum_{r=1}^{s} u_{rd} y_{rj} - \sum_{f=1}^{h} w_{fd} z_{fj} - \sum_{i=1}^{m} v_{id} x_{ij} \leqslant 0, \quad j = 1, 2, \cdots, n \ ; \ j \neq d$$

$$\sum_{r=1}^{s} u_{rd} y_{rd} - \sum_{f=1}^{h} w_{fd} z_{fd} - \theta_{dd}^{*} \sum_{i=1}^{m} v_{id} x_{id} = 0 \tag{7-15}$$

$$\delta - w_{fd} \sum_{j=1}^{n} z_{fd} \geqslant 0, \quad f = 1, 2, \cdots, h$$

$$u_{rd}, v_{id}, w_{fd} \geqslant 0, \quad r = 1, 2, \cdots, s; \ i = 1, 2, \cdots, m; \ f = 1, 2, \cdots, h$$

将式（7-15）的最优结果代入式（7-13），即可求得此时各 DMU 的交叉评价效率值。

现实中的行业环境往往存在一定的自我恢复功能，只要非期望产出的量未超过一定水平，一般就不会对整个行业环境造成明显的影响。因此，在考虑行业环境承载恢复力的情况下，选择整体平均环境最优型交叉评价策略对 DMU 进行评价更有利于减少非期望产出对环境的影响，从而实现可持续发展。

7.2.3　整体偏好环境最优型交叉评价策略

在现实生产过程中，不同的非期望产出对环境造成的影响程度往往也不同。然而，无论是传统交叉评价策略还是以上新提出的评价策略都只关注不同非期望产出生产数量上的区别，却未考虑到它们在本质上也存在差异。这就可能造成其最终的效率评价值与实际情况之间存在偏差。为了解决这个问题，本节引入非期望产出的社会支付意愿来对整体平均环境最优型交叉评价策略进行修正，并称之为整体偏好环境最优型交叉评价策略。

非期望产出 z_f 的社会支付意愿是指社会愿意为治理每单位的非期望产出 z_f 而花费的成本（刘睿劼和张智慧，2012a），并将其记为 β_f。为了方便建模，可通过式（7-16）将其标准化为 λ_f。

$$\lambda_f = \frac{\beta_f}{\sum\limits_{f=1}^{h} \beta_f} \tag{7-16}$$

通过标准化，整体偏好环境最优型交叉评价策略可表示为

$$\text{Min } \delta = \max_{f \in \{1,2,\cdots,h\}} \left\{ \frac{\lambda_f w_{fd} \sum\limits_{j=1}^{n} z_{fj}}{\sum\limits_{i=1}^{m} v_{id} \sum\limits_{j=1}^{n} x_{ij}} \right\}$$

$$\text{s.t.} \quad \frac{\sum\limits_{r=1}^{s} u_{rd} y_{rj} - \sum\limits_{f=1}^{h} w_{fd} z_{fj}}{\sum\limits_{i=1}^{m} v_{id} x_{ij}} \leqslant 0, \qquad j = 1,2,\cdots,n \,; \; j \neq d \tag{7-17}$$

$$\frac{\sum\limits_{r=1}^{s} u_{rd} y_{rd} - \sum\limits_{f=1}^{h} w_{fd} z_{fd}}{\sum\limits_{i=1}^{m} v_{id} x_{id}} = \theta_{dd}^{*}$$

$$u_{rd}, v_{id}, w_{fd} \geqslant 0, \quad r = 1,2,\cdots,s; \; i = 1,2,\cdots,m; \; f = 1,2,\cdots,h$$

式（7-17）中，决策者可以通过标准化后的社会支付意愿 λ_f 来调节每种非期望产出对行业环境的影响，从而体现出决策者对每种非期望产出的偏好。通过 Charnes-Cooper 变换（Charnes and Cooper，1962），式（7-17）可以转化为如下线性规划：

$$\text{Min } \delta$$

$$\text{s.t.} \quad \sum_{i=1}^{m} v_{id} \sum_{j=1}^{n} x_{ij} = 1$$

$$\sum_{r=1}^{s} u_{rd} y_{rj} - \sum_{f=1}^{h} w_{fd} z_{fj} - \sum_{i=1}^{m} v_{id} x_{ij} \leqslant 0, \quad j = 1,2,\cdots,n \,; \; j \neq d$$

$$\sum_{r=1}^{s} u_{rd} y_{rd} - \sum_{f=1}^{h} w_{fd} z_{fd} - \theta_{dd}^{*} \sum_{i=1}^{m} v_{id} x_{id} = 0 \tag{7-18}$$

$$\delta - \lambda_f w_{fd} \sum_{j=1}^{n} z_{fd} \geqslant 0, \qquad f = 1,2,\cdots,h$$

$$u_{rd}, v_{id}, w_{fd} \geqslant 0, \quad r = 1,2,\cdots,s; \; i = 1,2,\cdots,m; \; f = 1,2,\cdots,h$$

将式（7-18）的最优结果代入式（7-13），即可求得此时各 DMU 的交叉评价效率值。需要说明的是，社会支付意愿只是一种 λ_f 的取值方式，决策者也可以根据其个人偏好或者行业的整体形势来决定 λ_f 的值。

7.3　个体中立交叉评价视角下的 E-DEA 模型

从整体环境视角出发的交叉评价策略可以使整体行业环境趋向良好态势，有利于其科学可持续的发展。但是从被评 DMU 自身的角度来说，这些交叉评价策略并未进一步突显被评 DMU 自身的优势。Wang 等（2010a）认为，决策者应该在自身整体效率最大化的基础上，进一步地优化自身每个产出的效率。根据其思路，在构建交叉评价 E-DEA 方法的评价策略时，应在保证自身整体效率最优的同时，尽可能地提高自身每个期望产出的生产效率，并降低自身每个非期望产出的生产效率，从而达到自身生产结构的最优化。基于此思路，本节提出了个体中立最优型交叉评价策略，其模型如式（7-19）所示。

$$\text{Max } \xi = \underset{r\in\{1,2,\cdots,s\}}{\text{Min}}\left\{\frac{u_{rd}y_{rd}}{\sum\limits_{i=1}^{m}v_{id}x_{id}}\right\} - \underset{f\in\{1,2,\cdots,h\}}{\text{Max}}\left\{\frac{w_{fd}z_{fd}}{\sum\limits_{i=1}^{m}v_{id}x_{id}}\right\}$$

$$\text{s.t.}\quad \frac{\sum\limits_{r=1}^{s}u_{rd}y_{rj}-\sum\limits_{f=1}^{h}w_{fd}z_{fj}}{\sum\limits_{i=1}^{m}v_{id}x_{ij}}\leqslant 0,\qquad j=1,2,\cdots,n\,;\ j\neq d$$

$$\frac{\sum\limits_{r=1}^{s}u_{rd}y_{rd}-\sum\limits_{f=1}^{h}w_{fd}z_{fd}}{\sum\limits_{i=1}^{m}v_{id}x_{id}}=\theta_{dd}^{*}$$

（7-19）

$$u_{rd},v_{id},w_{fd}\geqslant 0,\quad r=1,2,\cdots,s;\ i=1,2,\cdots,m;\ f=1,2,\cdots,h$$

从式（7-19）可以看出，不同于考虑整体环境的交叉评价策略，个体中立最优型交叉评价策略不仅不再关注 DMU 之间的竞合关系，而且也不关注整体环境中的非期望产出生产量。其在保证自身整体效率最优的前提下，着力调整自身每个期望产出和非期望产出的生产效率，在使得所有期望产出最小效率最大化的同时，最小化所有非期望产出的最大效率，从而最大程度地突显被评 DMU 自身生产结构的优势。然而，式（7-19）是一个分式规划，为了将其转化为线性规划，本节令

$$\delta = \underset{r \in \{1,2,\cdots,s\}}{\text{Min}} \left\{ \frac{u_{rd} y_{rd}}{\displaystyle\sum_{i=1}^{m} v_{id} x_{id}} \right\}, \quad \eta = \underset{f \in \{1,2,\cdots,h\}}{\text{Max}} \left\{ \frac{w_{fd} z_{fd}}{\displaystyle\sum_{i=1}^{m} v_{id} x_{id}} \right\}$$

则通过 Charnes-Cooper 变换可得

Max $\xi = \delta - \eta$

$$\text{s.t.} \quad \sum_{i=1}^{m} v_{id} x_{id} = 1$$

$$\sum_{r=1}^{s} u_{rd} y_{rj} - \sum_{f=1}^{h} w_{fd} z_{fj} - \sum_{i=1}^{m} v_{id} x_{ij} \leqslant 0, \quad j = 1,2,\cdots,n;\ j \neq d$$

$$\sum_{r=1}^{s} u_{rd} y_{rd} - \sum_{f=1}^{h} w_{fd} z_{fd} - \theta_{dd}^{*} \sum_{i=1}^{m} v_{id} x_{id} = 0 \qquad\qquad (7\text{-}20)$$

$$u_{rd} y_{rd} - \delta \geqslant 0, \quad r = 1,2,\cdots,s$$

$$\eta - w_{fd} z_{fd} \geqslant 0, \quad f = 1,2,\cdots,h$$

$$u_{rd}, v_{id}, w_{fd} \geqslant 0, \quad r = 1,2,\cdots,s;\ i = 1,2,\cdots,m;\ f = 1,2,\cdots,h$$

将式（7-20）的最优结果代入式（7-13），即可求得此时各 DMU 的交叉评价效率值。

7.4　不确定性环境下的交叉评价 E-DEA 模型

近年来，交叉评价 DEA 方法被广泛地应用在诸多领域中，成为 DEA 方法的重要组成部分（Han et al.，2015；Roboredo et al.，2015）。然而，绝大多数的交叉评价 DEA 方法仅适用于确定性环境下，无法处理具有不确定信息的效率评价问题。Dotoli 等（2015）提出一种模糊交叉评价 DEA 方法，用来在不确定性环境下对 DMU 进行评价。Dotoli 等（2016）整合了交叉评价 DEA 方法和蒙特卡洛方法，以评价在随机环境下的 DMU 效率问题。但是这些方法都需要大量的计算，且在去不确定性的过程中存在着一定的信息遗失。Azadi 和 Saen（2012）通过构建 SBM 测度下的 E-DEA 模型来处理具有非期望产出的效率评价问题，并引入机会约束来将该模型拓展到随机不确定性环境中。Azadeh 等（2014）提出了一种集成模糊 E-DEA 方法来对具有不确定性信息的风力发电厂分布进行规划。Khalili-Damghani 等（2015）基于自然和管理可处置性假设，提出了一种在不确定性环境中衡量 DMU 规模收益报酬的区间 E-DEA 方法，并应用于循环发电站的绩效评价中。然而，目前还没有一种成熟方法可以应用在不确定性环境下具有非期望要素的效率交叉评价问题上。Puri 和 Yadav（2014）虽然试图将不确定性 E-DEA 方法拓展到交叉评价上，但其只停留在表面的简单探讨，并未涉及交叉评价二次目标规划（即交叉评价策略）的层面。因此，本节提出一种交叉评价区间 E-DEA 方法，用来尝试解决这个问题。

7.4.1 区间 E-DEA 方法

Despotis 和 Smirlis（2002）考虑到投入/产出数据的不确定性，提出了一种经典的区间 DEA 方法，用来评价不确定性环境下的 DMU 效率。该方法假设 DMU 的投入/产出数据为区间数，并分别记为 $\left[x_{ij}^{L}, x_{ij}^{U}\right]$ 和 $\left[y_{rj}^{L}, y_{rj}^{U}\right]$。其中的上标 L 和 U 分别表示数据的下界与上界。随后，在其他 DMU 投入最大且产出最小的情况下，令被评 DMU 的投入最小且产出最大，以此来确定被评 DMU 的区间效率上界 θ_{dd}^{U}；相对地，在其他 DMU 投入最小且产出最大的情况下，令被评 DMU 的投入最大且产出最小，以此来确定被评 DMU 的区间效率下界 θ_{dd}^{L}。具体模型如式（7-21）和式（7-22）所示。

$$\text{Max} \quad \theta_{dd}^{U} = \sum_{r=1}^{s} u_{rd} y_{rd}^{U}$$

$$\text{s.t.} \quad \sum_{i=1}^{m} v_{id} x_{id}^{L} = 1$$

$$\sum_{r=1}^{s} u_{rd} y_{rd}^{U} - \sum_{i=1}^{m} v_{id} x_{id}^{L} \leqslant 0 \qquad (7\text{-}21)$$

$$\sum_{r=1}^{s} u_{rd} y_{rj}^{L} - \sum_{i=1}^{m} v_{id} x_{ij}^{U} \leqslant 0, \quad j = 1, 2, \cdots, n; \quad j \neq d$$

$$u_{rd}, v_{id} \geqslant 0, \quad r = 1, 2, \cdots, s; \quad i = 1, 2, \cdots, m$$

和

$$\text{Max} \quad \theta_{dd}^{L} = \sum_{r=1}^{s} u_{rd} y_{rd}^{L}$$

$$\text{s.t.} \quad \sum_{i=1}^{m} v_{id} x_{id}^{U} = 1$$

$$\sum_{r=1}^{s} u_{rd} y_{rd}^{L} - \sum_{i=1}^{m} v_{id} x_{id}^{U} \leqslant 0 \qquad (7\text{-}22)$$

$$\sum_{r=1}^{s} u_{rd} y_{rj}^{U} - \sum_{i=1}^{m} v_{id} x_{ij}^{L} \leqslant 0, \quad j = 1, 2, \cdots, n; \quad j \neq d,$$

$$u_{rd}, v_{id} \geqslant 0, \quad r = 1, 2, \cdots, s; \quad i = 1, 2, \cdots, m$$

通过式（7-21）和式（7-22），可以得到被评决策单元 DMU_d 的区间最优效率 $\left[\theta_{dd}^{L*},\ \theta_{dd}^{U*}\right]$。

定义 7-1　若存在 $\theta_{dd}^{L}=\theta_{dd}^{U}=1$，则称 DMU_d 为区间有效 DMU；否则为区间非有效 DMU。

为了更好地拟合实际情况，本节将区间 DEA 模型拓展至考虑非期望要素的评价问题中。假设有 n 个同类 DMU，每个 DMU 都有 m 种投入、s 种期望产出和 h 种非期望产出，其值皆为区间数，并分别记为 $\left[x_{ij}^{L},\ x_{ij}^{U}\right]$（ $i=1,2,\cdots,m$ ）、$\left[y_{rj}^{L},\ y_{rj}^{U}\right]$（ $r=1,2,\cdots,s$ ）和 $\left[z_{fj}^{L},\ z_{fj}^{U}\right]$（ $f=1,2,\cdots,h$ ）。结合式（7-8），则区间 E-DEA 模型可以构建如下：

$$\mathrm{Max}\ \ \theta_{dd}^{U}=\sum_{r=1}^{s}u_{rd}y_{rd}^{U}-\sum_{f=1}^{h}w_{fd}z_{fd}^{L}$$

$$\mathrm{s.t.}\ \ \sum_{i=1}^{m}v_{id}x_{id}^{L}=1$$

$$\sum_{r=1}^{s}u_{rd}y_{rd}^{U}-\sum_{f=1}^{h}w_{fd}z_{fd}^{L}-\sum_{i=1}^{m}v_{id}x_{id}^{L}\leqslant 0 \qquad\qquad （7\text{-}23）$$

$$\sum_{r=1}^{s}u_{rd}y_{rj}^{L}-\sum_{f=1}^{h}w_{fd}z_{fj}^{U}-\sum_{i=1}^{m}v_{id}x_{ij}^{U}\leqslant 0,\quad j=1,2,\cdots,n;\ j\neq d$$

$$u_{rd},v_{id},w_{fd}\geqslant 0,\quad r=1,2,\cdots,s;\ i=1,2,\cdots,m;\ f=1,2,\cdots,h$$

和

$$\mathrm{Max}\ \ \theta_{dd}^{L}=\sum_{r=1}^{s}u_{rd}y_{rd}^{L}-\sum_{f=1}^{h}w_{fd}z_{fd}^{U}$$

$$\mathrm{s.t.}\ \ \sum_{i=1}^{m}v_{id}x_{id}^{U}=1$$

$$\sum_{r=1}^{s}u_{rd}y_{rd}^{L}-\sum_{f=1}^{h}w_{fd}z_{fd}^{U}-\sum_{i=1}^{m}v_{id}x_{id}^{U}\leqslant 0 \qquad\qquad （7\text{-}24）$$

$$\sum_{r=1}^{s}u_{rd}y_{rj}^{U}-\sum_{f=1}^{h}w_{fd}z_{fj}^{L}-\sum_{i=1}^{m}v_{id}x_{ij}^{L}\leqslant 0,\quad j=1,2,\cdots,n;\ j\neq d$$

$$u_{rd},v_{id},w_{fd}\geqslant 0,\quad r=1,2,\cdots,s;\ i=1,2,\cdots,m;\ f=1,2,\cdots,h$$

式（7-23）在其他 DMU 投入最大、期望产出最小和非期望产出最大的情况下，令被评 DMU 的投入最小、期望产出最大和非期望产出最小，以此来确定被评 DMU 的区间效率上界 θ_{dd}^{U}；相对地，式（7-24）在其他 DMU 的投入最小、期望产出最大和非期望产出最小的情况下，令被评 DMU 的投入最大、期望产出最小和非期望产出最大，以此来确定被评 DMU 的区间效率下界 θ_{dd}^{L}。

在实际评价中，区间 E-DEA 方法只能得到"自评"效率，并常常出现多个无法进一步区分的区间有效 DMU。因此，同样需要引入交叉评价视角来进一步地分析效率。

7.4.2　整体平均环境最优型交叉评价区间 E-DEA 模型

本节以整体平均环境最优型交叉评价策略为例，来探讨交叉评价视角下的区间 E-DEA 方法。

通过式（7-23）和式（7-24），可以得到被评决策单元DMU_d的区间"自评"效率$\left[\theta_{dd}^{L*}, \theta_{dd}^{U*}\right]$。在其他 DMU 投入最大、期望产出最小、非期望产出最大及被评 DMU 投入最小、期望产出最大和非期望产出最小的情况下，令DMU_d的效率保持为"自评"效率上界θ_{dd}^{U*}，并使此时整体行业环境中每种非期望产出的总生产效率最大值最小化，以此来确定投入/产出权重。

$$\text{Min } \delta$$

$$\text{s.t. } \sum_{i=1}^{m} v_{id}\left(\sum_{j=1}^{n} x_{ij}^{U} + x_{id}^{L}\right) = 1$$

$$\sum_{r=1}^{s} u_{rd} y_{rj}^{L} - \sum_{f=1}^{h} w_{fd} z_{fj}^{U} - \sum_{i=1}^{m} v_{id} x_{ij}^{U} \leqslant 0, \quad j = 1, 2, \cdots, n; \ j \neq d$$

$$\sum_{r=1}^{s} u_{rd} y_{rd}^{U} - \sum_{f=1}^{h} w_{fd} z_{fd}^{L} - \theta_{dd}^{U*} \sum_{i=1}^{m} v_{id} x_{id}^{L} = 0 \tag{7-25}$$

$$\delta - w_{fd}\left(\sum_{j=1}^{n} z_{fj}^{U} + z_{id}^{L}\right) \geqslant 0, \qquad f = 1, 2, \cdots, h$$

$$u_{rd}, v_{id}, w_{fd} \geqslant 0, \quad r = 1, 2, \cdots, s; \ i = 1, 2, \cdots, m; \ f = 1, 2, \cdots, h$$

式（7-25）是在其他 DMU 投入最大、期望产出最小、非期望产出最大的情况下进行优化的。因此，其所得最优权重（$v_{id}^{*}, u_{rd}^{*}, w_{fd}^{*}$）可以通过式（7-26）用来计算其他 DMU 来自DMU_d"他评"的相对最劣效率，即

$$\theta_{dj}^{*} = \frac{\sum\limits_{r=1}^{s} u_{rd}^{*} y_{rj}^{L} - \sum\limits_{f=1}^{h} w_{fd}^{*} z_{fj}^{U}}{\sum\limits_{i=1}^{m} v_{id}^{*} x_{ij}^{U}}, \quad j = 1, 2, \cdots, n; \ j \neq d \tag{7-26}$$

相对地，用以计算其他 DMU 来自DMU_d"他评"相对最优效率的权重可以通过式（7-27）来确定：

Min δ

s.t. $\displaystyle\sum_{i=1}^{m} v_{id}\left(\sum_{j=1}^{n} x_{ij}^{L} + x_{id}^{U}\right) = 1$

$\displaystyle\sum_{r=1}^{s} u_{rd} y_{rj}^{U} - \sum_{f=1}^{h} w_{fd} z_{fj}^{L} - \sum_{i=1}^{m} v_{id} x_{ij}^{L} \leqslant 0, \quad j=1,2,\cdots,n;\ j \neq d$

$\displaystyle\sum_{r=1}^{s} u_{rd} y_{rd}^{L} - \sum_{f=1}^{h} w_{fd} z_{fd}^{U} - \theta_{dd}^{L*} \sum_{i=1}^{m} v_{id} x_{id}^{U} = 0$ 　　　（7-27）

$\delta - w_{fd}\left(\displaystyle\sum_{j=1}^{n} z_{fj}^{L} + z_{id}^{U}\right) \geqslant 0, \qquad f=1,2,\cdots,h$

$u_{rd}, v_{id}, w_{fd} \geqslant 0, \quad r=1,2,\cdots,s;\ i=1,2,\cdots,m;\ f=1,2,\cdots,h$

式（7-27）是在其他 DMU 投入最小、期望产出最大、非期望产出最小和被评 DMU 投入最大、期望产出最小和非期望产出最大的情况下，令 DMU_d 的效率保持为"自评"效率下界 θ_{dd}^{L*}，并使此时整体行业环境中每种非期望产出总效率的最大值最小化。其所得最优权重（$v_{id}^{**}, u_{rd}^{**}, w_{fd}^{**}$）可以通过式（7-28）来计算其他 DMU"他评"的相对最优效率，即

$$\theta_{dj}^{**} = \frac{\displaystyle\sum_{r=1}^{s} u_{rd}^{**} y_{rj}^{U} - \sum_{f=1}^{h} w_{fd}^{**} z_{fj}^{L}}{\displaystyle\sum_{i=1}^{m} v_{id}^{**} x_{ij}^{L}}, \qquad j=1,2,\cdots,n;\ j \neq d \qquad （7-28）$$

需要注意的是，整体平均环境最优型交叉评价策略并不着眼于其他 DMU 本身的效率，而是在保证被评 DMU 效率最优的情况下，力求优化行业的整体平均环境。这就导致了被评 DMU 对其他 DMU"他评"的相对最劣效率是有可能大于相对最优效率的。因此，DMU_d 交叉评价的效率上界应如式（7-29）所示：

$$\bar{\theta}_d^{U} = \frac{1}{n}\left(\theta_{dd}^{U*} + \sum_{\substack{j=1 \\ j \neq d}}^{n} \mathrm{Max}\left\{\theta_{jd}^{*}, \theta_{jd}^{**}\right\}\right) \qquad （7-29）$$

同样地，DMU_d 交叉评价的效率下界如式（7-30）所示：

$$\bar{\theta}_d^{L} = \frac{1}{n}\left(\theta_{dd}^{L*} + \sum_{\substack{j=1 \\ j \neq d}}^{n} \mathrm{Min}\left\{\theta_{jd}^{*}, \theta_{jd}^{**}\right\}\right) \qquad （7-30）$$

7.4.3　区间效率的排序方法

整体平均环境最优型交叉评价区间 E-DEA 模型所得的结果是一组区间效率

$\left[\bar{\theta}_j^L, \bar{\theta}_j^U\right]$（$j=1,2,\cdots,n$）。为了方便对所有 DMU 的优劣进行判定，本节采用 Wang 等（2005）提出的最小最大后悔值法对它们的区间效率进行排序。

该方法首先假设对于被评决策单元 DMU_d（$j=1,2,\cdots,n$）来说，有 $b=\max\limits_{j\neq d}\left\{\bar{\theta}_j^U\right\}$。若有 $\bar{\theta}_d^L < b$，则决策者将承受一定损失，并感到后悔，且其最大的后悔值 $r_d^U = \max\limits_{j\neq d}\left\{\bar{\theta}_j^U\right\} - \bar{\theta}_d^L$；否则，决策者不会有任何损失，且有 $r_d^U = 0$。因此，DMU_d 的最大后悔值如下所示：

$$r_d^U = \max[\max\limits_{j\neq d}\left\{\bar{\theta}_j^U\right\} - \bar{\theta}_d^L,\, 0] \tag{7-31}$$

在以上分析的基础上，最小最大后悔值法的具体比较过程如下。

步骤 1：计算每个效率区间的最大后悔值 r^U，选择其中 r^U 最小的 DMU，并将其标记为 DMU_{i1}（$1 \leqslant i1 \leqslant n$）。

步骤 2：将 DMU_{i1} 排除后，重新计算剩下 DMU 的最大后悔值 r^U 且选择其中 r^U 最小的 DMU，并将其标记为 DMU_{i2}（$1 \leqslant i2 \leqslant n, i2 \neq i1$）。

步骤 3：不断循环以上步骤，直到只剩一个 DMU_{in} 为止，则这些 DMU 的排序结果为 $\mathrm{DMU}_{i1} \succ \mathrm{DMU}_{i2} \succ \cdots \succ \mathrm{DMU}_{in}$。

7.5　交叉评价视角在环境效率评价中的应用

7.5.1　指标选取与数据来源

本节将应用交叉评价视角下的 E-DEA 方法对 2014 年我国各地区工业产业运营的环境效率做进一步的分析。Golany 和 Roll（1989）指出，若 DMU 的数量少于投入/产出指标数的 5 倍，则 E-DEA 方法的评价结果中可能产生较多无法进行排序的有效 DMU。而交叉评价视角下的 E-DEA 模型正是为了提高传统 E-DEA 方法对有效 DMU 的甄别能力并还原所有 DMU 的真实效率而提出的。因此，为了突显本章方法的显著效果，本节将分析的对象缩小到我国东南部的 10 个省区市，即上海、江苏、浙江、安徽、福建、江西、山东、广东、广西与海南，并选取工业从业人数 x_1、工业固定资产投资额 x_2、工业能源消耗量 x_3 作为投入，工业生产总值 y_1 作为期望产出，工业 SO_2 排放量 z_1 和工业 COD 排放量 z_2 作为非期望产出进行实证研究。实证数据来源于《中国统计年鉴 2015》、《中国能源统计年鉴 2015》和《中国环境统计年鉴 2015》，具体的变量数据可参见表 3-1。此外，根据刘睿劼和张智慧（2012b）的研究，可以得到 COD 的社会支付意愿为 0.7 元/千克，

SO_2 的社会支付意愿为 0.63 元/千克。

7.5.2　不同交叉评价策略下的环境效率评价分析

本节首先通过强可处置性假设下的 E-DEA 评价方法对我国东南部 10 个省区市工业产业运营的环境效率进行评价。在此基础上，分别通过激进型、宽容型、整体环境最优型、整体平均环境最优型、整体偏好环境最优型和个体中立最优型交叉评价策略视角对其环境效率做进一步分析。其评价结果可以通过式（7-8）、式（7-9）、式（7-10）、式（7-12）、式（7-13）、式（7-15）、式（7-18）和式（7-20）计算得到，结果如表 7-1 所示。

表 7-1　不同交叉评价策略下的评价结果

地区	E-DEA 方法	激进型	宽容型	整体环境最优型	整体平均环境最优型	整体偏好环境最优型	个体中立最优型
上海	1.000	0.887	0.938	0.897	0.903	0.903	0.933
江苏	0.966	0.718	0.906	0.769	0.795	0.768	0.857
浙江	1.000	0.739	0.993	0.898	0.928	0.896	0.883
安徽	1.000	0.734	0.980	0.830	0.855	0.828	0.896
福建	0.954	0.719	0.909	0.789	0.815	0.787	0.851
江西	0.867	0.414	0.700	0.606	0.646	0.624	0.501
山东	1.000	0.712	0.894	0.757	0.785	0.756	0.833
广东	1.000	0.659	0.771	0.770	0.749	0.748	0.747
广西	1.000	−0.095	0.543	0.636	0.662	0.631	0.401
海南	0.839	0.164	0.451	0.496	0.513	0.485	0.329

从表 7-1 中可以看出，传统 E-DEA 方法的评价结果具有 6 个有效 DMU，且无法对其做进一步识别，很难为决策者提供有用的决策信息。而在应用了基于不同策略的交叉评价 E-DEA 方法后，均顺利地实现了对所有 DMU 的全排序。需要注意的是，激进型交叉评价策略下广西出现了负效率，这表示从最小化其他 DMU 总效率的交叉评价视角出发，广西工业产业运营的非期望产出排放量带来的环境代价要大于其期望产出生产量的经济价值。通过对比不同策略下的交叉评价效率值，各地区的效率排序结果如表 7-2 所示。

表 7-2　不同交叉评价策略下的排序结果

评价策略	排序结果
E-DEA 方法	上海=浙江=安徽=山东=广东=广西>江苏>福建>江西>海南
激进型	上海>浙江>安徽>福建>江西>山东>广东>江西>海南>广西

续表

评价策略	排序结果
宽容型	浙江>安徽>上海>福建>江苏>山东>广东>江西>广西>海南
整体环境最优型	浙江>上海>安徽>福建>广东>江苏>山东>广西>江西>海南
整体平均环境最优型	浙江>上海>安徽>福建>江苏>山东>广东>广西>江西>海南
整体偏好环境最优型	上海>浙江>安徽>福建>江苏>山东>广东>广西>江西>海南
个体中立最优型	上海>安徽>浙江>江苏>福建>山东>广东>江西>广西>海南

如表 7-2 所示，从整体上看，不同交叉评价策略下 E-DEA 方法的评价结果较为相近，但与传统 E-DEA 方法的排序结果有明显的差异。这是由"自评"与"他评"视角上的不同导致的。从各个交叉评价策略上看，激进型与宽容型交叉评价策略之间存在一些差别，但并没有足够的理论依据说明哪种结果更为合理。这是因为在实际生产过程中，DMU 之间往往不是单纯的竞争或合作关系，而是存在复杂的竞合关系。对于三种考虑整体环境的交叉评价策略来说，排序结果差别并不大。其中，整体平均环境最优型与整体偏好环境最优型之间交叉评价结果的不同体现了决策者偏好对评价结果的修正效果，如在前一种评价策略中浙江优于上海，而后一种的评价结果恰恰相反。此外，整体环境最优型和个体中立最优型的交叉评价结果也存在一些不同，这源于整体利益与个体利益之间的差别。

基于这些交叉评价视角下的评价结果，决策者可以根据实际情况自由地选择相关的交叉评价策略，以满足其在实际决策过程中多样化的决策需求。

7.5.3　不确定性环境下的环境效率交叉评价分析

考虑到各个指标数据在统计过程中可能存在一定的虚报或漏报的状况，本节假设真实的指标数据在统计数据上下浮动 5% 的范围之内，则这些数据均可转化为区间数，具体数据如表 7-3 所示。

表 7-3　2014 年我国东南部 10 个省区市工业产业投入/产出的模拟区间数据

地区	x_1^L	x_2^L	x_3^L	y^L	z_1^L	z_2^L
上海	200.21	1 098.62	4 214.68	6 994.70	147 592	23 528
江苏	610.09	19 280.36	15 868.59	25 614.82	826 666	194 143
浙江	346.59	7 490.58	8 050.47	15 933.31	532 079	158 025
安徽	156.56	8 807.06	6 271.75	8 982.71	418 610	77 673
福建	244.05	5 951.60	5 901.04	9 905.37	320 750	73 749
江西	147.80	7 512.13	4 484.87	6 506.20	491 538	75 706

续表

地区	x_1^L	x_2^L	x_3^L	y^L	z_1^L	z_2^L
山东	494.59	19 612.35	20 061.67	24 073.82	1 290 939	123 985
广东	996.51	7 981.11	10 920.50	27 686.94	664 147	223 726
广西	91.25	5 307.03	5 366.75	5 762.07	409 521	153 770
海南	12.03	322.62	879.55	488.68	30 262	10 245
地区	x_1^U	x_2^U	x_3^U	y^U	z_1^U	z_2^U
上海	221.28	1 214.26	4 658.33	7 730.98	163 128	26 004
江苏	674.31	21 309.87	17 538.97	28 311.12	913 684	214 579
浙江	383.07	8 279.06	8 897.89	17 610.50	588 087	174 659
安徽	173.04	9 734.12	6 931.93	9 928.25	462 674	85 849
福建	269.74	6 578.09	6 522.20	10 948.05	354 514	81 513
江西	163.36	8 302.88	4 956.96	7 191.06	543 278	83 676
山东	546.65	21 676.81	22 173.43	26 607.90	1 426 827	137 037
广东	1 101.40	8 821.22	12 070.03	30 601.36	734 057	247 276
广西	100.85	5 865.67	5 931.67	6 368.61	452 629	169 956
海南	13.30	356.58	972.13	540.12	33 448	11 323

注：上标 L 代表投入/产出数据的下界，上标 U 代表投入/产出数据的上界

通过式（7-23）~式（7-28），可以分别得到基于整体平均环境最优型交叉评价区间 E-DEA 模型的所有 DMU 的"自评"效率、相对最优"他评"效率和相对最劣"他评"效率。结果如表 7-4 和表 7-5 所示。

表 7-4　交叉评价视角下区间 E-DEA 的相对最劣"他评"效率矩阵

地区	上海	江苏	浙江	安徽	福建	江西	山东	广东	广西	海南
上海	**1.000**	0.204	0.320	0.159	0.252	0.135	0.189	0.482	0.169	0.226
江苏	0.882	**1.000**	1.000	0.806	0.852	0.727	0.724	0.905	0.706	0.429
浙江	0.869	0.629	**1.000**	0.595	0.686	0.508	0.598	0.740	0.588	0.475
安徽	0.649	0.716	0.819	**1.000**	0.712	0.703	0.698	0.598	0.751	0.435
福建	0.819	0.794	0.956	0.800	**1.000**	0.721	0.707	0.837	0.696	0.413
江西	0.768	0.841	0.968	0.925	0.840	**1.000**	0.781	0.751	0.810	0.453
山东	0.848	0.774	0.935	0.851	0.802	0.689	**1.000**	0.670	0.901	0.722
广东	0.978	0.568	0.782	0.500	0.643	0.430	0.527	**1.000**	0.497	0.443
广西	0.841	0.801	0.962	0.853	0.825	0.725	0.783	0.743	**1.000**	0.548
海南	0.942	0.809	0.994	0.869	0.849	0.700	0.860	0.723	0.939	**1.000**

注：对角线上加粗的数值为"自评"效率的上界，每行其余的数值代表某一地区对其他地区的相对最劣"他评"效率

表 7-5 交叉评价视角下区间 E-DEA 的相对最优"他评"效率矩阵

地区	上海	江苏	浙江	安徽	福建	江西	山东	广东	广西	海南
上海	**1.000**	0.204	0.320	0.159	0.252	0.135	0.189	0.482	0.169	0.226
江苏	1.000	**0.730**	1.000	1.000	0.954	0.788	0.955	0.840	0.271	0.256
浙江	1.000	0.971	**0.955**	0.988	1.000	0.883	0.876	1.000	0.871	0.522
安徽	0.808	0.915	1.000	**0.929**	0.895	0.909	1.000	0.658	1.000	0.633
福建	1.000	0.950	1.000	1.000	**0.734**	0.788	0.955	0.840	0.271	0.256
江西	0.785	0.877	1.000	1.000	0.871	**0.709**	0.843	0.738	0.901	0.509
山东	1.000	0.827	0.677	1.000	0.811	0.488	**0.893**	0.518	−1.313	−0.352
广东	0.980	0.749	0.978	0.649	0.816	0.611	0.604	**1.000**	0.545	0.339
广西	0.609	0.732	0.801	1.000	0.707	0.767	0.848	0.484	**0.901**	0.708
海南	0.910	0.829	1.000	0.922	0.859	0.737	0.894	0.702	1.000	**0.687**

注：对角线上加粗的数值为"自评"效率的下界，每行其余的数值代表某一地区对其他地区的相对最优"他评"效率

如表 7-5 所示，从山东的"自评"视角来看，广西和海南的相对最优"他评"效率为负数。这说明在该视角下，它们的非期望产出排放量所带来的环境代价要大于其期望产出生产量的经济价值。

通过式（7-29）和式（7-30）可得每个 DMU 整体平均环境最优型交叉评价策略下的区间 E-DEA 效率，并根据 Wang 等（2005）的最小最大后悔值法对区间效率进行排序，其结果如表 7-6 所示。

表 7-6 区间效率评价结果

地区	$[\theta_{dd}^L , \theta_{dd}^U]$	排名	$[\bar{\theta}_d^L , \bar{\theta}_d^U]$	排名
上海	[1.000, 1.000]	1	[0.833, 0.936]	1
江苏	[0.730, 1.000]	8	[0.680, 0.812]	6
浙江	[0.955, 1.000]	3	[0.827, 0.920]	2
安徽	[0.929, 1.000]	4	[0.729, 0.872]	3
福建	[0.734, 1.000]	7	[0.708, 0.828]	4
江西	[0.709, 1.000]	9	[0.585, 0.731]	8
山东	[0.893, 1.000]	6	[0.676, 0.816]	5
广东	[1.000, 1.000]	1	[0.694, 0.777]	7
广西	[0.901, 1.000]	5	[0.388, 0.779]	9
海南	[0.687, 1.000]	10	[0.332, 0.561]	10

注：$[\theta_{dd}^L , \theta_{dd}^U]$ 代表区间 E-DEA 方法所得的效率区间，即 DMU 的区间"自评"效率，而 $[\bar{\theta}_d^L , \bar{\theta}_d^U]$ 代表整体平均环境最优型交叉评价策略下的区间 E-DEA 交叉评价效率

　　如表 7-6 第 2 列的结果所示，传统区间 E-DEA 方法所得结果同时具有 2 个区间有效 DMU（即上海与广东），且无法做进一步的识别。而整体平均环境最优型交叉评价视角下的区间 E-DEA 评价结果实现了 DMU 区间效率的全排序。它们之间排序结果不同的原因在于传统区间 E-DEA 方法仅从"自评"的视角对 DMU 区间效率进行评价，而整体平均环境最优型交叉评价 E-DEA 方法的结果则同时反映 DMU 的区间"自评"效率和区间"他评"效率，其结果能够更加全面、更加真实地反映各地区工业产业运营的实际环境绩效。

第8章　统一评价视角下的 E-DEA 方法

正如第 7 章内容所述，E-DEA 方法同样存在着 DEA 方法中固有的一些不足，即评价效率虚高且无法实现 DMU 的全排序。交叉评价视角下的 E-DEA 方法引入"他评"机制来弥补这些缺陷，但是其可能面临以下问题：第一，交叉评价策略选择难。决策者自己也无法确定哪种交叉评价策略更加符合自身的决策需求。第二，同行恶意评价。交叉评价 E-DEA 效率集结了所有 DMU 的评价视角，但难以避免一些"他评"效率存在恶意贬低的倾向。第三，信息利用率低下。交叉评价矩阵包含的信息较为庞杂，简单地对其进行集结可能出现无法充分利用有效信息的情况（Wang and Chin，2011）。因此，本章引入 DEA 公共参考系理论中除交叉评价 DEA 方法外的另一种主要方法——公共权重 DEA 方法，以此提出统一评价视角下的 E-DEA 模型，为弥补 E-DEA 方法评价能力的缺陷提供另一条有效渠道。

8.1　统一评价视角下的公共权重 E-DEA 模型

现有的绝大多数的 E-DEA 评价方法，其评价的根本出发点都是源自个体 DMU 的视角；即便交叉评价视角下的 E-DEA 方法引入了"他评"机制，也难以彻底摆脱个体 DMU 评价局限性的束缚。因此，本章引入公共权重 DEA 评价方法来构建 E-DEA 模型，尝试从统一评价的视角来衡量 DMU 的效率。

公共权重评价方法是 Roll 等（1991）率先提出的一种从客观公正的视角评价 DMU 的 DEA 方法。该方法限定了传统 DEA 方法中指标权重随着被评 DMU 变化而变化的随意性，使得每个投入/产出变量权重固定为一个统一的值，并以此来评价 DMU 的效率。公共权重方法自提出以来，和交叉效率方法一起，成为 DEA 理论中公共参考系评价的主要方法，并得到了广泛的认可。Dong 等（2014）在传统

DEA 方法和满意度理论的基础上，提出了一种新的公共权重方法，并设计相应的算法来进行求解。Haghighi 等（2016）将公共权重方法引入 DEA 拥挤测量模型中，用以衡量伊朗银行业的投入拥挤现象。然而，现有关于公共权重的 DEA 方法的研究却鲜有涉及非期望要素的，这严重地阻碍了该方法在实际评价问题中的推广。

本章沿用第 7 章的建模思路，采用非期望要素可处置性的主流假设——强可处置性假设来进行相关研究。这主要是因为：一方面，强可处置性假设的理论成熟与结构简单的特性有利于阐述本章方法的核心原理；另一方面，使本章方法的假设前提与第 6 章相一致，有利于进行对比分析。

强可处置性假设下的 E-DEA 模型（即式（3-2））还原为其对偶原模型后，可表示为式（8-1）。其中，为了方便表述，其效率用 θ_d 表示。

$$\text{Max } \theta_d = \frac{\sum_{r=1}^{s} u_{rd} y_{rd} - \sum_{f=1}^{h} w_{fd} z_{fd}}{\sum_{i=1}^{m} v_{id} x_{id}}$$

$$\text{s.t. } \frac{\sum_{r=1}^{s} u_{rd} y_{rj} - \sum_{f=1}^{h} w_{fd} z_{fj}}{\sum_{i=1}^{m} v_{id} x_{ij}} \leqslant 1, \quad j = 1, 2, \cdots, n \qquad (8\text{-}1)$$

$$u_{rd}, v_{id}, w_{fd} \geqslant 0, \quad r = 1, 2, \cdots, s; \ i = 1, 2, \cdots, m; \ f = 1, 2, \cdots, h$$

由式（8-1）可知，在传统的 E-DEA 方法中，每个 DMU 都以最大化自身效率为目的，分别确定投入/产出权重。因此，对于 n 个 DMU，就有 n 组权重值，这就是很多 DMU 并不信服最终评价结果的直接原因。

本节认为，所有的 DMU 可以看作一个统一的整体，并将其标记为一个新的决策单元 DMU_W。该 DMU 也具有 m 种投入，记为 $\sum_{j=1}^{n} x_{ij}$（$i = 1, 2, \cdots, m$）；s 种期望产出，记为 $\sum_{j=1}^{n} y_{rj}$（$r = 1, 2, \cdots, s$）；h 种非期望产出，记为 $\sum_{j=1}^{n} z_{fj}$（$f = 1, 2, \cdots, h$）。在实际决策过程中，若决策者从全局出发，则其往往希望所有 DMU 的总效率最大化。基于该思想，本节提出了一种统一评价视角下的 E-DEA 模型，并用以确定一组可以统一衡量所有 DMU 的公共权重。具体模型如下：

$$\text{Max } \theta_W^o = \frac{\sum_{r=1}^{s} u_{rW} \left(\sum_{j=1}^{n} y_{rj}\right) - \sum_{f=1}^{h} w_{fW} \left(\sum_{j=1}^{n} z_{fj}\right)}{\sum_{i=1}^{m} v_{iW} \left(\sum_{j=1}^{n} x_{ij}\right)}$$

$$\text{s.t.}\quad \frac{\sum\limits_{r=1}^{s} u_{rW} y_{rj} - \sum\limits_{f=1}^{h} w_{fW} z_{fj}}{\sum\limits_{i=1}^{m} v_{iW} x_{ij}} \leqslant 1, \qquad j=1,2,\cdots,n \tag{8-2}$$

$$u_{rW}, v_{iW}, w_{fW} \geqslant 0, \quad r=1,2,\cdots,s; \ i=1,2,\cdots,m; \ f=1,2,\cdots,h$$

其中，θ_{rW}^{o} 表示 DMU_W 的最优效率。通过 Charnes-Cooper 变换，式（8-2）可以转化为线性规划进行求解。其具体模型如下：

$$\text{Max } \theta_W^o = \sum_{r=1}^{s} u_{rW} \left(\sum_{j=1}^{n} y_{rj} \right) - \sum_{f=1}^{h} w_{fW} \left(\sum_{j=1}^{n} z_{fj} \right)$$

$$\text{s.t.}\quad \sum_{r=1}^{s} u_{rW} y_{rj} - \sum_{f=1}^{h} w_{fW} z_{fj} - \sum_{i=1}^{m} v_{iW} x_{ij} \leqslant 0, \quad j=1,2,\cdots,n \tag{8-3}$$

$$\sum_{i=1}^{m} v_{iW} \left(\sum_{j=1}^{n} x_{ij} \right) = 1$$

$$u_{rW}, v_{iW}, w_{fW} \geqslant 0, \quad r=1,2,\cdots,s; \ i=1,2,\cdots,m; \ f=1,2,\cdots,h$$

通过式（8-3），可以得到一组使所有 DMU 全局效率最优的公共权重 $(v_{iW}^{o*}, u_{rW}^{o*}, w_{fW}^{o*})$（$i=1,2,\cdots,m$；$r=1,2,\cdots,s$；$f=1,2,\cdots,h$）。

定理 8-1　式（8-3）有可行解，且其最优值满足 $0 \leqslant \theta_W^{o*} \leqslant 1$。

证明　令 $u_{rW}^{o}=0$, $w_{fW}^{o}=0$（$r=1,2,\cdots,s$；$f=1,2,\cdots,h$），则但凡满足约束 $\sum\limits_{i=1}^{m} v_{iW} \left(\sum\limits_{j=1}^{n} x_{ij} \right) = 1$，即可以满足式（8-3）的所有约束。因此，在这种情况下，式（8-3）很容易能找到可行解，且有 $\theta_W^o \geqslant 0$。DMU_W 是所有 DMU 集结而成的决策单元，而式（8-3）的目标函数是在每个 DMU 效率都不超过 1 的情况下最大化 DMU_W 的效率。根据式（8-3）的第一个约束条件可知，有 $\sum\limits_{r=1}^{s} u_{rW} \left(\sum\limits_{j=1}^{n} y_{rj} \right) - \sum\limits_{f=1}^{h} w_{fW} \left(\sum\limits_{j=1}^{n} z_{fj} \right) - \sum\limits_{i=1}^{m} v_{iW} \left(\sum\limits_{j=1}^{n} x_{ij} \right) = \left(\sum\limits_{r=1}^{s} u_{rW} y_{r1} - \sum\limits_{f=1}^{h} w_{fW} z_{f1} - \sum\limits_{i=1}^{m} v_{iW} x_{i1} \right) + \cdots + \left(\sum\limits_{r=1}^{s} u_{rW} y_{rn} - \sum\limits_{f=1}^{h} w_{fW} z_{fn} - \sum\limits_{i=1}^{m} v_{iW} x_{in} \right) \leqslant 0$，则可以得到 $\sum\limits_{r=1}^{s} u_{rW} \left(\sum\limits_{j=1}^{n} y_{rj} \right) - \sum\limits_{f=1}^{h} w_{fW} \left(\sum\limits_{j=1}^{n} z_{fj} \right) \leqslant \sum\limits_{i=1}^{m} v_{rW} \left(\sum\limits_{j=1}^{n} x_{ij} \right)$。又因为 $\sum\limits_{i=1}^{m} v_{rW} \left(\sum\limits_{j=1}^{n} x_{ij} \right) = 1$，则有 $\theta_W^o = \sum\limits_{r=1}^{s} u_{rW} \left(\sum\limits_{j=1}^{n} y_{rj} \right) - \sum\limits_{f=1}^{h} w_{fW} \left(\sum\limits_{j=1}^{n} z_{fj} \right) = \left(\sum\limits_{r=1}^{s} u_{rW} \left(\sum\limits_{j=1}^{n} y_{rj} \right) - \sum\limits_{f=1}^{h} w_{fW} \left(\sum\limits_{j=1}^{n} z_{fj} \right) \right) / \sum\limits_{i=1}^{m} v_{rW} \left(\sum\limits_{j=1}^{n} x_{ij} \right) \leqslant 1$。

证毕。

最后，DMU_j（$j=1,2,\cdots,n$）的最优效率 θ_j^{o*} 可以通过式（8-4）来得到：

$$\theta_j^{o*} = \frac{\sum\limits_{r=1}^{s} u_{rW}^{o*} y_{rj} - \sum\limits_{f=1}^{h} w_{fW}^{o*} z_{fj}}{\sum\limits_{i=1}^{m} v_{iW}^{o*} x_{ij}} \qquad （8\text{-}4）$$

8.2　统一评价视角下的双前沿面 E-DEA 方法

8.1 节提出的统一评价 E-DEA 方法虽然可以从一个相对公平的视角去评价所有的 DMU，但其对有效 DMU 的甄别能力还略显不足。因此，本节引入乐观与悲观的决策态度来构建统一评价视角下的双前沿面 E-DEA 模型。该模型不仅提高了统一评价视角下 E-DEA 方法的排序能力，同时也能从更全面的角度来对所有 DMU 进行评价。

8.2.1　传统双前沿面 DEA 方法

双前沿面方法是 Wang 等（2007）在 Doyle 等（1995）和 Entani 等（2002）的研究的基础上提出来的 DEA 评价方法。Wang 和 Lan（2013）、Jahed 等（2015）进一步对双前沿面 DEA 方法展开研究，并分别将其应用于最大生产规模测量问题和不确定性环境中。由于传统 CCR 模型具有从自我最优视角来最大化 DMU 效率的特性，双前沿 DEA 方法将该模型所得的效率看作 DMU 的乐观效率，并认为光从乐观视角去评价 DMU 是不全面的，决策者还可以从悲观的视角去评价 DMU。因此，该方法构建了悲观视角下的效率评价模型，具体模型如下：

$$\begin{aligned}
\text{Min } \psi_d &= \frac{\sum\limits_{r=1}^{s} u_{rd} y_{rd}}{\sum\limits_{i=1}^{m} v_{id} x_{id}} \\[2ex]
\text{s.t. } \psi_j &= \frac{\sum\limits_{r=1}^{s} u_{rd} y_{rj}}{\sum\limits_{i=1}^{m} v_{id} x_{ij}} \leqslant 1, \quad j=1,2,\cdots,n \\[2ex]
u_{rd}&, v_{id} \geqslant 0, \quad r=1,2,\cdots,s; \ i=1,2,\cdots,m
\end{aligned} \qquad （8\text{-}5）$$

其中，ψ_j 表示 DMU_j 的悲观效率。该模型的作用是在假设所有 DMU 效率皆大于 1 的情况下探寻被评 DMU 的最小效率，因此，称之为 DMU 的悲观效率。

为了能够整合悲观视角与乐观视角，Wang 等（2007）提出了几何平均效率模型，并证明了该方法的有效性和合理性。其模型如下：

$$\phi_j^* = \sqrt{\theta_j^* \times \psi_j^*}, \quad j = 1, 2, \cdots, n \tag{8-6}$$

其中，ϕ_j^*、θ_j^*、ψ_j^* 分别表示 DMU_j 的最优几何平均效率、最优乐观效率和最劣悲观效率。

8.2.2　双前沿面 E-DEA 方法

在 Wang 等（2007）的研究的基础上，本节将非期望要素引入双前沿面 DEA 方法中。根据其理论，式（8-1）作为传统的 E-DEA 评价方法可以被看作基于乐观前沿面的效率评价工具，所得的最优值 θ_d^* 称为 DMU 的最优乐观效率。

定义 8-1　若 $\theta_d^* = 1$，则认为 DMU_j 乐观有效；否则，DMU_j 为乐观非有效。

同时，在所有 DMU 效率皆大于 1 的情况下，最小化被评 DMU 的效率，以此来构建悲观效率评价 E-DEA 模型，具体模型如下：

$$\mathrm{Min}\ \theta_d' = \frac{\sum\limits_{r=1}^{s} u_{rW} y_{rd} - \sum\limits_{f=1}^{h} w_{fW} z_{fd}}{\sum\limits_{i=1}^{m} v_{iW} x_{id}}$$

$$\mathrm{s.t.}\ \frac{\sum\limits_{r=1}^{s} u_{rW} y_{rj} - \sum\limits_{f=1}^{h} w_{fW} z_{fj}}{\sum\limits_{i=1}^{m} v_{iW} x_{ij}} \geq 1, \quad j = 1, 2, \cdots, n \tag{8-7}$$

$$u_{rW}, v_{iW}, w_{fW} \geq 0, \quad r = 1, 2, \cdots, s;\ i = 1, 2, \cdots, m;\ f = 1, 2, \cdots, h$$

其中，θ_d' 表示 DMU_d 的悲观效率。

定义 8-2　若 $\theta_d'^* = 1$，则认为 DMU_j 悲观无效；否则，DMU_j 为悲观非无效。

DMU 的乐观效率与悲观效率可以通过 Wang 等（2007）提出的几何平均效率模型进行整合，并以此来进行最终的排序。

8.2.3　乐观与悲观公共权重 E-DEA 评价模型

根据双前沿面 DEA 方法的评价思路，本节将式（8-2）、式（8-3）和式（8-4）视为乐观统一评价 E-DEA 方法，并将其所得的最优效率 θ_j^{o*} 称为 DMU_j 的最优乐观统一效率。

定义 8-3　若 $\theta_j^{o*} = 1$，则认为 DMU_j 乐观统一有效；否则，DMU_j 为乐观统

一非有效。

考虑到单从乐观视角对决策单元进行评价不仅存在视角太过单一的问题，还可能导致一定的信息缺失，本节基于悲观视角来构建悲观效率公共权重 E-DEA 评价模型，其模型如式（8-8）所示：

$$\text{Min } \theta_W^p = \frac{\sum\limits_{r=1}^{s} u_{rW}(\sum\limits_{j=1}^{n} y_{rj}) - \sum\limits_{f=1}^{h} w_{fW}(\sum\limits_{j=1}^{n} z_{fj})}{\sum\limits_{i=1}^{m} v_{iW}(\sum\limits_{j=1}^{n} x_{ij})}$$

$$\text{s.t. } \frac{\sum\limits_{r=1}^{s} u_{rW} y_{rj} - \sum\limits_{f=1}^{h} w_{fW} z_{fj}}{\sum\limits_{i=1}^{m} v_{iW} x_{ij}} \geqslant 1, \quad j = 1,2,\cdots,n \tag{8-8}$$

$$u_{rW}, v_{iW}, w_{fW} \geqslant 0, \quad r = 1,2,\cdots,s;\ i = 1,2,\cdots,m;\ f = 1,2,\cdots,h$$

其中，θ_W^p 表示 DMU_W 的悲观效率。不同于式（8-2）最大化所有 DMU 全局效率的是，式（8-8）表示决策者在每个 DMU 效率都大于 1 的情况下最小化所有 DMU 的全局效率。通过 Charnes-Cooper 变换，式（8-8）可以转化为线性规划，具体如下：

$$\text{Min } \theta_W^p = \sum\limits_{r=1}^{s} u_{rW}(\sum\limits_{j=1}^{n} y_{rj}) - \sum\limits_{f=1}^{h} w_{fW}(\sum\limits_{j=1}^{n} z_{fj})$$

$$\text{s.t. } \sum\limits_{r=1}^{s} u_{rW} y_{rj} - \sum\limits_{f=1}^{h} w_{fW} z_{fj} - \sum\limits_{i=1}^{m} v_{iW} x_{ij} \geqslant 0, \quad j = 1,2,\cdots,n \tag{8-9}$$

$$\sum\limits_{i=1}^{m} v_{iW}(\sum\limits_{j=1}^{n} x_{ij}) = 1$$

$$u_{rW}, v_{iW}, w_{fW} \geqslant 0, \quad r = 1,2,\cdots,s;\ i = 1,2,\cdots,m;\ f = 1,2,\cdots,h$$

定理 8-2　式（8-9）有可行解，且其最优值满足 $\theta_W^{p*} \geqslant 1$。

证明　式（8-9）是一个线性规划，且其对偶形式可以表示如下：

$$\text{Max } \theta_W^{pD}$$

$$\text{s.t. } \sum\limits_{j=1}^{n} \lambda_j x_{ij} \geqslant \theta_W^{pD} \sum\limits_{j=1}^{n} x_{ij}, \quad i = 1,2,\cdots,m$$

$$\sum\limits_{j=1}^{n} \lambda_j y_{rj} \leqslant \sum\limits_{j=1}^{n} y_{rj}, \quad r = 1,2,\cdots,s \tag{8-10}$$

$$\sum\limits_{j=1}^{n} \lambda_j z_{fj} \geqslant \sum\limits_{j=1}^{n} z_{fj}, \quad f = 1,2,\cdots,h$$

$$\lambda_j \geqslant 0, \quad j = 1,2,\cdots,n$$

其中，λ_j 和 θ_W^{pD} 表示对偶变量。通过观察可以发现，$\theta_W^{pD} = \lambda_j = 1$（$\lambda = 1,2,\cdots,n$）显

然是式（8-10）的可行解。因此，其最优解 $\theta_W^{pD*} \geq 1$。同时，根据对偶理论，有 $\theta_W^{pD*} = \theta_W^{p*}$。因此，式（8-9）也有可行解，且其最优解的值有 $\theta_W^{p*} \geq 1$。

证毕。

通过式（8-9）所得的最优权重，统一评价视角下 DMU_j 的最劣悲观统一效率可以表示如下：

$$\theta_j^{p*} = \frac{\sum_{r=1}^{s} u_{rW}^{p*} y_{rj} - \sum_{f=1}^{h} w_{fW}^{p*} z_{fj}}{\sum_{i=1}^{m} v_{iW}^{p*} x_{ij}} \qquad (8-11)$$

定义 8-4 若 $\theta_j^{p*} = 1$，则认为 DMU_j 悲观统一无效；否则，DMU_j 为悲观统一非无效。

为了更好地揭示乐观统一效率和悲观统一效率之间的关系，本节将它们及其相应的前沿面通过图 8-1 表示出来。

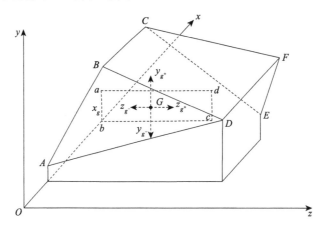

图 8-1　乐观统一效率与悲观统一效率关系图

在图 8-1 中，平面 ABD 代表乐观有效前沿面，其上的 DMU 都为乐观统一有效 DMU，即有 $\theta_A^o = \theta_B^o = \theta_D^o = 1$。而平面 CEF 代表着悲观无效前沿面，其上的 DMU 都为悲观统一无效 DMU，即有 $\theta_C^p = \theta_E^p = \theta_F^p = 1$。平面 $abcd$ 表示当 $x = x_g$ 时的横截面，G 是该横截面上的一点，且其期望产出为 y_g，非期望产出为 z_g。可以看出，在 x_g 不变的情况下，当 y_g 减少或 z_g 增加时，G 更接近无效前沿面 CEF，且其悲观统一效率变小；而当 y_g 增加或 z_g 减少时，G 更接近有效前沿面 ABD，且其乐观统一效率变大。因此，在评价过程中，G 的效率是由乐观效率与悲观效率共同决定的。

为了更好地整合 DMU_j 的乐观效率与悲观效率，本节采用 Wang 等（2007）

提出的几何平均效率的概念来计算 DMU$_j$ 的最终效率，即

$$\phi_j^{c*} = \sqrt{\theta_j^{o*} \times \theta_j^{p*}} \qquad (8\text{-}12)$$

显然，最优几何平均统一效率 ϕ_j^{c*} 的值越大，则表示 DMU$_j$ 的效率越大。

8.3　基于妥协模型的公共权重确定方法

事实上，虽然统一评价视角下的乐观与悲观公共权重 E-DEA 模型大大提高了评价方法对 DMU 的甄别能力，但是还是无法解决最优解不唯一的问题，这也严重地影响了统一评价视角下双前沿面公共权重 E-DEA 评价方法在实际评价中的推广与应用。因此，本节引入二次目标规划来构建 DMU 之间的相互妥协模型，以确定相对唯一的最优公共权重。

8.3.1　乐观公共权重妥协模型

若 DMU 可以自主地决定投入/产出指标的权重，则必使这些权重能够最大化其自身效率。因此，可以认为传统 E-DEA 方法［即式（8-1）］所得效率 θ_j^* 代表着 DMU$_j$ 的理想效率。在全局效率达到最优的前提下，每个 DMU$_j$ 都希望其乐观公共权重效率能够尽可能地接近其理想效率 θ_j^*。根据这个思路，本节构建乐观公共权重妥协模型，具体模型如下：

$$\mathrm{Min}\,\Delta^o = \mathop{\mathrm{Max}}_{j\in\{1,\cdots,n\}}\left(\theta_j^* - \frac{\sum\limits_{r=1}^{s}u_{rW}y_{rj} - \sum\limits_{f=1}^{h}w_{fW}z_{fj}}{\sum\limits_{i=1}^{m}v_{iW}x_{ij}}\right)$$

$$\mathrm{s.t.}\quad \frac{\sum\limits_{r=1}^{s}u_{rW}y_{rj} - \sum\limits_{f=1}^{h}w_{fW}z_{fj}}{\sum\limits_{i=1}^{m}v_{iW}x_{ij}} \leqslant 1,\quad j=1,2,\cdots,n \qquad (8\text{-}13)$$

$$\frac{\sum\limits_{r=1}^{s}u_{rW}\left(\sum\limits_{j=1}^{n}y_{rj}\right) - \sum\limits_{f=1}^{h}w_{fW}\left(\sum\limits_{j=1}^{n}z_{fj}\right)}{\sum\limits_{i=1}^{m}v_{iW}\left(\sum\limits_{j=1}^{n}x_{ij}\right)} = \theta_W^{o*}$$

$$u_{rW},v_{iW},w_{fW}\geqslant 0,\quad r=1,2,\cdots,s;\ i=1,2,\cdots,m;\ f=1,2,\cdots,h$$

其中，$\left(\sum\limits_{r=1}^{s} u_{rW} y_{rj} - \sum\limits_{f=1}^{h} w_{fW} z_{fj} \right) \bigg/ \sum\limits_{i=1}^{m} v_{iW} x_{ij}$ 表示 DMU_j 的乐观统一效率；θ_W^{o*} 表示 DMU_W 的最优乐观效率。式（8-13）目标函数的作用是使每个 DMU 的理想效率和乐观统一效率之间的最大差值最小化；而第二个约束条件是用以保证优化过程是在全局效率最大的前提下进行的。显然，通过这种方式能够获得一组更容易被所有 DMU 所接受的相对唯一的最优公共权重。通过 Charnes-Cooper 变换，式（8-13）可以转化为如下规划：

$$\mathrm{Min}\ \Delta^o$$

$$\text{s.t.}\quad \sum_{r=1}^{s} u_{rW} y_{rj} - \sum_{f=1}^{h} w_{fW} z_{fj} - \sum_{i=1}^{m} v_{iW} x_{ij} \leqslant 0, \qquad j=1,2,\cdots,n$$

$$\sum_{r=1}^{s} u_{rW}\left(\sum_{j=1}^{n} y_{rj}\right) - \sum_{f=1}^{h} w_{fW}\left(\sum_{j=1}^{n} z_{fj}\right) - \theta_W^{o*} \times \sum_{i=1}^{m} v_{iW}\left(\sum_{j=1}^{n} x_{ij}\right) = 0$$

$$\sum_{r=1}^{s} u_{rW} y_{rj} - \sum_{f=1}^{h} w_{fW} z_{fj} - \theta_j^* \times \sum_{i=1}^{m} v_{iW} x_{ij} + \Delta^o \times \sum_{i=1}^{m} v_{iW} x_{ij} \geqslant 0, \qquad j=1,2,\cdots,n$$

$$u_{rW}, v_{iW}, w_{fW} \geqslant 0, \qquad r=1,2,\cdots,s;\ i=1,2,\cdots,m;\ f=1,2,\cdots,h$$

$$(8\text{-}14)$$

然而，式（8-14）是一个非线性规划，无法直接进行求解。因此，本节提出一种基于一维搜索的试探算法来对其进行求解。

首先，在式（8-14）的基础上，构建一个新的规划模型，具体如下：

$$\mathrm{Min}\ \sum_{j=1}^{n} \sigma_j$$

$$\text{s.t.}\quad \sum_{r=1}^{s} u_{rW} y_{rj} - \sum_{f=1}^{h} w_{fW} z_{fj} - \sum_{i=1}^{m} v_{iW} x_{ij} \leqslant 0 \quad j=1,2,\cdots,n$$

$$\sum_{r=1}^{s} u_{rW}\left(\sum_{j=1}^{n} y_{rj}\right) - \sum_{f=1}^{h} w_{fW}\left(\sum_{j=1}^{n} z_{fj}\right) - \theta_W^{o*} \times \sum_{i=1}^{m} v_{iW}\left(\sum_{j=1}^{n} x_{ij}\right) = 0$$

$$\sum_{r=1}^{s} u_{rW} y_{rj} - \sum_{f=1}^{h} w_{fW} z_{fj} - \theta_j^* \times \sum_{i=1}^{m} v_{iW} x_{ij} + \Delta^o \times \sum_{i=1}^{m} v_{iW} x_{ij} + \eta_j = 0, \qquad j=1,2,\cdots,n$$

$$\eta_j \leqslant M \times \sigma_j$$

$$u_{rW}, v_{iW}, w_{fW} \geqslant 0, \qquad r=1,2,\cdots,s;\ i=1,2,\cdots,m;\ f=1,2,\cdots,h$$

$$\eta_j\ \text{无约束}, \qquad j=1,2,\cdots,n$$

$$0 \leqslant \sigma_j \leqslant 1, \qquad j=1,2,\cdots,n$$

$$(8\text{-}15)$$

其中，M 表示一个远大于投入/产出指标数值的正数。

定理 8-3　假设 Δ^{o^*} 是式（8-15）的最优解，而 Δ'^o 是一个介于 0 和 1 之间的任意值。令 $\Delta^o = \Delta'^o$，若存在 $\sum\limits_{j=1}^{n}\sigma_j^* = 0$，则有 $\Delta^{o^*} \leqslant \Delta'^o$；否则，有 $\Delta^{o^*} > \Delta'^o$。

证明　假设在 $\Delta^o = \Delta'^o$ 时，式（8-15）有一组最优解 $\sigma_j^*, u_{rW}'^o, v_{iW}'^o, w_{fW}'^o$（$\forall j, r, i, f$）。因为每个 σ_j 都介于 0 到 1 之间，若存在 $\sum\limits_{j=1}^{n}\sigma_j^* = 0$，则对于每个 η_j，都必有 $\eta_j^* \leqslant 0$。所以对于所有 DMU 来说，都有 $\sum\limits_{r=1}^{s} u_{rW}'^o y_{rj} - \sum\limits_{f=1}^{h} w_{fW}'^o z_{fj} - \theta_j^* \times \sum\limits_{i=1}^{m} v_{iW}'^o x_{ij} + \Delta'^o \times \sum\limits_{i=1}^{m} v_{iW}'^o x_{ij} \geqslant 0$。从而可知 $\sigma_j^*, u_{rW}'^o, v_{iW}'^o, w_{fW}'^o$（$\forall j, r, i, f$）是式（8-15）的一组可行解。因此，有 $\Delta^{o^*} \leqslant \Delta'^o$。若有 $\sum\limits_{j=1}^{n}\sigma_j^* \neq 0$，则至少有一个 η_j 存在 $\eta_j^* > 0$。从而可知，至少有一个 DMU$_j$ 存在 $\sum\limits_{r=1}^{s} u_{rW}'^o y_{rj} - \sum\limits_{f=1}^{h} w_{fW}'^o z_{fj} - \theta_j^* \times \sum\limits_{i=1}^{m} v_{iW}'^o x_{ij} + \Delta'^o \times \sum\limits_{i=1}^{m} v_{iW}'^o x_{ij} < 0$。因此，$\sigma_j^*, u_{rW}'^o, v_{iW}'^o, w_{fW}'^o$（$\forall j, r, i, f$）不是式（8-15）的可行解，且有 $\Delta^{o^*} > \Delta'^o$。

证毕。

其次，根据定理 8-3，可以将求解式（8-14）的试探算法设计如下。

步骤 1：令 $\overline{\Delta}^o$ 和 $\underline{\Delta}^o$ 分别代表 Δ^{o^*} 的上下界，为其赋予 1 和 0 的初始值，且使 $\Delta'^o = (\overline{\Delta}^o + \underline{\Delta}^o)/2$。

步骤 2：令式（8-15）中的 $\Delta^o = \Delta'^o$，并对其进行求解。若有 $\sum\limits_{j=1}^{n}\sigma_j^* = 0$，则令 $\underline{\Delta}^o = \Delta'^o$；否则，令 $\overline{\Delta}^o = \Delta'^o$。

步骤 3：若 $\overline{\Delta}^o - \underline{\Delta}^o \leqslant \varepsilon$，则令 $\Delta^{o^*} = \Delta'^o$，算法停止；否则，令 $\Delta'^o = (\overline{\Delta}^o + \underline{\Delta}^o)/2$，且返回步骤 2。

需要注意的是，ε 是非阿基米德无穷小。通过上述的试探算法，可以求得式（8-14）的相对唯一最优解。值得说明的是，该算法求解式（8-14）时并不会出现太大的计算量，若其求解 34 次，则所得解的误差将小于 10^{-10}（即 $1/2^{34} < 10^{-10}$）。

8.3.2　悲观公共权重妥协模型

与乐观公共权重妥协模型构建方法类似，本节构建悲观公共权重妥协模型。将每个 DMU$_j$ 的悲观效率 $\theta_d'^*$ 视为其不理想效率，则在所有 DMU 全局效率最小的情况下，每个 DMU 都希望自身的悲观统一效率尽可能地远离不理想效率。根据

这个思路，悲观公共权重妥协模型可以表示为

$$\text{Max } \Delta^p = \min_{j \in \{1,2,\cdots,n\}} \left(\frac{\sum\limits_{r=1}^{s} u_{rW} y_{rj} - \sum\limits_{f=1}^{h} w_{fW} z_{fj}}{\sum\limits_{i=1}^{m} v_{iW} x_{ij}} - \theta_j'^* \right)$$

$$\text{s.t.} \quad \frac{\sum\limits_{r=1}^{s} u_{rW} y_{rj} - \sum\limits_{f=1}^{h} w_{fW} z_{fj}}{\sum\limits_{i=1}^{m} v_{iW} x_{ij}} \geq 1, \quad j = 1,2,\cdots,n \tag{8-16}$$

$$\frac{\sum\limits_{r=1}^{s} u_{rW} (\sum\limits_{j=1}^{n} y_{rj}) - \sum\limits_{f=1}^{h} w_{fW} (\sum\limits_{j=1}^{n} z_{fj})}{\sum\limits_{i=1}^{m} v_{iW} (\sum\limits_{j=1}^{n} x_{ij})} = \theta_W^{p*}$$

$$u_{rW}, v_{iW}, w_{fW} \geq 0, \quad r = 1,2,\cdots,s; \; i = 1,2,\cdots,m; \; f = 1,2,\cdots,h$$

其中，$\sum\limits_{r=1}^{s} u_{rW} y_{rj} - \sum\limits_{f=1}^{h} w_{fW} z_{fj} / \sum\limits_{i=1}^{m} v_{iW} x_{ij}$ 表示 DMU_j 的悲观统一效率；θ_W^{p*} 表示 DMU_W 的最劣悲观效率。式（8-16）目标函数的作用是使每个 DMU 的悲观统一效率和不理想效率之间的最小差值最大化；而第二个约束条件是用以保证优化过程是在全局效率最小的前提下进行的。显然，通过这种方式能够获得一组更容易被所有 DMU 所接受的相对唯一的最优公共权重。通过 Charnes-Cooper 变换，式（8-16）可以转化为

$$\text{Max } \Delta^p$$

$$\text{s.t.} \quad \sum\limits_{r=1}^{s} u_{rW} y_{rj} - \sum\limits_{f=1}^{h} w_{fW} z_{fj} - \sum\limits_{i=1}^{m} v_{iW} x_{ij} \geq 0, \quad j = 1,2,\cdots,n$$

$$\sum\limits_{r=1}^{s} u_{rW} (\sum\limits_{j=1}^{n} y_{rj}) - \sum\limits_{f=1}^{h} w_{fW} (\sum\limits_{j=1}^{n} z_{fj}) - \theta_W^{p*} \times \sum\limits_{i=1}^{m} v_{iW} (\sum\limits_{j=1}^{n} x_{ij}) = 0$$

$$- \sum\limits_{r=1}^{s} u_{rW} y_{rj} + \sum\limits_{f=1}^{h} w_{fW} z_{fj} + \theta_j'^* \times \sum\limits_{i=1}^{m} v_{iW} x_{ij} - \Delta^p \times \sum\limits_{i=1}^{m} v_{iW} x_{ij} \geq 0, \quad j = 1,2,\cdots,n$$

$$u_{rW}, v_{iW}, w_{fW} \geq 0, \quad r = 1,2,\cdots,s; \; i = 1,2,\cdots,m; \; f = 1,2,\cdots,h$$

$$\tag{8-17}$$

同样地，由于式（8-17）也是一个非线性规划，也需要使用试探算法对其进行求解。其求解算法设计如下。

首先，在式（8-17）的基础上，构建一个新的规划模型，具体如下：

$$\text{Min} \sum_{j=1}^{n} \sigma_j'$$

$$\text{s.t.} \quad \sum_{r=1}^{s} u_{rW} y_{rj} - \sum_{f=1}^{h} w_{fW} z_{fj} - \sum_{i=1}^{m} v_{iW} x_{ij} \geq 0, \quad j = 1,2,\cdots,n$$

$$\sum_{r=1}^{s} u_{rW} (\sum_{j=1}^{n} y_{rj}) - \sum_{f=1}^{h} w_{fW} (\sum_{j=1}^{n} z_{fj}) - \theta_W^{p*} \times \sum_{i=1}^{m} v_{iW} (\sum_{j=1}^{n} x_{ij}) = 0$$

$$-\sum_{r=1}^{s} u_{rW} y_{rj} + \sum_{f=1}^{h} w_{fW} z_{fj} + \theta_j'^* \times \sum_{i=1}^{m} v_{iW} x_{ij} - \Delta^p \times \sum_{i=1}^{m} v_{iW} x_{ij} + \eta_j' = 0, \quad j = 1,2,\cdots,n$$

$$\eta_j' \leq M \times \sigma_j'$$

$$u_{rW}, v_{iW}, w_{fW} \geq 0, \quad r = 1,2,\cdots,s; \ i = 1,2,\cdots,m; \ f = 1,2,\cdots,h$$

$$\eta_j' \ \text{无约束}, \quad j = 1,2,\cdots,n$$

$$0 \leq \sigma_j' \leq 1, \quad j = 1,2,\cdots,n$$

$$(8\text{-}18)$$

需要注意的是，由于式（8-7）和式（8-9）中所有参评的 DMU 都是相同的，因此，可以认为悲观效率最劣值 $\theta_j'^*$ 和悲观统一效率最劣值 θ_j^{p*} 的差距不会太大。所以，本节设其差距介于 0 和 10 之间，即有 $0 \leq \Delta^p \leq 10$。

定理 8-4 假设 Δ^{p*} 是式（8-18）的最优解，而 Δ'^p 是一个介于 0 和 1 之间的任意值。令 $\Delta^p = \Delta'^p$，若存在 $\sum_{j=1}^{n} \sigma_j'^* = 0$，则有 $\Delta^{p*} \geq \Delta'^p$；否则，有 $\Delta^{p*} < \Delta'^p$。

证明 在 $\Delta^p = \Delta'^p$ 的情况下，假设 $\sigma_j'^*, u_{rW}'^p, v_{iW}'^p, w_{fW}'^p$（$\forall j,r,i,f$）是式（8-18）的一组最优解。因为每个 σ_j' 都介于 1 到 10 之间，若存在 $\sum_{j=1}^{n} \sigma_j'^* = 0$，则对于每个 η_j，都必有 $\eta_j^* \leq 0$。所以对于所有的 DMU 来说，都有 $-\sum_{r=1}^{s} u_{rW}'^p y_{rj} + \sum_{f=1}^{h} w_{fW}'^p z_{fj} + \theta_j^* \times \sum_{i=1}^{m} v_{iW}'^p x_{ij} - \Delta'^p \times \sum_{i=1}^{m} v_{iW}'^p x_{ij} \geq 0$。从而可知 $\sigma_j'^*, u_{rW}'^p, v_{iW}'^p, w_{fW}'^p$（$\forall j,r,i,f$）是式（8-17）的一组可行解。因此，有 $\Delta^{p*} \geq \Delta'^p$。若有 $\sum_{j=1}^{n} \sigma_j'^* \neq 0$，则至少有一个 η_j 存在 $\eta_j^* > 0$。从而可知，至少有一个 DMU$_j$ 存在 $-\sum_{r=1}^{s} u_{rW}'^p y_{rj} + \sum_{f=1}^{h} w_{fW}'^p z_{fj} + \theta_j^* \times \sum_{i=1}^{m} v_{iW}'^p x_{ij} - \Delta'^p \times \sum_{i=1}^{m} v_{iW}'^p x_{ij} < 0$。因此，$\sigma_j'^*, u_{rW}'^p, v_{iW}'^p, w_{fW}'^p$（$\forall j,r,i,f$）不是式（8-17）的可行解，且有 $\Delta^{p*} < \Delta'^p$。

证毕。

根据定理 8-4，可以将求解式（8-17）的试探算法设计如下。

步骤 1：令 $\overline{\Delta}^p$ 和 $\underline{\Delta}^p$ 分别代表 Δ^{p*} 的上下界，且为其赋予 10 和 0 的初始值，且使 $\Delta'^p = (\overline{\Delta}^p + \underline{\Delta}^p)/2$。

步骤 2：令式（8-18）中的 $\Delta^p = \Delta'^p$，并对其进行求解。若有 $\sum_{j=1}^{n} \sigma_j'^* = 0$，则令 $\overline{\Delta}^p = \Delta'^p$；否则，令 $\underline{\Delta}^p = \Delta'^p$。

步骤 3：若 $\overline{\Delta}^p - \underline{\Delta}^p \leqslant \varepsilon$，则令 $\Delta^{p*} = \Delta'^p$，算法停止；否则，令 $\Delta'^p = (\overline{\Delta}^p + \underline{\Delta}^p)/2$，且返回步骤 2。

通过上述的试探算法，可以求得式（8-17）的相对唯一最优解。最终，可通过（8-11）来得到相对唯一的最劣悲观统一效率。

8.4　统一评价视角在环境效率评价中的应用

8.4.1　指标选取与数据来源

本节将应用统一评价视角下的 E-DEA 评价方法对我国各地区工业运营的环境效率做进一步的分析。为了证明本章方法在评价及排序方面的显著效果，本节同 7.5 节一样，以我国东南部的 10 个省区市为评价对象，即上海、江苏、浙江、安徽、福建、江西、山东、广东、广西与海南。同时，为保证全书研究的一致性，本章仍旧选取工业从业人数 x_1、工业固定资产投资额 x_2、工业能源消耗量 x_3 作为投入，工业生产总值 y_1 作为期望产出，工业 SO_2 排放量 z_1 和工业 COD 排放量 z_2 作为非期望产出进行实证研究，并从《中国统计年鉴 2015》《中国能源统计年鉴 2015》和《中国环境统计年鉴 2015》中提取数据，具体变量数据可参见表 3-1。

8.4.2　统一评价视角下的环境效率分析

基于实证数据，本节在考虑非期望要素的情况下，分别对我国东南部的 10 个省区市的双前沿面效率及双前沿面统一效率进行分析。在计算过程中，令 $\varepsilon = 10^{-10}$，$M = 10^{10}$。结果如表 8-1 所示。

表 8-1　统一评价视角下双前沿面 E-DEA 方法的评价结果

地区	双前沿面 E-DEA 方法			统一评价视角下的双前沿面 E-DEA 方法		
	乐观效率	悲观效率	几何平均效率	乐观统一效率	悲观统一效率	几何平均统一效率
上海	1.000	1.170	1.082	1.000	1.247	1.117
江苏	0.966	1.129	1.044	0.950	1.129	1.036
浙江	1.000	1.369	1.170	1.000	1.369	1.170
安徽	1.000	1.132	1.064	1.000	1.225	1.107
福建	0.954	1.173	1.057	0.954	1.173	1.057
江西	0.867	1.000	0.931	0.788	1.000	0.888
山东	1.000	1.175	1.084	0.955	1.175	1.059
广东	1.000	1.000	1.000	0.840	1.000	0.916
广西	1.000	1.000	1.000	0.271	1.276	0.588
海南	0.839	1.000	0.916	0.256	1.000	0.506

由表 8-1 的第 2~4 列可知，双前沿面 E-DEA 方法将传统 E-DEA 方法（即乐观效率评价方法）中的 6 个有效 DMU 减少到 2 个，这是因为该方法同时兼顾了乐观与悲观视角，使得效率评价结果更加全面客观（Azizi et al., 2015）。显然，虽然双前沿面 E-DEA 方法较好地提高了评价方法的排序能力，但还是未能满足全排序的要求，同时也存在评价结果公信力不足的问题。

表 8-1 第 5~7 列的结果显示，通过统一评价视角下的 E-DEA 方法（即乐观统一效率评价方法），有效 DMU 的数量减少到 3 个。而结合双前沿面方法后，基本实现了 DMU 的全排序，这是因为传统的 E-DEA 方法无论是悲观还是乐观，都是立足于自我最优的视角来评价 DMU 效率；而统一评价视角下的双前沿面公共权重 E-DEA 方法则是从最大化所有 DMU 总效率的全局视角去统一衡量每个 DMU 的效率。这种变化从本质上减少了过多有效 DMU 的产生，并使得评价结果更容易被所有 DMU 所认可。

从整体上看，统一评价视角下的双前沿面 E-DEA 方法在评价结果上与双前沿面 E-DEA 方法具有较好的一致性，这从侧面说明了本章方法的合理性。从局部上看，上海、浙江和安徽虽然都是乐观统一有效的 DMU，但就悲观统一视角来说，它们之间的效率各有优劣。因此，可以借之对它们进行有效的区分。广东具有较好的乐观统一效率，但同时也是悲观统一无效 DMU。这说明从悲观统一视角来看，广东工业的生产结构并不符合东南部地区的整体利益。因此，着重拉开与悲观前沿面的距离是广东改进整体效率的主要方向。而无论是从乐观还是悲观的统一视角来看，海南的表现均欠佳。因此，其几何平均统一效率在所有 DMU 中处于最低的位置。

综上所述,本章所提出的统一评价视角下的双前沿面 E-DEA 评价方法大大提高了 DEA 方法对有效 DMU 的甄别能力,从而为决策者提供更加全面的决策信息,方便其进行科学决策。

8.4.3　不同评价方法结果对比

为了更好地说明本章方法的有效性,本节将双前沿面 E-DEA 评价结果分别与基础 DEA 方法——CCR 方法、Wang 等（2007）的双前沿面 DEA 方法及第 3 章所提的交叉评价视角下的 E-DEA 方法进行比较。其中,交叉评价视角下的 E-DEA 方法以整体平均环境最优型和个体中立最优型交叉评价策略为例。具体评价结果如表 8-2 所示。

表 8-2　不同评价方法的结果比较

地区	不考虑非期望产出		考虑非期望产出			
	CCR	Wang 等（2007）	整体平均环境最优型	个体中立最优型	双前沿面	统一视角双前沿面
上海	1.000（1）	1.170（4）	0.903（2）	0.933（1）	1.082（3）	1.117（2）
江苏	0.877（7）	1.129（6）	0.855（3）	0.896（2）	1.044（6）	1.036（6）
浙江	1.000（1）	1.369（1）	0.928（1）	0.883（3）	1.170（1）	1.170（1）
安徽	1.000（1）	1.132（5）	0.795（5）	0.857（4）	1.064（4）	1.107（3）
福建	0.871（8）	1.173（3）	0.815（4）	0.851（5）	1.057（5）	1.057（5）
江西	0.867（9）	1.000（8）	0.785（6）	0.833（6）	0.931（9）	0.888（8）
山东	0.895（6）	1.175（2）	0.749（7）	0.747（7）	1.084（2）	1.059（4）
广东	1.000（1）	1.000（8）	0.646（9）	0.501（8）	1.000（7）	0.916（7）
广西	1.000（1）	1.094（7）	0.662（8）	0.401（9）	1.000（7）	0.588（9）
海南	0.839（10）	1.000（8）	0.513（10）	0.329（10）	0.916（10）	0.506（10）

注：括号中的数据为不同地区工业产业运营环境效率的排序结果

如表 8-2 第 2~3 列的结果所示,基于乐观与悲观双前沿面的方法比仅基于乐观前沿面的传统 CCR 方法具有更好的排序能力。同时,第 3 列与第 6 列分别为双前沿面 DEA 方法与 E-DEA 方法的评价结果。而通过它们之间的对比,也可以看出非期望产出对整体效率的影响,如根据 Wang 等（2007）的方法得出的上海的排序结果为 4,而在考虑非期望产出后,其排序结果为 3。结合表 3-2 中各地区非期望产出不可处置度的值来看,这可能是因上海在非期望产出处理方面相较于东南部其他地区来说表现较好导致的。

此外，CCR 方法、Wang 等（2007）的方法和双前沿面 E-DEA 方法都是基于自我参考系的评价方法，而交叉评价视角与统一评价视角下的 E-DEA 方法都是基于公共参考系的评价方法；因此，它们之间的效率存在一些差异。这也反映了基于自我参考系的评价方法容易导致评价效率虚高且具有较多无法进一步区分有效 DMU 的弊端。而基于公共参考系的方法能够使所有 DMU 处于一个相对客观公平的评价环境，其结果更容易被所有 DMU 接受。然而，在交叉评价视角下，不同交叉评价策略的排序结果也存在一定的不同，这就要求决策者对其自身的需求有较为精准的掌握；否则，决策者就将面临交叉评价策略选择难的问题。而采用统一评价视角的 E-DEA 方法可以通过一个全局者的姿态来统一评价所有 DMU 的效率，以避免对交叉评价策略进行选择，更便于推广和应用。

第9章　多样关系视角下的两阶段网络 E-DEA 方法

目前的 E-DEA 方法研究多数将评价过程视为"黑箱"，直接通过最初的投入和最终的期望与非期望产出来测算系统效率。然而，DMU 往往具有复杂的内部结构，仅从"黑箱"视角进行分析不仅难以精确地评价其效率，更无法从系统内部挖掘出 DMU 无效的深层原因。虽然当前考虑系统内部结构的 DEA 研究并不少见，但多数都考虑的是仅有期望要素的情况，无法体现非期望要素对 DMU 效率的影响。因此，在原有 E-DEA 方法的基础上，打开结构"黑箱"，全面剖析期望与非期望要素和 DMU 效率在系统内部的深层联系，对客观精准地进行效率评价具有重大意义。

9.1　传统两阶段 DEA 评价方法及其拓展

9.1.1　传统两阶段 DEA 评价方法

两阶段结构是最基础的网络结构，其基本结构如图 9-1 所示。假设每个 DMU 具有 m 种投入、h 种中间产品和 s 种产出。对于第 j 个 DMU 来说，其第 i 种投入的数量记为 x_{ij}，第 r 种产出的数量记为 y_{rj}，第 f 种中间产品的数量记为 z_{fj}。在生产过程中，DMU_j 的投入 x_{ij} 经过阶段 1 转化为中间产品 z_{fj}；而中间产品 z_{fj} 再投入阶段 2 中，并生产出产出 y_{rj}。

图 9-1　传统两阶段网络结构

　　根据 Charnes 等（1978）提出的 DEA 经典模型——CCR 模型，DMU_d 的整体效率可以表示为

$$\text{Max}\;\; \theta_d^{\mathrm{CCR}} = \frac{\displaystyle\sum_{r=1}^{s} u_{rd} y_{rd}}{\displaystyle\sum_{i=1}^{m} v_{id} x_{id}}$$

$$\text{s.t.}\;\; \frac{\displaystyle\sum_{r=1}^{s} u_{rd} y_{rj}}{\displaystyle\sum_{i=1}^{m} v_{id} x_{ij}} \leqslant 1, \quad j = 1, 2, \cdots, n \tag{9-1}$$

$$u_{rd}, \; v_{id} \geqslant 0, \quad r = 1, 2, \cdots, s; \; i = 1, 2, \cdots, m$$

　　然而，Chen 等（2009）的研究指出，CCR 模型在评价整体系统效率时忽略了中间要素 z_{fj} 的作用，难以有效地评价 DMU 的系统效率，更无法准确地分辨导致系统无效的内在原因。因此，其构建了两阶段 DEA 效率评价模型，具体模型如下所示：

$$\text{Max}\;\; \theta_d^{\mathrm{CW}} = \xi_1 \times \frac{\displaystyle\sum_{f=1}^{h} w_{fd} z_{fd}}{\displaystyle\sum_{i=1}^{m} v_{id} x_{id}} + \xi_2 \times \frac{\displaystyle\sum_{r=1}^{s} u_{rd} y_{rd}}{\displaystyle\sum_{f=1}^{h} w_{fd} z_{fd}}$$

$$\text{s.t.}\;\; \frac{\displaystyle\sum_{f=1}^{h} w_{fd} z_{fj}}{\displaystyle\sum_{i=1}^{m} v_{id} x_{ij}} \leqslant 1, \quad j = 1, 2, \cdots, n \tag{9-2}$$

$$\frac{\displaystyle\sum_{r=1}^{s} u_{rd} y_{rj}}{\displaystyle\sum_{f=1}^{h} w_{fd} z_{fj}} \leqslant 1, \quad j = 1, 2, \cdots, n$$

$$v_{id}, u_{rd}, w_{fd} \geqslant 0, \quad i = 1, 2, \cdots, m; \; r = 1, 2, \cdots, s; \; f = 1, 2, \cdots, h$$

其中，θ_d^{CW} 表示被评决策单元 DMU_d 的整体系统效率。ξ_1、ξ_2 表示两个子系统效率对整体系统效率的重要程度，其具体值可以由两个子系统消耗的资源量占整个系统资源消耗总量的比例来确定，具体计算公式如式（9-3）所示。

$$\xi_1 = \frac{\displaystyle\sum_{i=1}^{m} v_{id} x_{id}}{\displaystyle\sum_{i=1}^{m} v_{id} x_{id} + \sum_{f=1}^{h} w_{fd} z_{fd}}; \;\; \xi_2 = \frac{\displaystyle\sum_{f=1}^{h} w_{fd} z_{fd}}{\displaystyle\sum_{i=1}^{m} v_{id} x_{id} + \sum_{f=1}^{h} w_{fd} z_{fd}} \tag{9-3}$$

将 ξ_1、ξ_2 代入式（9-2）中，则可以通过 Charnes-Cooper 变换（Charnes and Cooper，1962）将其转化为线性规划，具体模型如下：

$$\text{Max } \theta_d^{CW} = \sum_{f=1}^{h} w_{fd} z_{fd} + \sum_{r=1}^{s} u_{rd} y_{rd}$$

$$\text{s.t. } \sum_{i=1}^{m} v_{id} x_{id} + \sum_{f=1}^{h} w_{fd} z_{fd} = 1$$

$$\sum_{f=1}^{h} w_{fd} z_{fj} - \sum_{i=1}^{m} v_{id} x_{ij} \leqslant 0, \quad j = 1,2,\cdots,n \qquad (9\text{-}4)$$

$$\sum_{r=1}^{s} u_{rd} y_{rj} - \sum_{f=1}^{h} w_{fd} z_{fj} \leqslant 0, \quad j = 1,2,\cdots,n$$

$$v_{id}, u_{rd}, w_{fd} \geqslant 0, \quad i = 1,2,\cdots,m; \ r = 1,2,\cdots,s; \ f = 1,2,\cdots,h$$

通过式（9-4）可以确定一组最优权重 $v_{id}^*, u_{rd}^*, w_{fd}^*$（$i = 1,2,\cdots,m; \ r = 1,2,\cdots,s;$ $f = 1,2,\cdots,h$），并以此来确定两个子系统的效率。其最优效率可分别表示为

$$\theta_d^{CW1*} = \frac{\sum_{f=1}^{h} w_{fd}^* z_{fd}}{\sum_{i=1}^{m} v_{id}^* x_{id}}; \ \theta_d^{CW2*} = \frac{\sum_{r=1}^{s} u_{rd}^* y_{rd}}{\sum_{f=1}^{h} w_{fd}^* z_{fd}} \qquad (9\text{-}5)$$

9.1.2　具有非期望要素的两阶段网络结构及其 E-DEA 评价方法

在传统两阶段网络结构的基础上，越来越多的学者开始根据不同问题的实际生产情况，分析具有不同结构特性的两阶段网络系统。冯志军和陈伟（2014）在研究我国高新基础产业研发创新效率时，考虑了两个子系统在生产过程中对资源的共享性，构建了资源约束性两阶段 DEA 模型。Yu 和 Shi（2014）认为在两阶段生产过程中，第一阶段的产出未必完全进入第二阶段，而第二阶段的投入也不全是第一阶段的产出；在此基础上，其构建了考虑中间自由变量的 DEA 模型来分析两阶段系统的效率。Ma（2015）考虑同时具有共享投入和自由中间变量的两阶段网络系统结构，并构建 DEA 模型对整体系统效率和两个子系统效率分别进行评价。虽然关于两阶段网络结构 DEA 方法的研究较为丰富，但考虑非期望要素的相关研究并不多见。Lozano 等（2013）认为非期望要素在两阶段系统的效率评价中也占有重要的位置，并提出两阶段网络效率的 E-DEA 评价模型。然而，该模型中的非期望产出作为中间自由变量，于中途退出系统，并未贯穿生产系统的始终。刘德彬等（2015）将非期望要素作为中间变量来构建两阶段 E-DEA 模型，且对其相应的生产可能集进行分析；然而其研究并未考虑到中间自由变量在生产过程中

的作用。Wu 等（2016c）考虑了具有共享投入和中间自由变量等结构的两阶段网络 E-DEA 模型；但其将某一阶段作为另一阶段的附属，并未考虑到每个阶段都可能是具有独立的投入、期望产出与非期望产出的子系统。

事实上，不同的评价问题可能具有不同的内部结构。因此，为了深入且有针对性地研究考虑 DMU 内部结构的系统效率评价问题，本章以现实的社会经济环境系统为蓝本，提出一种具有一定代表性的考虑非期望要素的两阶段网络结构，并以此为基础展开两阶段网络 E-DEA 方法研究。具体结构如图 9-2 所示。

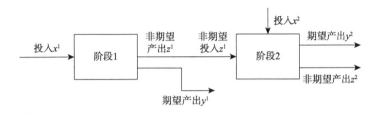

图 9-2　考虑非期望要素的两阶段网络结构

在图 9-2 中，每个生产系统都由阶段 1 和阶段 2 两个子系统构成。阶段 1 有 m 种投入、s 种期望产出和 h 种非期望产出。其中，第 i 种投入的数量记为 x_{ij}^1（$i=1,2,\cdots,m$），第 r 种期望产出的数量记为 y_{rj}^1（$r=1,2,\cdots,s$），第 f 种非期望产出的数量记为 z_{fj}^1（$f=1,2,\cdots,h$）。而阶段 2 有 M 种新增投入、S 种期望产出和 H 种非期望产出。其中，第 I 种新增投入的数量记为 x_{Ij}^2（$I=1,2,\cdots,M$），第 R 种期望产出的数量记为 y_{Rj}^2（$R=1,2,\cdots,S$），第 F 种非期望产出的数量记为 z_{Fj}^2（$F=1,2,\cdots,H$）。在生产过程中，DMU$_j$ 的投入 x_{ij}^1 经过阶段 1 转化为期望产出 y_{rj}^1 和非期望产出 z_{fj}^1；期望产出 y_{rj}^1 在中途退出系统，而非期望产出 z_{fj}^1 转化为阶段 2 的非期望投入，并与阶段 2 的新增投入 x_{Ij}^2 共同组成阶段 2 的生产投入，以此生产出期望产出 y_{Rj}^2 和非期望产出 z_{Fj}^2。需要注意的是，为了使表述更加简洁明确，且与当前主流 E-DEA 方法研究的描述相一致（罗艳，2012），本章在未特意提及非期望投入的情况下，"投入"一词皆默认为期望投入。

对于一般的生产系统而言，若想使系统的效率最优，则必须使系统的投入越少越好，期望产出越大越好，非期望产出越小越好，非期望投入越大越好。考虑到两阶段网络系统的复杂性和全书研究的一致性，本章继续沿用非期望要素的强可处置性假设进行建模。在此基础上，本章同时采用 Seiford 和 Zhu（2002）提出的线性数据转换函数法，将非期望产出转化为越大越好的指标，即

$$\bar{z}_j = K - z_j \tag{9-6}$$

其中，K 表示一个足够大的正数，使得所有的 $\overline{z}_j$ 皆大于 0。因此，通过式（9-6），两个阶段的非期望产出 z_{fj}^1 和 z_{Fj}^2 分别转化为越大越好的产出指标 $\overline{z}_{fj}^1$ 和 $\overline{z}_{Fj}^2$，其中，$\overline{z}_{fj}^1$ 对于阶段 2 来说也转化为越小越好的投入指标。

对非期望要素进行线性数据转换后，基于 CCR 模型，则可将具有该两阶段网络结构的生产系统 DMU_d 的整体效率表示为

$$
\mathrm{Max}\quad \theta_d^{\mathrm{CCR}} = \frac{\displaystyle\sum_{r=1}^{s} u_{rd}^1 y_{rd}^1 + \sum_{R=1}^{S} u_{Rd}^2 y_{Rd}^2 + \sum_{F=1}^{H} w_{Fd}^2 \overline{z}_{Fd}^2}{\displaystyle\sum_{i=1}^{m} v_{id}^1 x_{id}^1 + \sum_{I=1}^{M} v_{Id}^2 x_{Id}^2}
$$

$$
\mathrm{s.t.}\quad \frac{\displaystyle\sum_{r=1}^{s} u_{rd}^1 y_{rj}^1 + \sum_{R=1}^{S} u_{Rd}^2 y_{Rj}^2 + \sum_{F=1}^{H} w_{Fd}^2 \overline{z}_{Fj}^2}{\displaystyle\sum_{i=1}^{m} v_{id}^1 x_{ij}^1 + \sum_{I=1}^{M} v_{Id}^2 x_{Ij}^2} \leqslant 1, \quad j=1,2,\cdots,n \qquad (9\text{-}7)
$$

$$
v_{id}^1, u_{rd}^1, v_{Id}^2, u_{Rd}^2, w_{Fd}^2 \geqslant 0, \quad i=1,2,\cdots,m;\ r=1,2,\cdots,s;
$$
$$
I=1,2,\cdots,M;\ R=1,2,\cdots,S;\ F=1,2,\cdots,H
$$

然而，该模型同样无法兼顾到阶段 1 与阶段 2 之间的中间要素，其效率评价结果具有一定的局限性。同时，该方法也无法解析两个子系统自身的效率。

而根据 Chen 等（2009）的方法，两个子系统的相对重要性可以表示为

$$
\xi_1 = \frac{\displaystyle\sum_{i=1}^{m} v_{id}^1 x_{id}^1}{\displaystyle\sum_{i=1}^{m} v_{id}^1 x_{id}^1 + \sum_{f=1}^{h} w_{fd}^1 \overline{z}_{fd}^1 + \sum_{I=1}^{M} v_{Id}^2 x_{Id}^2}; \quad \xi_2 = \frac{\displaystyle\sum_{f=1}^{h} w_{fd}^1 \overline{z}_{fd}^1 + \sum_{I=1}^{M} v_{Id}^2 x_{Id}^2}{\displaystyle\sum_{i=1}^{m} v_{id}^1 x_{id}^1 + \sum_{f=1}^{h} w_{fd}^1 \overline{z}_{fd}^1 + \sum_{I=1}^{M} v_{Id}^2 x_{Id}^2}
$$

$$
(9\text{-}8)
$$

则结合式（9-2），其整体效率可以表示为

$$
\mathrm{Max}\quad \theta_d^{\mathrm{CW}} = \frac{\displaystyle\sum_{r=1}^{s} u_{rd}^1 y_{rd}^1 + \sum_{f=1}^{h} w_{fd}^1 \overline{z}_{fd}^1 + \sum_{R=1}^{S} u_{Rd}^2 y_{Rd}^2 + \sum_{F=1}^{H} w_{Fd}^2 \overline{z}_{Fd}^2}{\displaystyle\sum_{i=1}^{m} v_{id}^1 x_{id}^1 + \sum_{f=1}^{h} w_{fd}^1 \overline{z}_{fd}^1 + \sum_{I=1}^{M} v_{Id}^2 x_{Id}^2}
$$

$$
\mathrm{s.t.}\quad \frac{\displaystyle\sum_{r=1}^{s} u_{rd}^1 y_{rj}^1 + \sum_{f=1}^{h} w_{fd}^1 \overline{z}_{fj}^1}{\displaystyle\sum_{i=1}^{m} v_{id}^1 x_{ij}^1} \leqslant 1, \quad j=1,2,\cdots,n
$$

$$\frac{\sum\limits_{R=1}^{S} u_{Rd}^2 y_{Rj}^2 + \sum\limits_{F=1}^{H} w_{Fd}^2 \bar{z}_{Fj}^2}{\sum\limits_{f=1}^{h} w_{fd}^1 \bar{z}_{fj}^1 + \sum\limits_{I=1}^{M} v_{Id}^2 x_{Ij}^2} \leqslant 1, \quad j=1,2,\cdots,n$$

$$v_{id}^1, u_{rd}^1, w_{fd}^1, v_{Id}^2, u_{Rd}^2, w_{Fd}^2 \geqslant 0, \ i=1,2,\cdots,m; \ r=1,2,\cdots,s;$$
$$f=1,2,\cdots,h; I=1,2,\cdots,M; R=1,2,\cdots,S; F=1,2,\cdots,H$$

(9-9)

由此，可以得到一组最优权重 v_{id}^{1*}、u_{rd}^{1*}、w_{fd}^{1*}、v_{Id}^{2*}、u_{Rd}^{2*}、w_{Fd}^{2*}（$i=1,2,\cdots,m$;
$r=1,2,\cdots,s; f=1,2,\cdots,h; I=1,2,\cdots,M; R=1,2,\cdots,S; F=1,2,\cdots,H$），并根据式（9-10）
来分别判断两个子系统各自的效率。

$$\theta_d^{CW1} = \frac{\sum\limits_{r=1}^{s} u_{rd}^{1*} y_{rd}^1 + \sum\limits_{f=1}^{h} w_{fd}^{1*} \bar{z}_{fd}^1}{\sum\limits_{i=1}^{m} v_{id}^{1*} x_{id}^1}; \quad \theta_d^{CW2} = \frac{\sum\limits_{R=1}^{S} u_{Rd}^{2*} y_{Rd}^2 + \sum\limits_{F=1}^{H} w_{Fd}^{2*} \bar{z}_{Fd}^2}{\sum\limits_{f=1}^{h} w_{fd}^{1*} \bar{z}_{fd}^1 + \sum\limits_{I=1}^{M} v_{Id}^{2*} x_{Id}^2}$$

(9-10)

然而，该模型若应用于中间变量为非期望要素的系统中，则可能扭曲子系统
在整体系统中的重要程度。比如，就阶段 1 而言，在 x_{id}^1、x_{Id}^2 皆不变的情况下，
若 z_{fd}^1 越大，则 $\bar{z}_{fd}^1$ 越小，ξ_1 越大，ξ_2 越小[参见式（9-8）]，即非期望产出越多，
阶段 1 就越重要；反之，阶段 1 越不重要。这种判定并没有足够的科学依据，且
是不符合常理的。

综上所述，单纯将非期望要素引入现有的 DEA 及两阶段 DEA 模型中都难以
准确地评价具有非期望要素的两阶段网络结构系统效率。因此，本章尝试基于子
系统之间的相互关系来打开具有两阶段网络结构的 DMU 评价"黑箱"。

9.2 独立关系视角下的两阶段 E-DEA 方法

独立关系视角指的是在对两阶段网络结构系统进行评价时，假设两个子阶
段之间是相互独立的。这种相互独立的关系常存在于实际的生产运作中。比如，
李小胜和张焕明（2015）将商业银行运作过程分为存款业务阶段与贷款业务阶
段。由于这两个阶段在实际运作的过程中具有相对的独立性，若决策者仅需分
别对比不同商业银行之间存款业务部门与贷款业务部门的效率差距，则它们可
以看作整个银行运营系统中相对独立的两个阶段。考虑到决策者往往希望整体
系统的效率最大化，因此本节将独立关系视角下的两阶段网络 E-DEA 模型构建
如下：

$$\text{Max } \theta_d^{\text{DW}} = \lambda_1 \times \frac{\sum_{r=1}^{s} u_{rd}^1 y_{rd}^1 + \sum_{f=1}^{h} w_{fd}^1 \overline{z}_{fd}^1}{\sum_{i=1}^{m} v_{id}^1 x_{id}^1} + \lambda_2 \times \frac{\sum_{R=1}^{S} u_{Rd}^2 y_{Rd}^2 + \sum_{F=1}^{H} w_{Fd}^2 \overline{z}_{Fd}^2}{\sum_{f=1}^{h} w_{fd}'^1 \overline{z}_{fd}^1 + \sum_{I=1}^{M} v_{Id}^2 x_{Id}^2}$$

$$\text{s.t.} \quad \frac{\sum_{r=1}^{s} u_{rd}^1 y_{rj}^1 + \sum_{f=1}^{h} w_{fd}^1 \overline{z}_{fj}^1}{\sum_{i=1}^{m} v_{id}^1 x_{ij}^1} \leqslant 1, \quad j = 1, 2, \cdots, n$$

（9-11）

$$\frac{\sum_{R=1}^{S} u_{Rd}^2 y_{Rj}^2 + \sum_{F=1}^{H} w_{Fd}^2 \overline{z}_{Fj}^2}{\sum_{f=1}^{h} w_{fd}'^1 \overline{z}_{fj}^1 + \sum_{I=1}^{M} v_{Id}^2 x_{Ij}^2} \leqslant 1, \quad j = 1, 2, \cdots, n$$

$$v_{id}^1, u_{rd}^1, w_{fd}^1, w_{fd}'^1, v_{Id}^2, u_{Rd}^2, w_{Fd}^2 \geqslant 0, \quad i = 1, 2, \cdots, m; r = 1, 2, \cdots, s;$$

$$f = 1, 2, \cdots, h; I = 1, 2, \cdots, M; R = 1, 2, \cdots, S; F = 1, 2, \cdots, H$$

其中，θ_d^{DW} 表示独立关系视角下的 DMU 整体效率。λ_1 和 λ_2 分别表示阶段 1 和阶段 2 在系统中的重要性。不同于 Chen 等（2009）认为的两阶段重要性取决于各个阶段资源消耗量占总资源消耗量的比例，该模型假设 λ_1 和 λ_2 分别由决策者对两个子系统的偏好所决定。因此，λ_1 和 λ_2 是两个常数，且有 $\lambda_1 + \lambda_2 = 1$。例如，Liang 等（2006）认为在没有充分的理由说明哪一个子系统更加重要时，一般可以认为两个子系统是同样重要的，则此时有 $\lambda_1 = \lambda_2 = 0.5$。为了方便求解，令 $t_1 = 1/\sum_{i=1}^{m} v_{id}^1 x_{id}^1$，$t_2 = 1/(\sum_{f=1}^{h} w_{fd}'^1 \overline{z}_{fd}^1 + \sum_{I=1}^{M} v_{Id}^2 x_{Id}^2)$，$V_{id}^1 = t_1 \times v_{id}^1$，$V_{Id}^2 = t_2 \times v_{Id}^2$，$U_{rd}^1 = t_1 \times u_{rd}^1$，$U_{Rd}^2 = t_2 \times u_{Rd}^2$，$W_{fd}^1 = t_1 \times w_{fd}^1$，$W_{fd}'^1 = t_2 \times w_{fd}'^1$，$W_{Fd}^2 = t_2 \times w_{Fd}^2$。通过变量代换，式（9-11）可以转化为如下线性规划：

$$\text{Max } \theta_d^{\text{DW}} = \lambda_1 \times (\sum_{r=1}^{s} U_{rd}^1 y_{rd}^1 + \sum_{f=1}^{h} W_{fd}^1 \overline{z}_{fd}^1) + \lambda_2 \times (\sum_{R=1}^{S} U_{Rd}^2 y_{Rd}^2 + \sum_{F=1}^{H} W_{Fd}^2 \overline{z}_{Fd}^2)$$

$$\text{s.t.} \quad \sum_{i=1}^{m} V_{id}^1 x_{id}^1 = 1$$

$$\sum_{f=1}^{h} W_{fd}'^1 \overline{z}_{fd}^1 + \sum_{I=1}^{M} V_{Id}^2 x_{Id}^2 = 1$$

$$\sum_{r=1}^{s} U_{rd}^1 y_{rj}^1 + \sum_{f=1}^{h} W_{fd}^1 \overline{z}_{fj}^1 - \sum_{i=1}^{m} V_{id}^1 x_{ij}^1 \leqslant 0, \quad j = 1, 2, \cdots, n$$

$$\sum_{R=1}^{S} U_{Rd}^2 y_{Rj}^2 + \sum_{F=1}^{H} W_{Fd}^2 \overline{z}_{Fj}^2 - \sum_{f=1}^{h} W_{fd}'^1 \overline{z}_{fj}^1 - \sum_{I=1}^{M} V_{Id}^2 x_{Ij}^2 \leqslant 0, \quad j = 1, 2, \cdots, n$$

$$V_{id}^1, U_{rd}^1, W_{fd}^1, W_{fd}'^1, V_{Id}^2, U_{Rd}^2, W_{Fd}^2 \geqslant 0, \quad i = 1,2,\cdots,m; \ r = 1,2,\cdots,s;$$

$$f = 1,2,\cdots,h; \ I = 1,2,\cdots,M; \ R = 1,2,\cdots,S; \ F = 1,2,\cdots,H \tag{9-12}$$

通过求解式（9-12），可得一组最优权重 $V_{id}^{1*}, U_{rd}^{1*}, W_{fd}^{1*}, W_{fd}'^{1*}, V_{Id}^{2*}, U_{Rd}^{2*}, W_{Fd}^{2*}$，则两个子系统的最优效率分别可表示为

$$\theta_d^{\mathrm{DW1}*} = \frac{\sum\limits_{r=1}^{s} U_{rd}^{1*} y_{rd}^1 + \sum\limits_{f=1}^{h} W_{fd}^{1*} \bar{z}_{fd}^1}{\sum\limits_{i=1}^{m} V_{id}^{1*} x_{id}^1}; \quad \theta_d^{\mathrm{DW2}*} = \frac{\sum\limits_{R=1}^{S} U_{Rd}^{2*} y_{Rd}^2 + \sum\limits_{F=1}^{H} W_{Fd}^{2*} \bar{z}_{Fd}^2}{\sum\limits_{f=1}^{h} W_{fd}'^{1*} \bar{z}_{fd}^1 + \sum\limits_{I=1}^{M} V_{Id}^{2*} x_{Id}^2} \tag{9-13}$$

定理 9-1　若存在 $\theta_j^{\mathrm{DW}} = 1$，则有 $\theta_j^{\mathrm{DW1}} = \theta_j^{\mathrm{DW2}} = 1$；同样地，若存在 $\theta_j^{\mathrm{DW1}} = \theta_j^{\mathrm{DW2}} = 1$，则有 $\theta_j^{\mathrm{DW}} = 1$。

证明　从式（9-12）可知，对于任意一组式（9-12）的可行解，都存在 $\sum\limits_{r=1}^{s} U_{rd}^1 y_{rj}^1 + \sum\limits_{f=1}^{h} W_{fd}^1 \bar{z}_{fj}^1 - \sum\limits_{i=1}^{m} V_{id}^1 x_{ij}^1 \leqslant 0$ 和 $\sum\limits_{R=1}^{S} U_{Rd}^2 y_{Rj}^2 + \sum\limits_{F=1}^{H} W_{Fd}^2 \bar{z}_{Fj}^2 - \sum\limits_{I=1}^{M} V_{Id}^2 x_{Ij}^2 \leqslant 0$。因此，结合式（9-13）可知，此时必有 $\theta_j^{\mathrm{DW1}} \leqslant 1$ 和 $\theta_j^{\mathrm{DW2}} \leqslant 1$。又因为 λ_1 和 λ_2 是常数，且有 $\lambda_1 + \lambda_2 = 1$，则 θ_j^{DW} 为 θ_j^{DW1} 和 θ_j^{DW2} 的线性组合，所以当且仅当 $\theta_j^{\mathrm{DW1}} = \theta_j^{\mathrm{DW2}} = 1$ 时，才存在 $\theta_j^{\mathrm{DW}} = 1$。反之，亦然。

证毕。

根据式（9-11）、式（9-13）和定理 9-1 可知，独立关系视角下各个子系统之间具有相互独立的关系，它们的效率可以单独进行拆分优化，其具体模型分别为

$$\mathrm{Max} \ \theta_d^{\mathrm{DW1}} = \frac{\sum\limits_{r=1}^{s} u_{rd}^1 y_{rd}^1 + \sum\limits_{f=1}^{h} w_{fd}^1 \bar{z}_{fd}^1}{\sum\limits_{i=1}^{m} v_{id}^1 x_{id}^1}$$

$$\mathrm{s.t.} \ \frac{\sum\limits_{r=1}^{s} u_{rd}^1 y_{rj}^1 + \sum\limits_{f=1}^{h} w_{fd}^1 \bar{z}_{fj}^1}{\sum\limits_{i=1}^{m} v_{id}^1 x_{ij}^1} \leqslant 1, \quad j = 1,2,\cdots,n \tag{9-14}$$

$$v_{id}^1, u_{rd}^1, w_{fd}^1 \geqslant 0, \quad i = 1,2,\cdots,m; \ r = 1,2,\cdots,s; \ f = 1,2,\cdots,h$$

和

$$\mathrm{Max} \ \theta_d^{\mathrm{DW2}} = \frac{\sum\limits_{R=1}^{S} u_{Rd}^2 y_{Rd}^2 + \sum\limits_{F=1}^{H} w_{Fd}^2 \bar{z}_{Fd}^2}{\sum\limits_{f=1}^{h} w_{fd}^1 \bar{z}_{fd}^1 + \sum\limits_{I=1}^{M} v_{Id}^2 x_{Id}^2}$$

$$\text{s.t.}\quad \frac{\sum\limits_{R=1}^{S} u_{Rd}^2 y_{Rj}^2 + \sum\limits_{F=1}^{H} w_{Fd}^2 \overline{z}_{Fj}^2}{\sum\limits_{f=1}^{h} w_{fd}^1 \overline{z}_{fj}^1 + \sum\limits_{I=1}^{M} v_{Id}^2 x_{Ij}^2} \leqslant 1, \quad j=1,2,\cdots,n$$

$$(9\text{-}15)$$

$$w_{fd}^1, v_{Id}^2, u_{Rd}^2, w_{Fd}^2 \geqslant 0, \quad f=1,2,\cdots,h;$$
$$I=1,2,\cdots,M; \; R=1,2,\cdots,S; \; F=1,2,\cdots,H$$

9.3　非合作博弈关系视角下的两阶段 E-DEA 方法

虽然在一些决策情境下，系统中的两个阶段存在相互独立的关系；然而，在更多的生产活动中，决策者往往需要考虑两个阶段之间的相互关联性（Li and Shi，2014；曾薇等，2016）。为了更好地贴合实际，本节将在独立关系视角的基础上，综合考虑现实生产情况，进一步研究关联关系视角下的两阶段 E-DEA 方法。

在实际生产过程中，具有两阶段结构的生产系统往往存在着一个子系统占据主导地位，而另一个子系统屈居从属地位的情况（卞亦文，2012）。例如，在对同时兼具教学与科研功能的教学应用型大学进行绩效评估时，其教学子系统往往应该占据主导位置。在这种情况下，两阶段之间的关联关系将以非合作博弈关系的形式呈现出来，从而使该评价问题转化为两阶段非合作主从博弈关系下的效率评价问题。

9.3.1　以阶段 1 为主导的非合作博弈关系

假设有 n 个具有如图 9-2 所示的两阶段网络结构的 DMU，其中阶段 1 在整体系统中占据了主导地位，而阶段 2 处于从属地位。因此，在对其效率进行评价时，应优先保证阶段 1 的效率最大化。而在独立关系视角下各子系统的 E-DEA 模型可以保证被评子系统处于最有利的评价环境中，所以可认为采用该模型评价阶段 1 的效率最为合理。该模型具体如式（9-14）所示。为了方便描述，在非合作博弈关系下的 E-DEA 模型中，其效率用 θ_d^{UCF1} 来表示。经过 Charnes-Cooper 变换，该模型可以转为如下线性规划：

$$\text{Max}\quad \theta_d^{\text{UCF1}} = \sum_{r=1}^{s} u_{rd}^1 y_{rd}^1 + \sum_{f=1}^{h} w_{fd}^1 \overline{z}_{fd}^1$$

$$\text{s.t.}\quad \sum_{i=1}^{m} v_{id}^1 x_{id}^1 = 1$$

$$\sum_{r=1}^{s} u_{rd}^{1} y_{rj}^{1} + \sum_{f=1}^{h} w_{fd}^{1} \bar{z}_{fj}^{1} - \sum_{i=1}^{m} v_{id}^{1} x_{ij}^{1} \leqslant 0, \quad j=1,2,\cdots,n \tag{9-16}$$

$$v_{id}^{1}, u_{rd}^{1}, w_{fd}^{1} \geqslant 0, \quad i=1,2,\cdots,m;\ r=1,2,\cdots,s;\ f=1,2,\cdots,h$$

Liang 等（2006）认为，只有中间要素在两阶段之间的权重相互一致才能体现出它们的关联关系。而由于阶段 1 在整个两阶段系统中占据着主导地位，因此在评价阶段 2 的效率时应该以阶段 1 处于最优状态为前提。根据这个思路，阶段 2 的评价模型可以构建如下：

$$\text{Max}\quad \theta_d^{\text{UCF2}} = \frac{\sum_{R=1}^{S} u_{Rd}^{2} y_{Rd}^{2} + \sum_{F=1}^{H} w_{Fd}^{2} \bar{z}_{Fd}^{2}}{\sum_{f=1}^{h} w_{fd}^{1} \bar{z}_{fd}^{1} + \sum_{I=1}^{M} v_{Id}^{2} x_{Id}^{2}}$$

$$\text{s.t.}\quad \frac{\sum_{R=1}^{S} u_{Rd}^{2} y_{Rj}^{2} + \sum_{F=1}^{H} w_{Fd}^{2} \bar{z}_{Fj}^{2}}{\sum_{f=1}^{h} w_{fd}^{1} \bar{z}_{fj}^{1} + \sum_{I=1}^{M} v_{Id}^{2} x_{Ij}^{2}} \leqslant 1, \quad j=1,2,\cdots,n$$

$$\frac{\sum_{r=1}^{s} u_{rd}^{1} y_{rj}^{1} + \sum_{f=1}^{h} w_{fd}^{1} \bar{z}_{fj}^{1}}{\sum_{i=1}^{m} v_{id}^{1} x_{ij}^{1}} \leqslant 1, \quad j=1,2,\cdots,n \tag{9-17}$$

$$\frac{\sum_{r=1}^{s} u_{rd}^{1} y_{rd}^{1} + \sum_{f=1}^{h} w_{fd}^{1} \bar{z}_{fd}^{1}}{\sum_{i=1}^{m} v_{id}^{1} x_{id}^{1}} = \theta_d^{\text{UCF1*}}$$

$$v_{id}^{1}, u_{rd}^{1}, w_{fd}^{1}, v_{Id}^{2}, u_{Rd}^{2}, w_{Fd}^{2} \geqslant 0, \quad i=1,2,\cdots,m;\ r=1,2,\cdots,s;$$
$$f=1,2,\cdots,h;\ I=1,2,\cdots,M;\ R=1,2,\cdots,S;\ F=1,2,\cdots,H$$

其中，θ_d^{UCF2} 表示此时阶段 2 的效率。$\theta_d^{\text{UCF1*}}$ 表示式（9-16）的最优解，则式（9-17）中的第三个约束是使该模型的优化过程需要满足阶段 1 的效率等于其最优效率这一前提。Wu 等（2016c）指出，在非合作博弈关系视角下，两阶段之间存在相互影响的关联关系，因此该模型无法通过 Charnes-Cooper 变换转化为线性模型。为了对其进行求解，本节令 $t_1 = 1/\sum_{i=1}^{m} v_{id}^{1} x_{id}^{1}$，$t_2 = 1/(\sum_{f=1}^{h} w_{fd}^{1} \bar{z}_{fd}^{1} + \sum_{I=1}^{M} v_{Id}^{2} x_{Id}^{2})$，$V_{id}^{1} = t_1 \times v_{id}^{1}$，$V_{Id}^{2} = t_2 \times v_{Id}^{2}$，$U_{rd}^{1} = t_1 \times u_{rd}^{1}$，$U_{Rd}^{2} = t_2 \times u_{Rd}^{2}$，$W_{fd}^{1} = t_1 \times w_{fd}^{1}$，$W_{fd}'^{1} = t_2 \times w_{fd}^{1}$，$W_{Fd}^{2} = t_2 \times w_{Fd}^{2}$。需要注意的是，此时有 $W_f'^{1}/W_f^{1} = t_2/t_1 = \sigma$。通过变量代换，式（9-17）可以转化为如下模型：

$$\text{Max}\quad \theta_d^{\text{UCF2}} = \sum_{R=1}^{S} U_{Rd}^2 y_{Rd}^2 + \sum_{F=1}^{H} W_{Fd}^2 \bar{z}_{Fd}^2$$

$$\text{s.t.}\quad \sigma\sum_{f=1}^{h} W_{fd}^1 \bar{z}_{fd}^1 + \sum_{I=1}^{M} V_{Id}^2 x_{Id}^2 = 1$$

$$\sum_{R=1}^{S} U_{Rd}^2 y_{Rj}^2 + \sum_{F=1}^{H} W_{Fd}^2 \bar{z}_{Fj}^2 - \sigma\sum_{f=1}^{h} W_{fd}^1 \bar{z}_{fj}^1 - \sum_{I=1}^{M} V_{Id}^2 x_{Ij}^2 \leqslant 0,\quad j=1,2,\cdots,n$$

$$\sum_{r=1}^{s} U_{rd}^1 y_{rj}^1 + \sum_{f=1}^{h} W_{fd}^1 \bar{z}_{fj}^1 - \sum_{i=1}^{m} V_{id}^1 x_{ij}^1 \leqslant 0,\quad j=1,2,\cdots,n \qquad (9\text{-}18)$$

$$\sum_{r=1}^{s} U_{rd}^1 y_{rd}^1 + \sum_{f=1}^{h} W_{fd}^1 \bar{z}_{fd}^1 - \theta_d^{\text{UCF1}*}\times\sum_{i=1}^{m} V_{id}^1 x_{id}^1 = 0$$

$$\sum_{i=1}^{m} V_{id}^1 x_{id}^1 = 1$$

$$V_{id}^1, U_{rd}^1, W_{fd}^1, V_{Id}^2, U_{Rd}^2, W_{Fd}^2 \geqslant 0,\ i=1,2,\cdots,m;\ r=1,2,\cdots,s;$$
$$f=1,2,\cdots,h;\ I=1,2,\cdots,M;\ R=1,2,\cdots,S;\ F=1,2,\cdots,H$$

可以看出，式（9-18）是一个无法直接进行求解的非线性规划。因此，为了得到该模型的最优解，本节若令 $U_{Rd}^2 = \sigma\times\bar{U}_{Rd}^2$、$V_{Id}^2 = \sigma\times\bar{V}_{Id}^2$ 和 $W_{Fd}^2 = \sigma\times\bar{W}_{Fd}^2$，则模型（9-18）可以转化为以下模型：

$$\text{Max}\quad \theta_d^{\text{UCF2}} = \sigma\Big(\sum_{R=1}^{S} \bar{U}_{Rd}^2 y_{Rd}^2 + \sum_{F=1}^{H} \bar{W}_{Fd}^2 \bar{z}_{Fd}^2\Big)$$

$$\text{s.t.}\quad \sum_{f=1}^{h} W_{fd}^1 \bar{z}_{fd}^1 + \sum_{I=1}^{M} V_{Id}^2 x_{Id}^2 = \frac{1}{\sigma}$$

$$\sum_{R=1}^{S} U_{Rd}^2 y_{Rj}^2 + \sum_{F=1}^{H} W_{Fd}^2 \bar{z}_{Fj}^2 - \sum_{f=1}^{h} W_{fd}^1 \bar{z}_{fj}^1 - \sum_{I=1}^{M} V_{Id}^2 x_{Ij}^2 \leqslant 0,\quad j=1,2,\cdots,n$$

$$\sum_{r=1}^{s} U_{rd}^1 y_{rj}^1 + \sum_{f=1}^{h} W_{fd}^1 \bar{z}_{fj}^1 - \sum_{i=1}^{m} V_{id}^1 x_{ij}^1 \leqslant 0,\quad j=1,2,\cdots,n \qquad (9\text{-}19)$$

$$\sum_{r=1}^{s} U_{rd}^1 y_{rd}^1 + \sum_{f=1}^{h} W_{fd}^1 \bar{z}_{fd}^1 - \theta_d^{\text{UCF1}*}\times\sum_{i=1}^{m} V_{id}^1 x_{id}^1 = 0$$

$$\sum_{i=1}^{m} V_{id}^1 x_{id}^1 = 1$$

$$V_{id}^1, U_{rd}^1, W_{fd}^1, V_{Id}^2, U_{Rd}^2, W_{Fd}^2 \geqslant 0,\ i=1,2,\cdots,m;\ r=1,2,\cdots,s;$$
$$f=1,2,\cdots,h;\ I=1,2,\cdots,M;\ R=1,2,\cdots,S;\ F=1,2,\cdots,H$$

式（9-19）是一个参数线性规划。因此，只要求出参数 σ 的值，即可求得式（9-19）的最优解。根据式（9-19）可知，参数的最大值可以由如下模型确定：

$$\text{Max }\sigma = \dfrac{1}{\displaystyle\sum_{I=1}^{M}\overline{V}_{Id}^{2}x_{Id}^{2}+\sum_{f=1}^{h}W_{fd}^{1}\overline{z}_{fd}^{1}}$$

$$\Leftrightarrow \text{Min }\sum_{I=1}^{M}\overline{V}_{Id}^{2}x_{Id}^{2}+\sum_{f=1}^{h}W_{fd}^{1}\overline{z}_{fd}^{1}$$

$$\text{s.t. }\sum_{R=1}^{S}\overline{U}_{Rd}^{2}y_{Rj}^{2}+\sum_{F=1}^{H}\overline{W}_{Fd}^{2}\overline{z}_{Fj}^{2}-\sum_{I=1}^{M}\overline{V}_{Id}^{2}x_{Ij}^{2}-\sum_{f=1}^{h}W_{fd}^{1}\overline{z}_{fj}^{1}\leqslant 0,\quad j=1,2,\cdots,n$$

$$\sum_{r=1}^{s}U_{rd}^{1}y_{rj}^{1}+\sum_{f=1}^{h}W_{fd}^{1}\overline{z}_{fj}^{1}-\sum_{i=1}^{m}V_{id}^{1}x_{ij}^{1}\leqslant 0,\quad j=1,2,\cdots,n \tag{9-20}$$

$$\sum_{r=1}^{s}U_{rd}^{1}y_{rd}^{1}+\sum_{f=1}^{h}W_{fd}^{1}\overline{z}_{fd}^{1}=\theta_{d}^{\text{UCF1*}}$$

$$\sum_{i=1}^{m}V_{id}^{1}x_{id}^{1}=1$$

$$U_{rd}^{1},V_{id}^{1},\overline{U}_{Rd}^{2},\overline{V}_{Id}^{2},W_{fd}^{1},\overline{W}_{Fd}^{2}\geqslant 0,\quad R=1,2,\cdots,S;\ I=1,2,\cdots,M;$$

$$r=1,2,\cdots,s;\ i=1,2,\cdots,m;\ f=1,2,\cdots,h;\ F=1,2,\cdots,H$$

式（9-20）是一个线性规划。通过对其进行求解，可以得到式（9-18）中 σ 可能的最大值，并标记为 $\sigma^{\max}$。又因为存在 $\sigma\geqslant 0$，则式（9-18）中的 σ 是一个有界的区间数 $\left[0,\sigma^{\max}\right]$。因此，式（9-18）可以通过一个简单的一维搜索来进行求解。其主要求解步骤如下。

步骤 1：令 $\underline{\sigma}$ 为 σ 的下界，$\overline{\sigma}$ 为 σ 的上界，并使 $\underline{\sigma}$ 和 $\overline{\sigma}$ 的初始值分别为 0 和 $\sigma^{\max}$ 以代入式（9-18）中进行计算。其所得效率值分别记为 $\underline{\theta}_{d}^{\text{UCF2}}$ 和 $\overline{\theta}_{d}^{\text{UCF2}}$。

步骤 2：令 $\sigma'=(\overline{\sigma}+\underline{\sigma})/2$。若存在 $\overline{\theta}_{d}^{\text{UCF2}}\geqslant\underline{\theta}_{d}^{\text{UCF2}}$，则令 $\underline{\sigma}=\sigma'$；否则，令 $\overline{\sigma}=\sigma'$。

步骤 3：设 ε 为一个非阿基米德无穷小的数。若存在 $\overline{\sigma}-\underline{\sigma}\leqslant\varepsilon$，则令 $\theta_{d}^{\text{UCF2*}}=\overline{\theta}_{d}^{\text{UCF2}}$；否则，返回步骤 2 继续计算。

通过这个方式，则可以得到在以阶段 1 为主导的情况下，非合作博弈关系视角下阶段 2 的最优效率值。

定理 9-2　在以阶段 1 为主导的非合作博弈关系视角下的两阶段 E-DEA 方法中，阶段 1 的最优效率有 $\theta_{d}^{\text{UCF1*}}=\theta_{d}^{\text{DW1*}}$；阶段 2 的最优效率有 $\theta_{d}^{\text{UCF2*}}\leqslant\theta_{d}^{\text{DW2*}}$。

证明　因为式（9-16）是式（9-14）的线性转化形式，因此，对于以阶段 1 为主导的非合作博弈关系视角下的两阶段 E-DEA 效率评价方法而言，阶段 1 的最优效率显然有 $\theta_{d}^{\text{UCF1*}}=\theta_{d}^{\text{DW1*}}$。而对于阶段 2 的效率来说，通过对比式（9-15）和式（9-17）可知，若有一组权重 $v_{id}^{1},u_{rd}^{1},w_{fd}^{1},v_{id}^{2},u_{Rd}^{2},w_{Fd}^{2}$（$i=1,2,\cdots,m;r=1,2,\cdots,s;$ $f=1,2,\cdots,h;I=1,2,\cdots,M;R=1,2,\cdots,S;F=1,2,\cdots,H$）满足式（9-17）的约束条件，

则这组权重必定满足式（9-15）的所有约束条件，因此式（9-17）的最优解必是式（9-15）的可行解。反之，即便该组权重满足式（9-15）的所有约束条件，也无法保证其必定满足条件$(\sum_{r=1}^{s} u_{rd}^1 y_{rd}^1 + \sum_{f=1}^{h} w_{fd}^1 \bar{z}_{fd}^1) / \sum_{i=1}^{m} v_{id}^1 x_{id}^1 = \theta_d^{\mathrm{UCF1}*}$。因此，式（9-15）的最优解未必是式（9-17）的可行解。又因为式（9-15）和式（9-17）都是目标函数最大化的模型，所以对于阶段 2 来说，存在 $\theta_d^{\mathrm{UCF2}*} \leqslant \theta_d^{\mathrm{DW2}*}$。

证毕。

9.3.2　以阶段 2 为主导的非合作博弈关系

同样地，假设有 n 个具有如图 9-2 所示的两阶段网络结构 DMU。对于决策者来说，若阶段 2 在整体系统中占据了主导地位，而阶段 1 屈于从属地位，则其在进行效率评价时，应优先保证阶段 2 的效率最大化。因此，可以认为阶段 2 的效率值是其在独立评价时的最优效率值，并可以通过式（9-15）计算获得。为了方便描述，在以阶段 2 为主导的非合作博弈关系视角下的 E-DEA 模型中，其效率用 θ_d^{UCS2} 来表示。经过 Charnes-Cooper 变换，式（9-15）可以转为如下线性规划：

$$\mathrm{Max}\ \theta_d^{\mathrm{UCS2}} = \sum_{R=1}^{S} u_{Rd}^2 y_{Rd}^2 + \sum_{F=1}^{H} w_{Fd}^2 \bar{z}_{Fd}^2$$

$$\mathrm{s.t.}\ \sum_{f=1}^{h} w_{fd}^1 \bar{z}_{fd}^1 + \sum_{I=1}^{M} v_{Id}^2 x_{Id}^2 = 1$$

$$\sum_{R=1}^{S} u_{Rd}^2 y_{Rj}^2 + \sum_{F=1}^{H} w_{Fd}^2 \bar{z}_{Fj}^2 - \sum_{f=1}^{h} w_{fd}^1 \bar{z}_{fj}^1 - \sum_{I=1}^{M} v_{Id}^2 x_{Ij}^2 \leqslant 0, \quad j=1,2,\cdots,n \qquad (9\text{-}21)$$

$$w_{fd}^1, v_{Id}^2, u_{Rd}^2, w_{Fd}^2 \geqslant 0, \quad f=1,2,\cdots,h;$$

$$I=1,2,\cdots,M;\ R=1,2,\cdots,S;\ F=1,2,\cdots,H$$

由于阶段 1 在整个两阶段系统中处于从属地位，因此在对其进行评价时，应该以阶段 2 处于最优状态为前提。根据这个思路，阶段 1 的效率评价模型可以构建如下：

$$\mathrm{Max}\ \theta_d^{\mathrm{UCS1}} = \frac{\sum_{r=1}^{s} u_{rd}^1 y_{rd}^1 + \sum_{f=1}^{h} w_{fd}^1 \bar{z}_{fd}^1}{\sum_{i=1}^{m} v_{id}^1 x_{id}^1}$$

$$\mathrm{s.t.}\ \frac{\sum_{r=1}^{s} u_{rd}^1 y_{rj}^1 + \sum_{f=1}^{h} w_{fd}^1 \bar{z}_{fj}^1}{\sum_{i=1}^{m} v_{id}^1 x_{ij}^1} \leqslant 1, \quad j=1,2,\cdots,n$$

$$\frac{\displaystyle\sum_{R=1}^{S} u_{Rd}^2 y_{Rj}^2 + \sum_{F=1}^{H} w_{Fd}^2 \overline{z}_{Fj}^2}{\displaystyle\sum_{f=1}^{h} w_{fd}^1 \overline{z}_{fj}^1 + \sum_{I=1}^{M} v_{Id}^2 x_{Ij}^2} \leqslant 1, \quad j=1,2,\cdots,n$$

$$\frac{\displaystyle\sum_{R=1}^{S} u_{Rd}^2 y_{Rd}^2 + \sum_{F=1}^{H} w_{Fd}^2 \overline{z}_{Fd}^2}{\displaystyle\sum_{f=1}^{h} w_{fd}^1 \overline{z}_{fd}^1 + \sum_{I=1}^{M} v_{Id}^2 x_{Id}^2} = \theta_d^{\text{UCS2*}} \tag{9-22}$$

$$v_{id}^1, u_{rd}^1, w_{fd}^1, v_{Id}^2, u_{Rd}^2, w_{Fd}^2 \geqslant 0, \ i=1,2,\cdots,m; r=1,2,\cdots,s;$$

$$f=1,2,\cdots,h; I=1,2,\cdots,M; R=1,2,\cdots,S; F=1,2,\cdots,H$$

其中，θ_d^{UCS1} 表示此时阶段 1 的效率。$\theta_d^{\text{UCS2*}}$ 表示式（9-21）的最优解，则式（9-22）中的第三个约束是使阶段 2 的效率等于其最优效率。与式（9-17）相似的是，式（9-22）也无法通过 Charnes-Cooper 变换转化为线性模型。因此，为了对其进行求解，本节同样令 $t_1 = 1/\sum_{i=1}^{m} v_{id}^1 x_{id}^1$，$t_2 = 1/(\sum_{f=1}^{h} w_{fd}^1 \overline{z}_{fd}^1 + \sum_{I=1}^{M} v_{Id}^2 x_{Id}^2)$，$V_{id}^1 = t_1 \times v_{id}^1$，$V_{Id}^2 = t_2 \times v_{Id}^2$，$U_{rd}^1 = t_1 \times u_{rd}^1$，$U_{Rd}^2 = t_2 \times u_{Rd}^2$，$W_{fd}^1 = t_1 \times w_{fd}^1$，$W_{fd}'^1 = t_2 \times w_{fd}^1$，$W_{Fd}^2 = t_2 \times w_{Fd}^2$。需要注意的是，此时有 $W_f^1 / W_f'^1 = t_1 / t_2 = \zeta$。通过变量代换，式（9-22）可以转化为如下模型：

$$\text{Max } \theta_d^{\text{UCS1}} = \sum_{r=1}^{s} U_{rd}^1 y_{rd}^1 + \zeta \times \sum_{f=1}^{h} W_{fd}'^1 \overline{z}_{fd}^1$$

$$\text{s.t. } \sum_{R=1}^{S} U_{Rd}^2 y_{Rj}^2 + \sum_{F=1}^{H} W_{Fd}^2 \overline{z}_{Fj}^2 - \sum_{I=1}^{M} V_{Id}^2 x_{Ij}^2 - \sum_{f=1}^{h} W_{fd}'^1 \overline{z}_{fj}^1 \leqslant 0, \quad j=1,2,\cdots,n$$

$$\sum_{r=1}^{s} U_{rd}^1 y_{rj}^1 + \zeta \times \sum_{f=1}^{h} W_{fd}'^1 \overline{z}_{fj}^1 - \sum_{i=1}^{m} V_{id}^1 x_{ij}^1 \leqslant 0, \quad j=1,2,\cdots,n$$

$$\sum_{R=1}^{S} U_{Rd}^2 y_{Rd}^2 + \sum_{F=1}^{H} W_{Fd}^2 \overline{z}_{Fd}^2 = \theta_d^{\text{UCS2*}} \tag{9-23}$$

$$\sum_{i=1}^{m} V_{id}^1 x_{id}^1 = 1$$

$$\sum_{I=1}^{M} V_{Id}^2 x_{Id}^2 + \sum_{f=1}^{h} W_{fd}'^1 \overline{z}_{fd}^1 = 1$$

$$U_{rd}^1, V_{id}^1, U_{Rd}^2, V_{Id}^2, W_{fd}'^1, W_{Fd}^2 \geqslant 0, \quad r=1,2,\cdots,s; i=1,2,\cdots,m;$$

$$R=1,2,\cdots,S; I=1,2,\cdots,M; f=1,2,\cdots,h; F=1,2,\cdots,H$$

可以看出，式（9-23）是一个无法直接求解的非线性规划。通过令 $U_{Rd}^2 = \zeta \times \overline{U}_{Rd}^2$、$V_{Id}^2 = \zeta \times \overline{V}_{Id}^2$ 和 $W_{Fd}^2 = \zeta \times \overline{W}_{Fd}^2$，则模型（9-23）可以转化为以下模型：

$$\text{Max } \theta_d^{\text{UCS1}} = \zeta \times \left(\sum_{r=1}^{s} \bar{U}_{rd}^1 y_{rd}^1 + \sum_{f=1}^{h} W_{fd}'^1 \bar{z}_{fd}^1 \right)$$

$$\text{s.t.} \quad \sum_{R=1}^{S} U_{Rd}^2 y_{Rj}^2 + \sum_{F=1}^{H} W_{Fd}^2 \bar{z}_{Fj}^2 - \sum_{I=1}^{M} V_{Id}^2 x_{Ij}^2 - \sum_{f=1}^{h} W_{fd}'^1 \bar{z}_{fj}^1 \leqslant 0, \quad j = 1, 2, \cdots, n$$

$$\sum_{r=1}^{s} \bar{U}_{rd}^1 y_{rj}^1 + \sum_{f=1}^{h} W_{fd}'^1 \bar{z}_{fj}^1 - \sum_{i=1}^{m} \bar{V}_{id}^1 x_{ij}^1 \leqslant 0, \quad j = 1, 2, \cdots, n$$

$$\sum_{R=1}^{S} U_{Rd}^2 y_{Rd}^2 = \theta_d^{\text{UCS2*}} \tag{9-24}$$

$$\zeta \times \sum_{i=1}^{m} \bar{V}_{id}^1 x_{id}^1 = 1$$

$$\sum_{I=1}^{M} V_{Id}^2 x_{Id}^2 + \sum_{f=1}^{h} W_{fd}'^1 \bar{z}_{fd}^1 = 1$$

$$\bar{U}_{rd}^1, \bar{V}_{id}^1, U_{Rd}^2, V_{Id}^2, W_{fd}'^1, W_{Fd}^2 \geqslant 0, \quad r = 1, 2, \cdots, s; \ i = 1, 2, \cdots, m;$$
$$R = 1, 2, \cdots, S; \ I = 1, 2, \cdots, M; \ f = 1, 2, \cdots, h; \ F = 1, 2, \cdots, H$$

式（9-24）是一个参数线性规划，因此，只要求出参数 ζ 的值，即可求得式（9-24）的最优解。根据式（9-24）可知，参数的最大值可以由如下模型确定：

$$\text{Max } \zeta = \frac{1}{\sum\limits_{i=1}^{m} \bar{V}_{id}^1 x_{id}^1}$$

$$\Leftrightarrow \text{Min } \sum_{i=1}^{m} \bar{V}_{id}^1 x_{id}^1$$

$$\text{s.t.} \quad \sum_{R=1}^{S} U_{Rd}^2 y_{Rj}^2 + \sum_{F=1}^{H} W_{Fd}^2 \bar{z}_{Fj}^2 - \sum_{I=1}^{M} V_{Id}^2 x_{Ij}^2 - \sum_{f=1}^{h} W_{fd}'^1 \bar{z}_{fj}^1 \leqslant 0, \quad j = 1, 2, \cdots, n$$

$$\sum_{r=1}^{s} \bar{U}_{rd}^1 y_{rj}^1 + \sum_{f=1}^{h} W_{fd}'^1 \bar{z}_{fj}^1 - \sum_{i=1}^{m} \bar{V}_{id}^1 x_{ij}^1 \leqslant 0, \quad j = 1, 2, \cdots, n \tag{9-25}$$

$$\sum_{R=1}^{S} U_{Rd}^2 y_{Rd}^2 = \theta_d^{\text{UCS2*}}$$

$$\sum_{I=1}^{M} V_{Id}^2 x_{Id}^2 + \sum_{f=1}^{h} W_{fd}'^1 \bar{z}_{fd}^1 = 1$$

$$\bar{U}_{rd}^1, \bar{V}_{id}^1, U_{Rd}^2, V_{Id}^2, W_{fd}'^1, W_{Fd}^2 \geqslant 0, \quad r = 1, 2, \cdots, s; \ i = 1, 2, \cdots, m;$$
$$R = 1, 2, \cdots, S; \ I = 1, 2, \cdots, M; \ f = 1, 2, \cdots, h; \ F = 1, 2, \cdots, H$$

通过式（9-25），可以得到式（9-23）中 ζ 的最大值，并标记为 $\zeta^{\max}$。又因为 $\zeta \geqslant 0$，则式（9-23）中的 ζ 是一个有界的区间数 $[0, \zeta^{\max}]$，所以式（9-23）就可以通过简单的一维搜索来进行求解。具体的搜索方法与 9.3.1 节中用以求解式

（9-18）的算法相一致，本节就不再重复论述。

定理 9-3 在以阶段 2 为主导的非合作博弈关系视角下的两阶段 E-DEA 方法中，阶段 1 的效率有 $\theta_d^{\text{UCS1}*} \leqslant \theta_d^{\text{DW1}*}$；阶段 2 的效率有 $\theta_d^{\text{UCS2}*} = \theta_d^{\text{DW2}*}$。

其证明过程同理于定理 9-2，此处不再重复证明。

9.4 合作博弈关系视角下的两阶段 E-DEA 方法

非合作博弈关系视角下的两阶段 E-DEA 方法虽然解决了传统两阶段 DEA 方法在考虑非期望要素后可能扭曲子系统在整体系统中重要性的问题，也符合了一些生产情境下两阶段系统的评价需求，然而决策者常常难以判定哪个子系统更为重要，且从长期来看，非合作博弈关系并不利于整体系统的可持续发展。事实上，更多的生产情境要求处于不同阶段的两个子系统相互合作，共同追求整体系统的效率最大化。此时，两阶段之间的关联关系则表现为合作博弈关系。

9.4.1 合作博弈关系视角下的两阶段效率评价模型

合作博弈关系视角下的两阶段效率评价模型不再单纯地追求某一子系统的最大效率，而是强调整体系统的效率最大化。此时，每个子系统的效率应当不小于在非合作博弈关系下处于从属地位时的效率，否则该子系统将缺乏相互合作的意愿。基于这个思路，本节构建合作博弈关系视角下的两阶段 E-DEA 效率评价模型，以此评价具有如图 9-2 所示的两阶段网络结构 DMU 的效率。具体模型可表示如下：

$$\text{Max } \theta_d^{\text{CG}} = \lambda_1 \times \frac{\sum_{r=1}^{s} u_{rd}^1 y_{rd}^1 + \sum_{f=1}^{h} w_{fd}^1 \overline{z}_{fd}^1}{\sum_{i=1}^{m} v_{id}^1 x_{id}^1} + \lambda_2 \times \frac{\sum_{R=1}^{S} u_{Rd}^2 y_{Rd}^2 + \sum_{F=1}^{H} w_{Fd}^2 \overline{z}_{Fd}^2}{\sum_{f=1}^{h} w_{fd}^1 \overline{z}_{fd}^1 + \sum_{I=1}^{M} v_{Id}^2 x_{Id}^2}$$

$$\text{s.t. } \frac{\sum_{r=1}^{s} u_{rd}^1 y_{rj}^1 + \sum_{f=1}^{h} w_{fd}^1 \overline{z}_{fj}^1}{\sum_{i=1}^{m} v_{id}^1 x_{ij}^1} \leqslant 1, \quad j = 1, 2, \cdots, n$$

$$\frac{\sum_{R=1}^{S} u_{Rd}^2 y_{Rj}^2 + \sum_{F=1}^{H} w_{Fd}^2 \overline{z}_{Fj}^2}{\sum_{f=1}^{h} w_{fd}^1 \overline{z}_{fj}^1 + \sum_{I=1}^{M} v_{Id}^2 x_{Ij}^2} \leqslant 1, \quad j = 1, 2, \cdots, n$$

$$\frac{\sum_{r=1}^{s} u_{rd}^1 y_{rd}^1 + \sum_{f=1}^{h} w_{fd}^1 \bar{z}_{fd}^1}{\sum_{i=1}^{m} v_{id}^1 x_{id}^1} \geqslant \theta_d^{\mathrm{UCS1*}}$$

$$\frac{\sum_{R=1}^{S} u_{Rd}^2 y_{Rd}^2 + \sum_{F=1}^{H} w_{Fd}^2 \bar{z}_{Fd}^2}{\sum_{f=1}^{h} w_{fd}^1 \bar{z}_{fd}^1 + \sum_{I=1}^{M} v_{Id}^2 x_{Id}^2} \geqslant \theta_d^{\mathrm{UCF2*}} \qquad (9\text{-}26)$$

$$v_{id}^1, u_{rd}^1, w_{fd}^1, v_{Id}^2, u_{Rd}^2, w_{Fd}^2 \geqslant 0, \quad i=1,2,\cdots,m; \ r=1,2,\cdots,s;$$

$$f=1,2,\cdots,h; \ I=1,2,\cdots,M; \ R=1,2,\cdots,S; \ F=1,2,\cdots,H$$

其中，θ_d^{CG} 表示合作博弈关系视角下两阶段 E-DEA 效率评价模型所得的 DMU 整体效率。$\theta_d^{\mathrm{UCF2*}}$ 表示在阶段 1 占主导地位的非合作博弈关系下阶段 2 的最优效率，而 $\theta_d^{\mathrm{UCS1*}}$ 表示在阶段 2 占主导地位的非合作博弈关系下阶段 1 的最优效率。它们的值分别可由式（9-18）和式（9-23）计算得到。同独立关系视角下的两阶段 E-DEA 模型［即式（9-11）］一样，λ_1 和 λ_2 是由决策者对两个子系统的偏好所决定的两个常数，且有 $\lambda_1 + \lambda_2 = 1$。第三个和第四个约束是用来保证在合作博弈关系视角下每个子系统的效率必不小于其在非合作博弈关系视角下处于从属地位时的最优效率。需要注意的是，该模型与式（5-11）最大的区别在于，两个阶段之间的中间要素 $\bar{z}_{fd}^1$ 的权重是一致的，这体现了它们的相互关联性（Liang et al.，2006）。

为了方便求解，本节令 $t_1 = 1/\sum_{i=1}^{m} v_{id}^1 x_{id}^1$，$t_2 = 1/(\sum_{f=1}^{h} w_{fd}^1 \bar{z}_{fd}^1 + \sum_{I=1}^{M} v_{Id}^2 x_{Id}^2)$，$V_{id}^1 = t_1 \times v_{id}^1$，$V_{Id}^2 = t_2 \times v_{Id}^2$，$U_{rd}^1 = t_1 \times u_{rd}^1$，$U_{Rd}^2 = t_2 \times u_{Rd}^2$，$W_{fd}^1 = t_1 \times w_{fd}^1$，$W_{fd}'^1 = t_2 \times w_{fd}^1$，$W_{Fd}^2 = t_2 \times w_{Fd}^2$。需要注意的是，此时有 $W_f'^1 / W_f^1 = t_2 / t_1 = \psi$。通过对以上变量进行代换，式（9-26）可以转化为如下规划：

$$\mathrm{Max}\ \ \theta_d^{\mathrm{CG}} = \lambda_1 \times (\sum_{r=1}^{s} U_{rd}^1 y_{rd}^1 + \sum_{f=1}^{h} W_{fd}^1 \bar{z}_{fd}^1) + \lambda_2 \times (\sum_{R=1}^{S} U_{Rd}^2 y_{Rd}^2 + \sum_{F=1}^{H} W_{Fd}^2 \bar{z}_{Fd}^2)$$

$$\mathrm{s.t.}\ \ \sum_{r=1}^{s} U_{rd}^1 y_{rj}^1 + \sum_{f=1}^{h} W_{fd}^1 \bar{z}_{fj}^1 - \sum_{i=1}^{m} V_{id}^1 x_{ij}^1 \leqslant 0, \quad j=1,2,\cdots,n$$

$$\sum_{R=1}^{S} U_{Rd}^2 y_{Rj}^2 + \sum_{F=1}^{H} W_{Fd}^2 \bar{z}_{Fj}^2 - \sum_{I=1}^{M} V_{Id}^2 x_{Ij}^2 - \psi \times \sum_{f=1}^{h} W_{fd}^1 \bar{z}_{fj}^1 \leqslant 0, \quad j=1,2,\cdots,n$$

$$\sum_{r=1}^{s} U_{rd}^1 y_{rd}^1 + \sum_{f=1}^{h} W_{fd}^1 \bar{z}_{fd}^1 \geqslant \theta_d^{\mathrm{UCS1*}}$$

$$\sum_{R=1}^{S} U_{Rd}^2 y_{Rd}^2 \geqslant \theta_d^{\mathrm{UCF2}*}$$

$$\sum_{i=1}^{m} V_{id}^1 x_{id}^1 = 1$$

$$\sum_{I=1}^{M} V_{Id}^2 x_{Id}^2 + \psi \times \sum_{f=1}^{h} W_{fd}^1 \bar{z}_{fd}^1 = 1 \tag{9-27}$$

$$U_{rd}^1, U_{Rd}^2, V_{id}^1, V_{Id}^2, W_{fd}^1, W_{Fd}^2 \geqslant 0, \quad r=1,2,\cdots,s; \ R=1,2,\cdots,S;$$

$$i=1,2,\cdots,m; \ I=1,2,\cdots,M; f=1,2,\cdots,h; F=1,2,\cdots,H$$

显然，式（9-27）是一个非线性规划。为了对其进行求解，本节令 $U_{Rd}^2 = \psi \times \bar{U}_{Rd}^2$、$V_{Id}^2 = \psi \times \bar{V}_{Id}^2$ 和 $W_{Fd}^2 = \psi \times \bar{W}_{Fd}^2$，则式（9-27）可以转化为如下模型：

$$\mathrm{Max} \ \ \theta_d^{\mathrm{CG}} = \lambda_1 \times (\sum_{r=1}^{s} U_{rd}^1 y_{rd}^1 + \sum_{f=1}^{h} W_{fd}^1 \bar{z}_{fd}^1) + \lambda_2 \times \psi \times (\sum_{R=1}^{S} \bar{U}_{Rd}^2 y_{Rd}^2 + \sum_{H=1}^{H} W_{Fd}^2 \bar{z}_{Fd}^2)$$

$$\mathrm{s.t.} \ \ \sum_{r=1}^{s} U_{rd}^1 y_{rj}^1 + \sum_{f=1}^{h} W_{fd}^1 \bar{z}_{fj}^1 - \sum_{i=1}^{m} V_{id}^1 x_{ij}^1 \leqslant 0, \quad j=1,2,\cdots,n$$

$$\sum_{R=1}^{S} \bar{U}_{Rd}^2 y_{Rj}^2 + \sum_{F=1}^{H} \bar{W}_{Fd}^2 \bar{z}_{Fj}^2 - \sum_{I=1}^{M} \bar{V}_{Id}^2 x_{Ij}^2 - \sum_{f=1}^{h} W_{fd}^1 \bar{z}_{fj}^1 \leqslant 0, \quad j=1,2,\cdots,n$$

$$\sum_{r=1}^{s} U_{rd}^1 y_{rd}^1 + \sum_{f=1}^{h} W_{fd}^1 \bar{z}_{fd}^1 \geqslant \theta_d^{\mathrm{UCS1}*} \tag{9-28}$$

$$\psi \times (\sum_{R=1}^{S} \bar{U}_{Rd}^2 y_{Rd}^2 + \sum_{F=1}^{H} \bar{W}_{Fd}^2 \bar{z}_{Fj}^2) \geqslant \theta_d^{\mathrm{UCF2}*}$$

$$\sum_{i=1}^{m} V_{id}^1 x_{id}^1 = 1$$

$$\psi \times \sum_{I=1}^{M} \bar{V}_{Id}^2 x_{Id}^2 + \psi \times \sum_{f=1}^{h} W_{fd}^1 \bar{z}_{fd}^1 = 1$$

$$U_{rd}^1, \bar{U}_{id}^2, V_{id}^1, \bar{V}_{id}^2, W_{fd}^1, \bar{W}_{Fd}^2 \geqslant 0, \quad r=1,2,\cdots,s; \ R=1,2,\cdots,S;$$

$$i=1,2,\cdots,m; \ I=1,2,\cdots,M; f=1,2,\cdots,h; F=1,2,\cdots,H$$

由式（9-28）的第六个约束可知，有 $\psi = 1/(\sum_{I=1}^{M} \bar{V}_{Id}^2 x_{Id}^2 + \sum_{f=1}^{h} W_{fd}^1 \bar{z}_{fd}^1)$，则第四个

约束可以转化为 $\sum_{R=1}^{S} \bar{U}_{Rd}^2 y_{Rd}^2 + \sum_{F=1}^{H} \bar{W}_{Fd}^2 \bar{z}_{Fj}^2 - \theta_d^{\mathrm{UCF2}*} \times \sum_{I=1}^{M} \bar{V}_{Id}^2 x_{Id}^2 - \theta_d^{\mathrm{UCF2}*} \times \sum_{f=1}^{h} W_{fd}^1 \bar{z}_{fd}^1 \geqslant 0$。因

此，式（9-28）也可以看作一个参数线性规划，且若求出参数 ψ 的值，即可求得

式（9-28）的最优解。根据式（9-28）可知，参数的最大值可以由如下模型确定：

$$\text{Max } \psi = \cfrac{1}{\displaystyle\sum_{I=1}^{M} \overline{V}_{Id}^{2} x_{Id}^{2} + \sum_{f=1}^{h} W_{fd}^{1} \overline{z}_{fd}^{1}}$$

$$\Leftrightarrow \text{Min } \sum_{I=1}^{M} \overline{V}_{Id}^{2} x_{Id}^{2} + \sum_{f=1}^{h} W_{fd}^{1} \overline{z}_{fd}^{1}$$

$$\text{s.t. } \sum_{r=1}^{s} U_{rd}^{1} y_{rj}^{1} + \sum_{f=1}^{h} W_{fd}^{1} \overline{z}_{fj}^{1} - \sum_{i=1}^{m} V_{id}^{1} x_{ij}^{1} \leqslant 0, \quad j = 1, 2, \cdots, n$$

$$\sum_{R=1}^{S} \overline{U}_{Rd}^{2} y_{Rj}^{2} + \sum_{F=1}^{H} \overline{W}_{Fd}^{2} \overline{z}_{Fj}^{2} - \sum_{I=1}^{M} \overline{V}_{Id}^{2} x_{Ij}^{2} - \sum_{f=1}^{h} W_{fd}^{1} \overline{z}_{fj}^{1} \leqslant 0, \quad j = 1, 2, \cdots, n \tag{9-29}$$

$$\sum_{r=1}^{s} U_{rd}^{1} y_{rd}^{1} + \sum_{f=1}^{h} W_{fd}^{1} \overline{z}_{fd}^{1} \geqslant \theta_{d}^{\text{UCS1}*}$$

$$\sum_{R=1}^{S} \overline{U}_{Rd}^{2} y_{Rd}^{2} + \sum_{F=1}^{H} \overline{W}_{Fd}^{2} \overline{z}_{Fj}^{2} - \theta_{d}^{\text{UCF2}*} \times \sum_{I=1}^{M} \overline{V}_{Id}^{2} x_{Id}^{2} - \theta_{d}^{\text{UCF2}*} \times \sum_{f=1}^{h} W_{fd}^{1} \overline{z}_{fd}^{1} \geqslant 0$$

$$\sum_{i=1}^{m} V_{id}^{1} x_{id}^{1} = 1$$

$$U_{rd}^{1}, \overline{U}_{Rd}^{2}, V_{id}^{1}, \overline{V}_{Id}^{2}, W_{fd}^{1}, \overline{W}_{Fd}^{2} \geqslant 0, \quad r = 1, 2, \cdots, s; \ R = 1, 2, \cdots, S;$$

$$i = 1, 2, \cdots, m; \ I = 1, 2, \cdots, M; f = 1, 2, \cdots, h; F = 1, 2, \cdots, H$$

通过式（9-29），可以得到式（9-27）中 ψ 的最大值，并标记为 $\psi^{\max}$。又因为 $\psi \geqslant 0$，则式（9-27）中的 ψ 是一个有界的区间数 $[0, \psi^{\max}]$。因此，式（9-27）可以通过简单的一维搜索来进行求解。具体的搜索方法与 9.3.1 节中用以求解式（9-18）的算法相一致，本节就不再重复论述。

通过式（9-27）可以得到一组最优权重 V_{id}^{1*}，U_{rd}^{1*}，W_{fd}^{1*}，V_{Id}^{2*}，U_{Rd}^{2*}，W_{Fd}^{2*}（$i = 1, 2, \cdots, m; r = 1, 2, \cdots, s; f = 1, 2, \cdots, h; I = 1, 2, \cdots, M; R = 1, 2, \cdots, S; F = 1, 2, \cdots, H$），并以此来确定合作博弈关系视角下两个子系统的效率。具体确定方法如下：

$$\theta_{d}^{\text{CG1}} = \sum_{r=1}^{s} U_{r}^{1*} y_{rd}^{1} + \sum_{f=1}^{h} W_{f}^{1*} \overline{z}_{fd}^{1}, \quad \theta_{d}^{\text{CG2}} = \sum_{R=1}^{S} U_{R}^{2*} y_{Rd}^{2} + \sum_{F=1}^{H} W_{F}^{2*} \overline{z}_{Fd}^{2} \tag{9-30}$$

定理 9-4　两种类型的非合作博弈关系视角下的两阶段 E-DEA 模型都是合作博弈关系视角下两阶段 E-DEA 模型的特殊形式，且它们的最优解都是合作博弈视角下两阶段 E-DEA 模型的可行解。

证明　假设一组特定权重 v_{id}^{1*}，u_{rd}^{1*}，w_{fd}^{1*}，v_{Id}^{2*}，u_{Rd}^{2*}，w_{Fd}^{2*} 是式（9-17）的最优解，则可得到以阶段 1 为主导的非合作博弈关系视角下阶段 1 和阶段 2 的最优效率 $\theta_{d}^{\text{UCF1}*}$ 和 $\theta_{d}^{\text{UCF2}*}$。根据定理 9-2 可知，存在 $\theta_{d}^{\text{UCF1}*} = \theta_{d}^{\text{DW1}*}$ 和 $\theta_{d}^{\text{UCF2}*} \leqslant \theta_{d}^{\text{DW2}*}$，则式（9-26）

的第三条约束可以转化为 $(\sum_{r=1}^{s} u_{rd}^{1*} y_{rd}^{1} + \sum_{f=1}^{h} w_{fd}^{1*} \overline{z}_{fd}^{1}) / \sum_{i=1}^{m} V_{id}^{1} x_{id}^{1} = \theta_{d}^{\mathrm{UCF1*}} \geqslant \theta_{d}^{\mathrm{UCS1*}}$ 。由此可知，v_{id}^{1*}、u_{rd}^{1*}、w_{fd}^{1*}、v_{id}^{2*}、u_{Rd}^{2*}、w_{Fd}^{2*} 同样也是式（9-26）的可行解。因此可知，以阶段 1 为主导的非合作博弈关系视角下两阶段 E-DEA 模型的最优解是合作博弈关系视角下两阶段 E-DEA 模型的可行解。

此外，在 $\lambda_{1}=1$、$\lambda_{2}=0$ 的情况下，式（9-26）的目标函数将转化为 $\mathrm{Max}\ (\sum_{r=1}^{s} u_{rd}^{1} y_{rd}^{1} + \sum_{f=1}^{h} w_{fd}^{1} \overline{z}_{fd}^{1}) / \sum_{i=1}^{m} V_{id}^{1} x_{id}^{1}$。由于 $\theta_{d}^{\mathrm{UCF1*}}$ 是在所有 DMU 的阶段 1 效率均不大于 1 的情况下所求的 DMU_{d} 阶段 1 的最优效率，而 $\theta_{d}^{\mathrm{UCF2*}}$ 是 DMU_{d} 在阶段 1 效率最优的前提下阶段 2 的最优效率；因此 $\theta_{d}^{\mathrm{UCF1*}}$ 和 $\theta_{d}^{\mathrm{UCF2*}}$ 也是式（9-26）中两个阶段的最优效率。换句话说，在 $\lambda_{1}=1$、$\lambda_{2}=0$ 的情况下，合作博弈关系视角下的两阶段 E-DEA 模型等价于以阶段 1 为主导的非合作博弈关系视角下的两阶段 E-DEA 模型。

同理可证，式（9-22）的最优解也是式（9-26）的可行解，且在 $\lambda_{1}=0$、$\lambda_{2}=1$ 的情况下，合作博弈关系视角下的两阶段 E-DEA 模型等价于以阶段 2 为主导的非合作博弈关系视角下的两阶段 E-DEA 模型。

证毕。

9.4.2　基于协调度最优的效率分解方法

通过式（9-27）的最优解，可以计算出两个子系统在合作博弈关系视角下各自的效率值。然而，式（9-27）常常存在多组最优权重，难以保证效率分解方式的唯一性，从而导致两个子系统的效率可能存在多个不同的最优值（Despotis et al., 2016）。在非合作博弈关系视角下，决策者可以通过优先考虑最大化某一子系统的效率来获取两个子系统相对唯一的效率值。然而，在以合作博弈为理念的情况下，决策者往往没有充分的理由来判断哪一个子系统更加重要。Zhang 等（2014）认为，只有通过不断协调不同子系统之间的效率才能促进整体系统的可持续发展。Liu 等（2015）指出，促进不同子系统之间的协调性是有助于达到全局最优的。因此，本节引入协调度的概念，构建合作博弈关系视角下协调度最优的 E-DEA 效率分解模型，使得两个子系统达成协同共进的良性循环关系。

协调度是指在生产过程中不同子系统之间和谐一致的程度（汤铃等，2010）。因此，对于某一具有两阶段网络结构的系统来说，若其两个子系统之间的效率差值越小，则该系统的整体协调度越高。基于这个思想，本节将基于协调度最优的 E-DEA 效率分解模型构建如下：

$$\text{Min } \theta_d^{\text{LG}} = \left| \frac{\sum_{r=1}^{s} u_{rd}^1 y_{rd}^1 + \sum_{f=1}^{h} w_{fd}^1 \overline{z}_{fd}^1}{\sum_{i=1}^{m} v_{id}^1 x_{id}^1} - \frac{\sum_{R=1}^{S} u_{Rd}^2 y_{Rd}^2 + \sum_{F=1}^{H} w_{Fd}^2 \overline{z}_{Fd}^2}{\sum_{f=1}^{h} w_{fd}^1 \overline{z}_{fd}^1 + \sum_{I=1}^{M} v_{Id}^2 x_{Id}^2} \right|$$

$$\text{s.t.} \quad \frac{\sum_{r=1}^{s} u_{rd}^1 y_{rj}^1 + \sum_{f=1}^{h} w_{fd}^1 \overline{z}_{fj}^1}{\sum_{i=1}^{m} v_{id}^1 x_{ij}^1} \leqslant 1, \quad j = 1,2,\cdots,n$$

$$\frac{\sum_{R=1}^{S} u_{Rd}^2 y_{Rj}^2 + \sum_{F=1}^{H} w_{Fd}^2 \overline{z}_{Fj}^2}{\sum_{f=1}^{h} w_{fd}^1 \overline{z}_{fj}^1 + \sum_{I=1}^{M} v_{Id}^2 x_{Ij}^2} \leqslant 1, \quad j = 1,2,\cdots,n$$

$$\frac{\sum_{r=1}^{s} u_{rd}^1 y_{rd}^1 + \sum_{f=1}^{h} w_{fd}^1 \overline{z}_{fd}^1}{\sum_{i=1}^{m} v_{id}^1 x_{id}^1} \geqslant \theta_d^{\text{UCS1*}} \qquad (9\text{-}31)$$

$$\frac{\sum_{R=1}^{S} u_{Rd}^2 y_{Rd}^2 + \sum_{F=1}^{H} w_{Fd}^2 \overline{z}_{Fd}^2}{\sum_{f=1}^{h} w_{fd}^1 \overline{z}_{fd}^1 + \sum_{I=1}^{M} v_{Id}^2 x_{Id}^2} \geqslant \theta_d^{\text{UCF2*}}$$

$$\lambda_1 \times \frac{\sum_{r=1}^{s} u_{rd}^1 y_{rd}^1 + \sum_{f=1}^{h} w_{fd}^1 \overline{z}_{fd}^1}{\sum_{i=1}^{m} v_{id}^1 x_{id}^1} + \lambda_2 \times \frac{\sum_{R=1}^{S} u_{Rd}^2 y_{Rd}^2 + \sum_{F=1}^{H} w_{Fd}^2 \overline{z}_{Fd}^2}{\sum_{f=1}^{h} w_{fd}^1 \overline{z}_{fd}^1 + \sum_{I=1}^{M} v_{Id}^2 x_{Id}^2} = \theta_d^{\text{CG*}}$$

$$v_{id}^1, u_{rd}^1, w_{fd}^1, v_{Id}^2, u_{Rd}^2, w_{Fd}^2 \geqslant 0, \quad i = 1,2,\cdots,m; r = 1,2,\cdots,s;$$

$$f = 1,2,\cdots,h; \ I = 1,2,\cdots,M; \ R = 1,2,\cdots,S; \ F = 1,2,\cdots,H$$

其中，θ_d^{LG} 表示两个子系统之间的效率差。$\theta_d^{\text{CG*}}$、$\theta_d^{\text{UCS1*}}$ 和 $\theta_d^{\text{UCF2*}}$ 的值分别可由式（9-26）、式（9-23）和式（9-18）得到。式（9-31）的目标函数是使两个子系统的效率相对离差 θ_d^{LG} 最小化，第五个约束是保证该模型的解必满足 DMU_d 在合作博弈关系视角下整体系统效率最优这一前提。值得注意的是，该式的目标函数并未考虑决策者对两个子系统的偏好系数 λ_1 和 λ_2，这是因为在该模型中决策者关注的是如何最大化两个子系统之间的协调度。通过与式（9-26）和式（9-27）相似的变量代换，式（9-31）可以转化为如下规划：

$$\text{Min } \theta_d^{\text{LG}} = \left| \sum_{r=1}^{s} U_{rd}^1 y_{rd}^1 + \sum_{f=1}^{h} W_{fd}^1 \bar{z}_{fd}^1 - \sum_{R=1}^{S} U_{Rd}^2 y_{Rd}^2 - \sum_{F=1}^{H} W_{Fd}^2 \bar{z}_{Fd}^2 \right|$$

$$\text{s.t. } \sum_{r=1}^{s} U_{rd}^1 y_{rj}^1 + \sum_{f=1}^{h} W_{fd}^1 \bar{z}_{fj}^1 - \sum_{i=1}^{m} V_{id}^1 x_{ij}^1 \leqslant 0, \quad j = 1, 2, \cdots, n$$

$$\sum_{R=1}^{S} U_{Rd}^2 y_{Rj}^2 + \sum_{F=1}^{H} W_{Fd}^2 \bar{z}_{Fj}^2 - \sum_{I=1}^{M} V_{Id}^2 x_{Ij}^2 - \psi \times \sum_{f=1}^{h} W_{fd}^1 \bar{z}_{fj}^1 \leqslant 0, \quad j = 1, 2, \cdots, n$$

$$\sum_{r=1}^{s} U_{rd}^1 y_{rd}^1 + \sum_{f=1}^{h} W_{fd}^1 \bar{z}_{fd}^1 \geqslant \theta_d^{\text{UCS1*}}$$

$$\sum_{R=1}^{S} U_{Rd}^2 y_{Rd}^2 \geqslant \theta_d^{\text{UCF2*}} \qquad\qquad (9\text{-}32)$$

$$\sum_{i=1}^{m} V_{id}^1 x_{id}^1 = 1$$

$$\sum_{I=1}^{M} V_{Id}^2 x_{Id}^2 + \psi \times \sum_{f=1}^{h} W_{fd}^1 \bar{z}_{fd}^1 = 1$$

$$\lambda_1 \times \left(\sum_{r=1}^{s} U_{rd}^1 y_{rd}^1 + \sum_{f=1}^{h} W_{fd}^1 \bar{z}_{fd}^1 \right) + \lambda_2 \times \left(\sum_{R=1}^{S} U_{Rd}^2 y_{Rd}^2 + \sum_{F=1}^{H} W_{Fd}^2 \bar{z}_{Fd}^2 \right) = \theta_d^{\text{CG*}}$$

$$U_{rd}^1, U_{Rd}^2, V_{id}^1, V_{Id}^2, W_{fd}^1, W_{Fd}^2 \geqslant 0, \quad r = 1, 2, \cdots, s; R = 1, 2, \cdots, S;$$

$$i = 1, 2, \cdots, m; \ I = 1, 2, \cdots, M; \ f = 1, 2, \cdots, h; \ F = 1, 2, \cdots, H$$

其中，式（9-32）的最优解 $\theta_d^{\text{LG*}}$ 可表示为

$$\theta_d^{\text{LG*}} = \begin{cases} \text{if } \sum_{r=1}^{s} U_{rd}^1 y_{rd}^1 + \sum_{f=1}^{h} W_{fd}^1 \bar{z}_{fd}^1 \geqslant \sum_{R=1}^{S} U_{Rd}^2 y_{Rd}^2 + \sum_{F=1}^{H} W_{Fd}^2 \bar{z}_{Fd}^2 \\[2mm] \qquad \text{then Min } \sum_{r=1}^{s} U_{rd}^1 y_{rd}^1 + \sum_{f=1}^{h} W_{fd}^1 \bar{z}_{fd}^1 - \sum_{R=1}^{S} U_{Rd}^2 y_{Rd}^2 - \sum_{F=1}^{H} W_{Fd}^2 \bar{z}_{Fd}^2 \\[2mm] \text{if } \sum_{r=1}^{s} U_{rd}^1 y_{rd}^1 + \sum_{f=1}^{h} W_{fd}^1 \bar{z}_{fd}^1 < \sum_{R=1}^{S} U_{Rd}^2 y_{Rd}^2 + \sum_{F=1}^{H} W_{Fd}^2 \bar{z}_{Fd}^2 \\[2mm] \qquad \text{then Min } -\sum_{r=1}^{s} U_{rd}^1 y_{rd}^1 - \sum_{f=1}^{h} W_{fd}^1 \bar{z}_{fd}^1 + \sum_{R=1}^{S} U_{Rd}^2 y_{Rd}^2 + \sum_{F=1}^{H} W_{Fd}^2 \bar{z}_{Fd}^2 \end{cases} \quad (9\text{-}33)$$

通过式（9-33），式（9-32）可以转化为一组线性方程组进行求解，该线性方程组分别为

$$\text{Min } \theta_d^{\text{LG}+} = \sum_{r=1}^{s} U_{rd}^1 y_{rd}^1 + \sum_{f=1}^{h} W_{fd}^1 \overline{z}_{fd}^1 - \sum_{R=1}^{S} U_{Rd}^2 y_{Rd}^2 - \sum_{F=1}^{H} W_{Fd}^2 \overline{z}_{Fd}^2$$

$$\text{s.t. } \sum_{r=1}^{s} U_{rd}^1 y_{rj}^1 + \sum_{f=1}^{h} W_{fd}^1 \overline{z}_{fj}^1 - \sum_{i=1}^{m} V_{id}^1 x_{ij}^1 \leqslant 0, \quad j=1,2,\cdots,n$$

$$\sum_{R=1}^{S} U_{Rd}^2 y_{Rj}^2 + \sum_{F=1}^{H} W_{Fd}^2 \overline{z}_{Fj}^2 - \sum_{I=1}^{M} V_{Id}^2 x_{Ij}^2 - \psi \times \sum_{f=1}^{h} W_{fd}^1 \overline{z}_{fj}^1 \leqslant 0, \quad j=1,2,\cdots,n$$

$$\sum_{r=1}^{s} U_{rd}^1 y_{rd}^1 + \sum_{f=1}^{h} W_{fd}^1 \overline{z}_{fd}^1 \geqslant \theta_d^{\text{UCS1*}}$$

$$\sum_{R=1}^{S} U_{Rd}^2 y_{Rd}^2 \geqslant \theta_d^{\text{UCF2*}}$$

$$\sum_{i=1}^{m} V_{id}^1 x_{id}^1 = 1$$

(9-34)

$$\sum_{I=1}^{M} V_{Id}^2 x_{Id}^2 + \psi \times \sum_{f=1}^{h} W_{fd}^1 \overline{z}_{fd}^1 = 1$$

$$\sum_{r=1}^{s} U_{rd}^1 y_{rd}^1 + \sum_{f=1}^{h} W_{fd}^1 \overline{z}_{fd}^1 - \sum_{R=1}^{S} U_{Rd}^2 y_{Rd}^2 - \sum_{F=1}^{H} W_{Fd}^2 \overline{z}_{Fd}^2 \geqslant 0$$

$$\lambda_1 \times \left(\sum_{r=1}^{s} U_{rd}^1 y_{rd}^1 + \sum_{f=1}^{h} W_{fd}^1 \overline{z}_{fd}^1\right) + \lambda_2 \times \left(\sum_{R=1}^{S} U_{Rd}^2 y_{Rd}^2 + \sum_{F=1}^{H} W_{Fd}^2 \overline{z}_{Fd}^2\right) = \theta_d^{\text{CG*}}$$

$$U_{rd}^1, U_{Rd}^2, V_{id}^1, V_{Id}^2, W_{fd}^1, W_{Fd}^2 \geqslant 0, \quad r=1,2,\cdots,s; R=1,2,\cdots,S;$$
$$i=1,2,\cdots,m; I=1,2,\cdots,M; f=1,2,\cdots,h; F=1,2,\cdots,H$$

和

$$\text{Min } \theta_d^{\text{LG}-} = -\sum_{r=1}^{s} U_{rd}^1 y_{rd}^1 - \sum_{f=1}^{h} W_{fd}^1 \overline{z}_{fd}^1 + \sum_{R=1}^{S} U_{Rd}^2 y_{Rd}^2 + \sum_{F=1}^{H} W_{Fd}^2 \overline{z}_{Fd}^2$$

$$\text{s.t. } \sum_{r=1}^{s} U_{rd}^1 y_{rj}^1 + \sum_{f=1}^{h} W_{fd}^1 \overline{z}_{fj}^1 - \sum_{i=1}^{m} V_{id}^1 x_{ij}^1 \leqslant 0, \quad j=1,2,\cdots,n$$

$$\sum_{R=1}^{S} U_{Rd}^2 y_{Rj}^2 + \sum_{F=1}^{H} W_{Fd}^2 \overline{z}_{Fj}^2 - \sum_{I=1}^{M} V_{Id}^2 x_{Ij}^2 - \psi \times \sum_{f=1}^{h} W_{fd}^1 \overline{z}_{fj}^1 \leqslant 0, \quad j=1,2,\cdots,n$$

$$\sum_{r=1}^{s} U_{rd}^1 y_{rd}^1 + \sum_{f=1}^{h} W_{fd}^1 \overline{z}_{fd}^1 \geqslant \theta_d^{\text{UCS1*}}$$

$$\sum_{R=1}^{S} U_{Rd}^2 y_{Rd}^2 \geqslant \theta_d^{\text{UCF2*}}$$

$$\sum_{i=1}^{m} V_{id}^1 x_{id}^1 = 1$$

$$\sum_{I=1}^{M} V_{Id}^2 x_{Id}^2 + \psi \times \sum_{f=1}^{h} W_{fd}^1 \overline{z}_{fd}^1 = 1$$

$$\sum_{r=1}^{s} U_{rd}^1 y_{rd}^1 + \sum_{f=1}^{h} W_{fd}^1 \overline{z}_{fd}^1 - \sum_{R=1}^{S} U_{Rd}^2 y_{Rd}^2 - \sum_{F=1}^{H} W_{Fd}^2 \overline{z}_{Fd}^2 < 0$$

$$\lambda_1 \times (\sum_{r=1}^{s} U_{rd}^1 y_{rd}^1 + \sum_{f=1}^{h} W_{fd}^1 \overline{z}_{fd}^1) + \lambda_2 \times (\sum_{R=1}^{S} U_{Rd}^2 y_{Rd}^2 + \sum_{F=1}^{H} W_{Fd}^2 \overline{z}_{Fd}^2) = \theta_d^{CG*} \qquad (9\text{-}35)$$

$$U_{rd}^1, U_{Rd}^2, V_{id}^1, V_{Id}^2, W_{fd}^1, W_{Fd}^2 \geqslant 0, \ r = 1,2,\cdots,s; R = 1,2,\cdots,S;$$

$$i = 1,2,\cdots,m; \ I = 1,2,\cdots,M; f = 1,2,\cdots,h; \ F = 1,2,\cdots,H$$

式（9-34）和式（9-35）中的第七个约束都是使它们所对应规划的目标函数值不小于 0。由于式（9-34）和式（9-35）都是在式（9-27）基础上的二次规划，因此，式（9-29）所得的 $\psi \in [0, \psi^{\max}]$ 也同样适用于它们。所以，式（9-34）和式（9-35）也可以通过 9.3.1 节中所述的一维搜索来进行求解，本节就不再重复论述。

综合式（9-34）和式（9-35）可知，DMU_d 两个子系统之间最优效率的最小相对离差为

$$\theta_d^{LG*} = \text{Min}\left\{\theta_d^{LG+*}, \theta_d^{LG-*}\right\} \qquad (9\text{-}36)$$

通过式（9-34）和式（9-35），可得到两组相对唯一的最优权重 $V_{id}^{1+*}, U_{rd}^{1+*}$，$W_{fd}^{1+*}, V_{Id}^{2+*}, U_{Rd}^{2+*}, W_{Fd}^{2+*}$ 和 $V_{id}^{1-*}, U_{rd}^{1-*}, W_{fd}^{1-*}, V_{Id}^{2-*}, U_{Rd}^{2-*}, W_{Fd}^{2-*}$（$i = 1,2,\cdots,m; r = 1,2,\cdots,s$; $f = 1,2,\cdots,h; I = 1,2,\cdots,M; R = 1,2,\cdots,S; F = 1,2,\cdots,H$）。若有 $\theta_d^{LG+*} \leqslant \theta_d^{LG-*}$，则两个子系统的效率由 V_{id}^{1+*}，$U_{rd}^{1+*}, W_{fd}^{1+*}, V_{Id}^{2+*}, U_{Rd}^{2+*}, W_{Fd}^{2+*}$ 所决定，并分别表示为

$$\theta_d^{CE1} = \sum_{r=1}^{s} U_{rd}^{1+*} y_{rd}^1 + \sum_{f=1}^{h} W_{fd}^{1+*} \overline{z}_{fd}^1, \ \theta_d^{CE2} = \sum_{R=1}^{S} U_{Rd}^{2+*} y_{Rd}^2 + \sum_{F=1}^{H} W_{Fd}^{2+*} \overline{z}_{Fd}^2 \qquad (9\text{-}37)$$

若有 $\theta_d^{LG+*} > \theta_d^{LG-*}$，则两个系统的子效率由 $V_{id}^{1-*}, U_{rd}^{1-*}, W_{fd}^{1-*}, V_{Id}^{2-*}, U_{Rd}^{2-*}, W_{Fd}^{2-*}$ 所决定，并分别表示为

$$\theta_d^{CE1} = \sum_{r=1}^{s} U_{rd}^{1-*} y_{rd}^1 + \sum_{f=1}^{h} W_{fd}^{1-*} \overline{z}_{fd}^1, \ \theta_d^{CE2} = \sum_{R=1}^{S} U_{Rd}^{2-*} y_{Rd}^2 + \sum_{F=1}^{H} W_{Fd}^{2-*} \overline{z}_{Fd}^2 \qquad (9\text{-}38)$$

通过式（9-37）和式（9-38），可以将整体系统效率科学合理地分解为两个子系统的效率。最后，本节将 DMU_d 的协调度定义为

$$\theta_d^{CE} = 1 - \theta_d^{LG} \qquad (9\text{-}39)$$

定理 9-5　若存在 $\lambda_1 > 0$，$\lambda_2 > 0$ 和 $\theta_d^{CG*} = 1$，则有 $\theta_d^{UCF1*} = \theta_d^{UCS2*} = \theta_d^{CE*} = 1$。

证明　假设一组特定权重 $v_{id}^{1*}, u_{rd}^{1*}, w_{fd}^{1*}, v_{Id}^{2*}, u_{Rd}^{2*}, w_{Fd}^{2*}$（$i = 1,2,\cdots,s$; $f = 1,2,\cdots,h; I = 1,2,\cdots,M; R = 1,2,\cdots,S; F = 1,2,\cdots,H$）是式（9-26）的最优解。$\lambda_1$ 和 λ_2 分别是由决策者对两个子系统的偏好所决定的两个常数，且有 $\lambda_1 + \lambda_2 = 1$。若存在

$\lambda_1 > 0$，$\lambda_2 > 0$，则在式（9-26）的目标函数中，整体系统效率可以看作两个子系统效率的线性组合。又因为有 $\theta_d^{CG*}=1$，所以可得 $\theta_d^{CG1*}=(\sum_{r=1}^{s}u_{rd}^{1*}y_{rd}^1+\sum_{f=1}^{h}w_{fd}^{1*}\overline{z}_{fd}^1)/\sum_{i=1}^{m}v_{id}^1x_{ij}^1=1$

和 $\theta_d^{CG2*}=(\sum_{r=1}^{s}u_{rd}^{2*}y_{rd}^2+\sum_{f=1}^{h}w_{fd}^{2*}\overline{z}_{fd}^2)/(\sum_{i=1}^{m}v_{id}^{2*}x_{id}^2+\sum_{f=1}^{h}w_{fd}^{1*}\overline{z}_{fd}^1)=1$。根据定理 5-2 和定理 5-3

可知，θ_d^{UCF1*} 和 θ_d^{UCS2*} 分别等价于两个子系统在独立关系视角下的最优效率 θ_d^{DW1*} 和 θ_d^{DW2*}。通过对比式（9-14）、式（9-15）和式（9-26）可知，权重 v_{id}^{1*}, u_{rd}^{1*}, w_{fd}^{1*}, v_{id}^{2*}, u_{Rd}^{2*}, w_{Fd}^{2*} 同样也是式（9-14）和式（9-15）的可行解。所以存在 $\theta_d^{UCF1*} \geqslant \theta_d^{CG1*}=1$，$\theta_d^{UCS2*} \geqslant \theta_d^{CG2*}=1$。又因为 θ_d^{UCF1*} 和 θ_d^{UCS2*} 都是在所有 DMU 的两个子系统效率均不大于 1 的前提下得到的，所以可知 $\theta_d^{UCF1*}=1$，$\theta_d^{UCS2*}=1$。此外，因为有 $\theta_d^{CG1*}=\theta_d^{CG2*}=1$，所以可得 $\theta_d^{LG*}=0$，进而可知 $\theta_d^{CE*}=1$。

证毕。

需要注意的是，定理 9-5 的逆命题不一定成立，因为只要两个子系统的效率在整体系统效率达到最优时相等，就有 $\theta_j^{CE*}=1$，但无法保证此时其最优效率一定为 1。

定理 9-6　若存在 $\lambda_1=1$，$\lambda_2=0$，$\theta_d^{CG*}=1$ 和 $\theta_d^{UCF2*}=1$，则有 $\theta_d^{CE*}=1$；同样地，若有存在 $\lambda_1=0$，$\lambda_2=1$，$\theta_d^{CG*}=1$ 和 $\theta_d^{UCS1*}=1$，则有 $\theta_d^{CE*}=1$。

证明　根据定理 9-4 可知，若有 $\lambda_1=1$，$\lambda_2=0$，则合作博弈关系视角下的两阶段 E-DEA 模型等价于以阶段 1 为主导的非合作博弈关系视角下的两阶段 E-DEA 模型。因此，有 $\theta_d^{UCF1*}=\theta_d^{CG*}=1$。又因为有 $\theta_d^{UCF2*}=1$，所以存在 $\theta_d^{LG*}=0$，从而可得 $\theta_d^{CE*}=1$。同理可证，在 $\lambda_1=0$，$\lambda_2=1$，$\theta_d^{CG*}=1$ 和 $\theta_d^{UCS1*}=1$ 的情况下有 $\theta_d^{CE*}=1$。

证毕。

9.5　不同关系视角下所得效率之间的区别与联系

本节将进一步分析不同关系视角下两阶段 E-DEA 模型所得效率之间的区别与联系。对于一个特定的 DMU_d 而言，不同关系视角下所得的两个子系统效率值的分布如图 9-3 与图 9-4 所示。

横轴与纵轴分别代表阶段 1 与阶段 2 的效率。如图 9-3 所示，点 A 与 B 分别代表独立关系视角下阶段 1 与阶段 2 的最优效率，点 C 可以表示为 $(\theta_d^{DW1*}, \theta_d^{DW2*})=(\theta_d^{UCF1*}, \theta_d^{UCS2*})$，且有 $\theta_d^{UCS1*} \in [0, \theta_d^{UCF1*}]$，$\theta_d^{UCF2*} \in [0, \theta_d^{UCS2*}]$。这就意味着以阶段 1

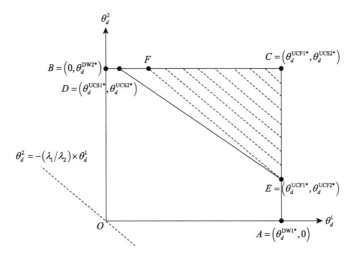

图 9-3 独立关系与关联关系视角之间的区别与关联

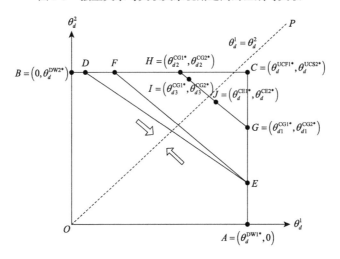

图 9-4 非合作博弈关系与合作博弈关系视角之间的区别与关联

为主导的非合作博弈关系视角下两个阶段最优效率点 $E=(\theta_d^{\text{UCF1*}},\theta_d^{\text{UCF2*}})$ 必定在线段 AC 上。同样地，以阶段 2 为主导的非合作博弈关系视角下两个阶段最优效率点 $D=(\theta_d^{\text{UCS1*}},\theta_d^{\text{UCS2*}})$ 必定在线段 BC 上。图中虚线是合作博弈关系视角下整体系统的等效率线，其斜率为 $-\lambda_1/\lambda_2$。因此，点 $F=(\theta_d^{\text{UCF1*}}-(\lambda_2/\lambda_1)\times(\theta_d^{\text{UCS2*}}-\theta_d^{\text{UCF1*}}),\ \theta_d^{\text{UCS2*}})$。为了方便说明效率之间的关系，本节假设存在 $\theta_d^{\text{UCF1*}}-(\lambda_2/\lambda_1)\times(\theta_d^{\text{UCS2*}}-\theta_d^{\text{UCF1*}})\geqslant\theta_d^{\text{UCS2*}}$，则点 F 必位于线段 DC 上。根据定理 9-4 可知，非合作博弈关系视角下两阶段 E-DEA 模型的最优解都是合作博弈关系视角下两阶段 E-DEA 模型的可行解，因此，合作博弈关系视角下两个阶段的最优效率必将位于三角形 CFE 的范围内。

　　如图 9-4 所示，假设点 G、H、I、J 都是合作博弈视角下两阶段 E-DEA 模型的最优解，因此它们都位于整体系统的最优等效率线 GH 上。斜率为 1 的虚线 OP 代表着两个子系统的效率相同。若 GH 上代表最优解的点离 OP 越近，则表示两个子系统的效率越接近，从而整体系统的协调度就越高。因此，在该图中，点 J 代表了合作博弈视角下协调度最优的两个子系统的最优效率。

9.6　多样关系视角向多重关系视角的拓展

　　多样关系指的是考虑非期望要素的两阶段网络系统中两个子系统之间可能存在着的多种不同关系。虽然通过对 DMU 内部系统结构的解析使得 E-DEA 方法对有效 DMU 的识别能力得到提高，但从本质上来说，这些关系视角都停留在自我参考系方法的范围内，依然存在评价效率虚高且公信力不足的问题。因此，本节尝试将考虑被评 DMU 与其他 DMU 相互关系的公共参考系效率评价方法与考虑被评 DMU 内部结构相互关系的多样关系视角相结合，构建多重关系视角下的两阶段 E-DEA 方法。

9.6.1　交叉评价视角在多样关系两阶段 E-DEA 方法中的拓展

　　本节在考虑单个 DMU 内部两个子系统之间相互关系的基础上，进一步考虑不同 DMU 之间的评价关系，其主要思想是：将多样关系视角下的两阶段 E-DEA 模型所得的结果看作 DMU_d 的"自评"效率，并将其阶段 1 和阶段 2 的效率分别记为 θ_{dd1} 和 θ_{dd2}（$d=1,2,\cdots,n$）；同时，DMU_d 继续基于这种视角对任意一个 DMU_j（$j=1,2,\cdots,n, j \neq d$）进行效率评价，其所得结果称为 DMU_j 来自 DMU_d 的"他评"效率。因此，DMU_j 两个子系统的"他评"效率可分别表示为

$$\theta_{dj1} = \frac{\sum_{r=1}^{s} u_{rd}^{1*} y_{rj}^{1} + \sum_{f=1}^{h} w_{fd}^{1*} \bar{z}_{fj}^{1}}{\sum_{i=1}^{m} v_{id}^{1*} x_{ij}^{1}}, \quad \theta_{dj2} = \frac{\sum_{R=1}^{S} u_{Rd}^{2*} y_{Rd}^{2} + \sum_{F=1}^{H} w_{Fd}^{2*} \bar{z}_{Fd}^{2}}{\sum_{f=1}^{h} w_{fd}^{\prime 1*} \bar{z}_{fd}^{1} + \sum_{I=1}^{M} v_{Id}^{2*} x_{Id}^{2}} \qquad (9\text{-}40)$$

　　需要注意的是，若在关联关系视角（即非合作博弈关系视角与合作博弈关系视角）下，则在式（9-40）中有 $w_{fd}^{1*} = w_{fd}^{\prime 1*}$。

　　通过式（9-40）可以得到所有 DMU 两个子系统的"自评"与"他评"效率，并共同组成一对交叉评价效率矩阵：

$$
\theta_1 = \begin{bmatrix} \theta_{111} & \theta_{121} & \cdots & \theta_{1n1} \\ \theta_{211} & \theta_{221} & \cdots & \theta_{2n1} \\ & & \ddots & \\ \vdots & \vdots & \theta_{dd1} & \vdots \\ & & & \ddots & \\ \theta_{n11} & \theta_{n21} & \cdots & \theta_{nn1} \end{bmatrix}, \quad \theta_2 = \begin{bmatrix} \theta_{112} & \theta_{122} & \cdots & \theta_{1n2} \\ \theta_{212} & \theta_{222} & \cdots & \theta_{2n2} \\ & & \ddots & \\ \vdots & \vdots & \theta_{dd2} & \vdots \\ & & & \ddots & \\ \theta_{n12} & \theta_{n22} & \cdots & \theta_{nn2} \end{bmatrix} \tag{9-41}
$$

从式（9-41）可以看出，每个 DMU_d 的每个子系统都有 1 个"自评"效率 θ_{dd1} 或 θ_{dd2}（主对角线上的元素）和 $n-1$ 个"他评"效率。最终，DMU_d 中两个阶段的交叉评价效率可以通过对"自评"与"他评"效率的平均得到，其结果如式（9-42）所示。

$$
\overline{\theta}_{dd1} = \frac{1}{n}\sum_{j=1}^{n}\theta_{jd1}, \quad \overline{\theta}_{dd2} = \frac{1}{n}\sum_{j=1}^{n}\theta_{jd2} \tag{9-42}
$$

一般情况下，若式（9-40）中的权重来源于独立关系视角下的两阶段 E-DEA 模型，则该评价过程可以称为基于"独立-交叉评价"多重关系视角的效率评价。同理，可以得到"非合作博弈-交叉评价""合作博弈-交叉评价"等多种不同的多重关系视角。

此外，若决策者需要进一步明确一组相对唯一的交叉评价权重，则可以设立交叉评价策略对评价过程做一个二次规划。以宽容型交叉评价策略在"独立-交叉评价"多重关系视角上的拓展为例，假设 θ_{dd}^* 表示独立关系视角下 DMU_d 整体系统的最优自评效率，则在宽容型交叉评价策略中，其交叉评价权重可由式（7-10）和式（9-12）结合得到。具体模型如下：

$$
\text{Max } \lambda_1 \times \left(\sum_{r=1}^{s}U_{rd}^1\sum_{\substack{j=1\\j\neq d}}^{n}y_{rj}^1 + \sum_{f=1}^{h}W_{fd}^1\sum_{\substack{j=1\\j\neq d}}^{n}\overline{z}_{fj}^1\right) + \lambda_2 \times \left(\sum_{R=1}^{S}U_{Rd}^2\sum_{\substack{j=1\\j\neq d}}^{n}y_{Rj}^2 + \sum_{F=1}^{H}W_{Fd}^2\sum_{\substack{j=1\\j\neq d}}^{n}\overline{z}_{Fj}^2\right)
$$

$$
\text{s.t. } \sum_{i=1}^{m}V_{id}^1\sum_{\substack{j=1\\j\neq d}}^{n}x_{ij}^1 = 1
$$

$$
\sum_{f=1}^{h}W_{fd}'^1\sum_{\substack{j=1\\j\neq d}}^{n}\overline{z}_{fj}^1 + \sum_{I=1}^{M}V_{Id}^2\sum_{\substack{j=1\\j\neq d}}^{n}x_{Ij}^2 = 1,
$$

$$
\sum_{r=1}^{s}U_{rd}^1 y_{rj}^1 + \sum_{f=1}^{h}W_{fd}^1\overline{z}_{fj}^1 - \sum_{i=1}^{m}V_{id}^1 x_{ij}^1 \leqslant 0, \quad j = 1,2,\cdots,n
$$

$$
\sum_{R=1}^{S}U_{Rd}^2 y_{Rj}^2 + \sum_{F=1}^{H}W_{Fd}^2\overline{z}_{Fj}^2 - \sum_{f=1}^{h}W_{fd}'^1\overline{z}_{fj}^1 - \sum_{I=1}^{M}V_{Id}^2 x_{Ij}^2 \leqslant 0, \quad j = 1,2,\cdots,n
$$

$$\lambda_1 \times (\sum_{r=1}^{s} U_{rd}^1 y_{rd}^1 + \sum_{f=1}^{h} W_{fd}^1 \bar{z}_{fd}^1) + \lambda_2 \times (\sum_{R=1}^{S} U_{Rd}^2 y_{Rd}^2 + \sum_{F=1}^{H} W_{Fd}^2 \bar{z}_{Fd}^2) = \theta_{dd}^*$$

$$V_{id}^1, U_{rd}^1, W_{fd}^1, W_{fd}^{\prime 1}, V_{Id}^2, U_{Rd}^2, W_{Fd}^2 \geqslant 0, \quad i=1,2,\cdots,m; \quad r=1,2,\cdots,s; \qquad (9\text{-}43)$$

$$f=1,2,\cdots,h; I=1,2,\cdots,M; R=1,2,\cdots,S; \ F=1,2,\cdots,H$$

式（9-43）称为"独立-宽容型交叉评价"多重关系视角下的两阶段 E-DEA 效率评价模型。由于 λ_1 和 λ_2 是代表决策者对两个子系统偏好的常数，且有 $\lambda_1 + \lambda_2 = 1$，因此，式（9-43）是一个可以直接求解的线性规划。若将其所得的最优权重代入式（9-40）中，则可得到 DMU_j 的两个子系统来自 DMU_d 的"他评"效率。

同理，通过不同的交叉评价策略，亦可衍生出多种不同的多重关系评价视角，如"合作博弈-整体环境最优型交叉评价"多重关系视角等。由于本节的目的是讨论多样关系视角与交叉评价视角在两阶段 E-DEA 方法中结合的可能性，且限于篇幅，本节不再对不同的多重关系视角进行逐一论述。

9.6.2　统一评价视角在多样关系两阶段 E-DEA 方法中的拓展

在实际评价的过程中，引入交叉评价的多重关系视角在评价上也可能存在交叉评价策略选择难、同行恶意评价及信息利用率低下等问题。因此，本节引入统一评价视角对多样关系两阶段 E-DEA 模型进行拓展，以此与基于交叉评价的多重关系视角相互呼应与补充，共同解决两阶段 E-DEA 模型评价效率虚高的问题。

引入统一评价后的多重关系视角不仅考虑了单个 DMU 内部两个子系统之间的相互关系，还考虑了该 DMU 与所有 DMU 之间的评价关系。以"独立关系视角"与"乐观统一评价"相结合的"独立-乐观统一评价"多重关系视角为例，其具体的评价思路如下：将所有的 DMU 看作一个统一的整体，并标记为一个新的决策单元 DMU_W，且其也具有考虑非期望要素的两阶段网络结构。因此，对于 DMU_W 来说，阶段 1 有 m 种投入，记为 $\sum_{j=1}^{n} x_{ij}^1$（$i=1,2,\cdots,m$）；s 种期望产出，记为 $\sum_{j=1}^{n} y_{rj}^1$（$r=1,2,\cdots,s$）；h 种非期望产出，记为 $\sum_{j=1}^{n} z_{fj}^1$（$f=1,2,\cdots,h$）。阶段 2 的非期望投入与阶段 1 的非期望产出相一致，皆为 $\sum_{j=1}^{n} z_{fj}^1$（$f=1,2,\cdots,h$）；同时，阶段 2 还具有 M 种投入 $\sum_{j=1}^{n} x_{Ij}^2$（$I=1,2,\cdots,M$）、S 种期望产出 $\sum_{j=1}^{n} y_{Rj}^2$（$R=1,2,\cdots,S$）和 H 种

非期望产出 $\sum_{j=1}^{n} z_{Fj}^2$（$F=1,2,\cdots,H$）。若决策者站在一个客观公正的全局视角上，则其往往希望所有 DMU 的整体效率最大化。因此，该多重关系视角下的乐观统一评价权重确定模型可以构建如下：

$$\text{Max } \lambda_1 \times \frac{\sum_{r=1}^{s} u_{rW}^1 \sum_{j=1}^{n} y_{rj}^1 + \sum_{f=1}^{h} w_{fW}^1 \sum_{j=1}^{n} \overline{z}_{fj}^1}{\sum_{i=1}^{m} v_{iW}^1 \sum_{j=1}^{n} x_{ij}^1} + \lambda_2 \times \frac{\sum_{R=1}^{S} u_{RW}^2 \sum_{j=1}^{n} y_{Rj}^2 + \sum_{F=1}^{H} w_{FW}^2 \sum_{j=1}^{n} \overline{z}_{Fj}^2}{\sum_{f=1}^{h} w_{fW}'^1 \sum_{j=1}^{n} \overline{z}_{fj}^1 + \sum_{I=1}^{M} v_{IW}^2 \sum_{j=1}^{n} x_{Ij}^2}$$

$$\text{s.t. } \frac{\sum_{r=1}^{s} u_{rW}^1 y_{rj}^1 + \sum_{f=1}^{h} w_{fW}^1 \overline{z}_{fj}^1}{\sum_{i=1}^{m} v_{iW}^1 x_{ij}^1} \leqslant 1, \quad j=1,2,\cdots,n \tag{9-44}$$

$$\frac{\sum_{R=1}^{S} u_{RW}^2 y_{Rj}^2 + \sum_{F=1}^{H} w_{FW}^2 \overline{z}_{Fj}^2}{\sum_{f=1}^{h} w_{fW}'^1 \overline{z}_{fj}^1 + \sum_{I=1}^{M} v_{IW}^2 x_{Ij}^2} \leqslant 1, \quad j=1,2,\cdots,n$$

$$v_{iW}^1, u_{rW}^1, w_{fW}^1, w_{fW}'^1, v_{IW}^2, u_{RW}^2, w_{FW}^2 \geqslant 0, \quad i=1,2,\cdots,m; \ r=1,2,\cdots,s;$$

$$f=1,2,\cdots,h; I=1,2,\cdots,M; R=1,2,\cdots,S; F=1,2,\cdots,H$$

由于 λ_1 和 λ_2 是表示决策者偏好的常数，因此，通过 Charnes-Cooper 变换后，式（9-44）就可以转化为线性规划进行求解，且所得最优解是一组使所有 DMU 全局效率最优的公共权重 $(v_{iW}^{1*}, u_{rW}^{1*}, w_{fW}^{1*}, w_{fW}'^{1*}, v_{IW}^{2*}, u_{RW}^{2*}, w_{FW}^{2*})$（$i=1,2,\cdots,m; r=1,2,\cdots,s;$ $f=1,2,\cdots,h; I=1,2,\cdots,M; R=1,2,\cdots,S; F=1,2,\cdots,H$）。此时，对于任意的 DMU_j，其两个子系统的乐观统一效率可以表示为

$$\theta_j^1 = \frac{\sum_{r=1}^{s} u_{rW}^{1*} y_{rj}^1 + \sum_{f=1}^{h} w_{fW}^{1*} \overline{z}_{fj}^1}{\sum_{i=1}^{m} v_{iW}^{1*} x_{ij}^1}, \quad \theta_j^2 = \frac{\sum_{R=1}^{S} u_{RW}^{2*} y_{Rj}^2 + \sum_{F=1}^{H} w_{FW}^{2*} \overline{z}_{Fj}^2}{\sum_{f=1}^{h} w_{fW}'^{1*} \overline{z}_{fj}^1 + \sum_{I=1}^{M} v_{IW}^{2*} x_{Ij}^2} \tag{9-45}$$

同理，通过乐观与悲观的统一评价 E-DEA 模型，亦可衍生出多种不同的多重关系评价视角，如"合作博弈-悲观统一评价"多重关系视角等。同 9.6.1 节一样，本节仅是对多样关系视角向多重关系视角转变的探讨。因此，限于篇幅，本节不再对这些多重关系视角做进一步的详细论述。

9.7　两阶段 E-DEA 方法在环境效率评价中的应用

9.7.1　指标选取与数据来源

考虑到两阶段网络系统的特殊性和复杂性，本节以我国 30 个省区市（由于数据缺失，不考虑西藏和港澳台地区）工业产业运营的水环境效率评价为应用背景，以便更有针对性地解析两阶段网络结构"黑箱"，从而更好地证明本章方法的有效性。

通过两阶段网络结构视角，本节将我国各地区工业的水环境系统分为两个子系统，分别为经济发展子系统与环境保护子系统。对于经济发展子系统，本节仍旧遵循前文的指标选取思路，分别采用工业从业人数（x_1^1）、工业固定资产投资额（x_2^1）、工业能源消耗量（x_3^1）作为投入；工业生产总值（y^1）作为期望产出；而由于分析内容缩小为工业运营的水环境效率，因此在非期望产出方面，本节采用工业废水排放总量（z^1）作为经济发展子系统的唯一非期望产出，其也恰恰是工业产业运营在水资源上连接经济发展子系统和环境保护子系统的主要纽带。对于环境发展子系统而言，工业生产总值并未进入该子系统，而是中途退出了生产系统。工业废水排放总量作为非期望投入与中途新增的投入，工业废水治理完成投资额（x_1^2）、工业废水治理设施运行费用（x_2^2）共同组成环境保护子系统的生产投入。在此基础上，产生非期望产出工业 COD 排放量（z^2）。此时的两阶段网络系统结构如图 9-5 所示。

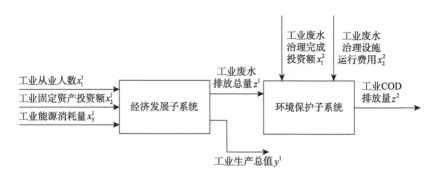

图 9-5　工业生产系统水环境两阶段系统结构

本节实证数据来源于《中国统计年鉴 2015》《中国能源统计年鉴 2015》和《中国环境统计年鉴 2015》，具体数据参见表 3-1 和表 9-1。

表 9-1　2014 年我国各地区工业废水处理情况

地区	工业废水排放总量/万吨	工业废水治理设施运行费用/万元	工业废水治理完成投资额/万元	地区	工业废水排放总量/万吨	工业废水治理设施运行费用/万元	工业废水治理完成投资额/万元
北京	9 174	38 723	2 957	河南	128 048	234 247	60 750
天津	19 011	92 064	12 218	湖北	81 657	232 870	19 609
河北	108 562	501 389	59 925	湖南	82 271	161 041	23 655
山西	49 250	198 807	34 594	广东	177 554	528 259	62 914
内蒙古	39 325	133 239	20 939	广西	72 936	233 665	32 927
辽宁	90 631	296 203	25 256	海南	7 956	34 086	90
吉林	42 192	65 991	2 795	重庆	34 968	71 922	4 954
黑龙江	41 984	269 743	5 544	四川	67 577	241 902	54 168
上海	43 939	188 144	62 702	贵州	32 674	63 757	13 117
江苏	204 890	777 079	75 936	云南	40 443	168 295	31 218
浙江	149 380	598 458	175 141	陕西	36 163	100 511	23 732
安徽	69 580	230 107	21 612	甘肃	19 742	50 266	19 548
福建	102 052	173 517	117 694	青海	8 214	13 318	11 752
江西	64 856	176 759	18 646	宁夏	15 147	48 276	30 829
山东	180 022	559 522	82 522	新疆	32 799	125 781	37 007

　　需要注意的是，工业废水排放总量和工业 COD 排放量都是非期望产出，因此需要对它们进行线性函数变换。为了使数据经过变换后仍具有相当的量级（Chen et al.，2016a），本节将式（9-6）中的 K 定义为

$$K = \max_{j=1,2,\cdots,n} Z_j + \min_{j=1,2,\cdots,n} Z_j \qquad (9\text{-}46)$$

9.7.2　多样关系视角下的工业水环境效率分析

　　考虑到决策者并没有充分的理由判定经济发展子系统和环境保护子系统哪一个更重要，因此，本节借鉴 Liang 等（2006）的做法，令两个子系统具有相同的重要性，即无论在何种视角下，均有 $\lambda_1 = \lambda_2 = 0.5$。此外，在实证计算中，本节令 $\varepsilon = 10^{-10}$。通过独立关系、非合作博弈关系与合作博弈关系三种视角下的两阶段 E-DEA 模型对我国各地区工业水环境系统在 2014 年的基本数据进行分析，结果如表 9-2 所示。

表 9-2　2014 年我国各地区工业运营的两个子系统的环境效率评价结果

地区	独立关系			阶段 1 主导非合作博弈关系		阶段 2 主导非合作博弈关系		合作博弈关系		
	θ_j^{DW}	θ_j^{DW1}	θ_j^{DW2}	θ_j^{UCF1}	θ_j^{UCF2}	θ_j^{UCS1}	θ_j^{UCS2}	θ_j^{CG}	θ_j^{CG1}	θ_j^{CG2}
北京	1.000	1.000	1.000	1.000	0.815	1.000	1.000	1.000	1.000	1.000
天津	0.951	1.000	0.902	1.000	0.902	0.196	0.902	0.951	1.000	0.902
河北	0.952	0.903	1.000	0.903	0.019	0.001	1.000	0.461	0.903	0.019
山西	0.651	0.553	0.749	0.553	0.102	0.080	0.749	0.650	0.551	0.749
内蒙古	0.810	1.000	0.619	1.000	0.619	0.144	0.619	0.809	1.000	0.619
辽宁	0.906	0.900	0.912	0.900	0.070	0.045	0.912	0.906	0.900	0.912
吉林	0.817	0.846	0.787	0.846	0.371	0.166	0.787	0.808	0.830	0.787
黑龙江	0.723	0.741	0.704	0.741	0.079	0.182	0.704	0.717	0.731	0.704
上海	0.950	1.000	0.900	1.000	0.119	0.273	0.900	0.950	1.000	0.900
江苏	0.513	0.844	0.182	0.844	0.006	0.028	0.182	0.513	0.844	0.182
浙江	0.655	1.000	0.310	1.000	0.310	0.075	0.310	0.655	1.000	0.310
安徽	0.836	0.887	0.784	0.887	0.091	0.108	0.784	0.832	0.879	0.784
福建	0.820	0.858	0.782	0.858	0.072	0.120	0.782	0.820	0.858	0.782
江西	0.795	0.812	0.777	0.812	0.118	0.157	0.777	0.792	0.807	0.777
山东	0.678	0.799	0.557	0.799	0.024	0.023	0.557	0.412	0.799	0.024
河南	0.562	0.737	0.386	0.737	0.038	0.064	0.386	0.561	0.737	0.386
湖北	0.712	0.810	0.614	0.810	0.066	0.081	0.614	0.712	0.810	0.614
湖南	0.797	1.000	0.594	1.000	0.594	0.095	0.594	0.797	1.000	0.594
广东	0.434	0.839	0.029	0.839	0.001	0.048	0.029	0.420	0.839	0.001
广西	0.640	0.891	0.389	0.891	0.042	0.122	0.389	0.639	0.890	0.389
海南	1.000	1.000	1.000	1.000	1.000	1.000	1.000	1.000	1.000	1.000
重庆	0.830	0.840	0.820	0.840	0.354	0.210	0.820	0.821	0.823	0.820
四川	0.782	0.926	0.638	0.926	0.064	0.068	0.638	0.495	0.926	0.064
贵州	0.820	0.813	0.827	0.813	0.315	0.242	0.827	0.809	0.792	0.827
云南	0.543	0.719	0.367	0.719	0.055	0.150	0.367	0.538	0.708	0.367
陕西	0.772	0.905	0.638	0.905	0.162	0.156	0.638	0.770	0.903	0.638
甘肃	0.630	0.605	0.655	0.605	0.293	0.238	0.655	0.614	0.572	0.655
青海	0.978	0.955	1.000	0.955	1.000	0.955	1.000	0.977	0.955	1.000
宁夏	0.669	0.731	0.607	0.731	0.230	0.584	0.607	0.595	0.584	0.607
新疆	0.444	0.657	0.230	0.657	0.046	0.186	0.230	0.433	0.635	0.230

注：θ_j^{DW}、θ_j^{DW1} 和 θ_j^{DW2} 分别表示整体系统、阶段 1 和阶段 2 两个子系统在独立关系视角下的效率；θ_j^{UCF1} 和 θ_j^{UCF2} 分别表示以经济发展子系统为主导的非合作博弈关系视角下阶段 1 和阶段 2 两个子系统的效率；θ_j^{UCS1} 和 θ_j^{UCS2} 分别表示以环境保护子系统为主导的非合作博弈关系视角下阶段 1 和阶段 2 两个子系统的效率；θ_j^{CG}、θ_j^{CG1} 和 θ_j^{CG2} 分别表示整体系统、阶段 1 和阶段 2 的两个子系统在合作博弈关系视角下的效率

　　根据表 9-2 可知，在独立关系视角下，两个子系统皆达到它们效率的最高值。这是因为此时每个子系统无须考虑其他子系统的情况，只追求自身效率的最大化。其中，仅有北京与海南是整体系统效率有效的地区，这是因为其两个子系统在独立关系视角下的效率值皆为 1。

　　根据以不同子系统为主导的非合作博弈关系视角下两阶段 E-DEA 的效率评价结果，可以发现它们的评价值往往是相悖的。如当阶段 1 为主导时，福建的效率为 $\theta^{UCF1} = 0.858$，$\theta^{UCF2} = 0.072$；而当阶段 2 为主导时，福建的效率为 $\theta^{UCS1} = 0.120$，$\theta^{UCS2} = 0.782$。这是因为中间非期望要素在两个子系统间分别扮演着相反的角色。因此，当决策者改变中间非期望要素的权重以追逐某一子系统的效率最大化时，就可能因为两个子系统之间的关联性而产生对另一子系统的严重低估。若主导的子系统为有效 DMU 时，其从属子系统往往也具有较高的效率，如天津有 $\theta^{UCF1} = 1.000$，$\theta^{UCF2} = 0.902$。这是因为若主导子系统已无进一步的改进空间，则决策者将会把注意力完全转移到改进从属子系统上。值得注意的是，部分地区两个子系统间的效率看似相同，但实则还存在微小的差值，从而导致了截然不同的后果。例如，就北京而言，存在 $\theta^{UCF1} - \theta^{UCS1} = 1.87 \times 10^{-4}$（由于表中格式所限，$\theta^{UCF1}$ 和 θ^{UCS1} 未显示全），$\theta^{UCS2} - \theta^{UCF2} = 0.185$。这意味着当阶段 1 主导时，北京将牺牲 0.185 的环境保护子系统效率来追求微乎其微的经济发展子系统效率。这种现象显然不利于社会经济的可持续发展，而通过合作博弈关系视角则可以避免这样的问题。

　　合作博弈关系视角下的效率评价结果显示，每个地区都存在 $\theta^{UCS1} \leqslant \theta^{CG1} \leqslant \theta^{UCF1}$，$\theta^{UCF2} \leqslant \theta^{CG2} \leqslant \theta^{UCS2}$，$(\theta^{UCF1} + \theta^{UCF2}) / 2 \leqslant \theta^{CG}$，$(\theta^{UCS1} + \theta^{UCS2}) / 2 \leqslant \theta^{CG}$。这个现象与定理 9-4 相一致，同时也说明了合作博弈关系视角比非合作博弈关系视角更有利于提高整体系统的效率。例如，湖北在阶段 1 主导时，其效率为 $\theta^{UCF1} = 0.810$，$\theta^{UCF2} = 0.066$；在阶段 2 主导时，其效率为 $\theta^{UCS1} = 0.081$，$\theta^{UCS2} = 0.614$；而在合作博弈关系视角下，其效率为 $\theta^{CG1} = 0.810$，$\theta^{CG2} = 0.614$。这是因为在合作博弈关系视角下，决策者不再追求某一子系统的效率极致，转而关注整体系统的效率最大化。此外，我们发现对于我国经济最发达的地区，两个子系统的效率均表现良好，如北京、天津，这是因为随着经济的繁荣，这些地区的环境保护意识也在持续地加强。事实上，对于一些越过环境库兹涅茨曲线拐点（Wang et al.，2016）的经济发达地区而言，加大对环境保护的支持力度，走可持续发展道路更利于提高其整体系统的水环境效率。而对于一些欠发达地区，其两个子系统效率同样表现良好，如内蒙古，这可能是因为它们发展的往往是不会引起严重水污染的农牧产品加工业等。然而，还有一些发达地区的环境保护子系统表现不佳，如江苏与广东。这可能是因为这些地区有大量技术水平不一的中小企业，从而导致污染水平高、治理成本高等问题。

　　总体来说，合作博弈关系视角比非合作博弈关系视角更有利于我国工业运营水环境系统的可持续发展。然而，合作博弈关系视角常常存在多个最优解，需要基于协调度最优的 E-DEA 效率分解模型来进一步优化评价机制，优化结果如图 9-6～图 9-8 所示。

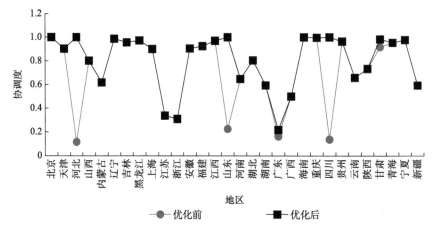

图 9-6　整体系统协调度的变化趋势

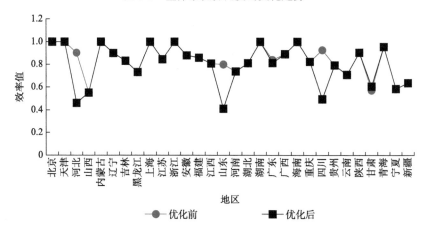

图 9-7　阶段 1 子系统效率变化趋势

　　如图 9-6 所示，通过协调度最优的效率分解模型优化后，两个子系统之间的协调度得到明显的提升，这也从侧面证明了合作博弈关系视角下的两阶段 E-DEA 模型常常存在多个最优解。例如，河北在优化前的协调度为 0.116，而优化后在整体系统效率保持不变的情况下协调度上升到 1.000。图 9-7 与图 9-8 代表两个子系统优化前后的效率变化趋势，可以发现，高协调度并不意味着高整体效率。例如，甘肃在优化后的协调度 $\theta^{CE} = 0.983$，但其两个阶段的效率仅分别为 $\theta^{CE1} = 0.605$，$\theta^{CE2} = 0.622$。

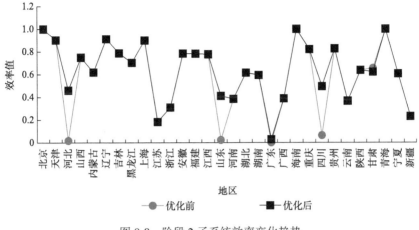

图 9-8　阶段 2 子系统效率变化趋势

9.7.3　多重关系视角下的工业水环境效率分析

为了克服多样关系视角下两阶段 E-DEA 方法的效率评价结果虚高且公信力不足的问题，本节分别以"独立-宽容型交叉评价"多重关系视角与"独立-乐观统一评价"多重关系视角为例，将多样关系视角拓展为多重关系视角，对我国工业运营水环境系统效率做进一步的分析。结果如图 9-9 所示。

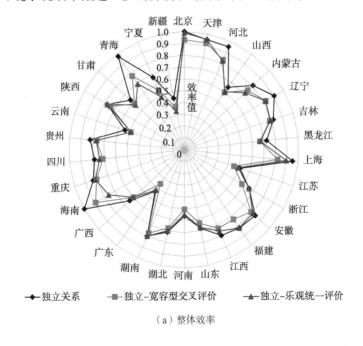

（a）整体效率

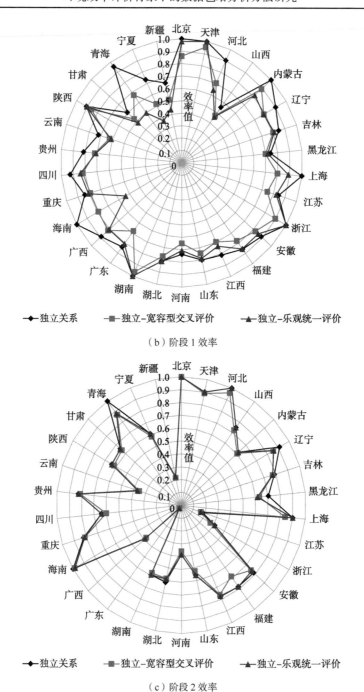

（b）阶段 1 效率

（c）阶段 2 效率

图 9-9　多重关系视角下 2014 年我国工业水环境系统效率

　　由图 9-9 可知，独立关系视角在评价 DMU 时仅从自我最优的角度出发，容易产生效率的高估。例如，海南在独立关系视角下，其整体系统、阶段 1 和阶段 2 两个子系统效率均为 1.000；而若综合考虑其他 DMU 对海南的评价，则它们的效率分别降为 0.888、0.791 和 0.985。正因为综合了"自评"与"他评"，使得"独立-宽容型交叉评价"多重关系视角下所得的结果更加全面，也更容易为所有 DMU 所接受。然而，交叉评价视角下的效率评价方法需要决策者对自身需求有很好的把握，否则就可能面临交叉评价策略选择难等问题，而考虑全体 DMU 效率最大化的统一评价视角能够弥补交叉评价视角的缺陷。因此，"独立-乐观统一评价"多重关系视角下的两阶段 E-DEA 模型能够在决策者并不完全清楚自身需求的情况下提供一个相对公平的视角来对 DMU 进行评价，其评价结果也较好地还原了 DMU 的真实效率。例如，海南在"独立-乐观统一评价"多重关系视角下，其整体系统、阶段 1 和阶段 2 两个子系统的效率分别为 0.758、0.535 和 0.981。该结果相对于独立关系视角下所得效率偏低的原因在于该视角的目的是使全体 DMU 的全局效率最大化，而非海南自身效率的最大化。因此，该评价结果也更加公正，并具有较好的说服力。

9.7.4　不同评价方法的结果比较

　　为了进一步说明本章方法的有效性与实用性，本节分别通过传统 E-DEA 方法 ［如式（9-7）所示］和引入非期望要素的 Chen 等（2009）的两阶段网络评价方法 ［如式（9-9）所示］对 2014 年我国各地区工业水环境的基本数据进行分析，结果如表 9-3 所示。

表 9-3　传统及拓展方法的分析结果对比

地区	传统 E-DEA 方法	Chen 等（2009）的方法（引入非期望要素后）					基于协调度最优的合作博弈关系两阶段 E-DEA 方法		
		ξ_1	ξ_2	θ_j^{CW}	θ_j^{CW1}	θ_j^{CW2}	θ_j^{CG}	θ_j^{CE1}	θ_j^{CE2}
北京	1.000	0.944	0.056	0.881	0.887	0.784	0.832	0.879	0.784
天津	1.000	0.656	0.344	1.000	1.000	1.000	1.000	1.000	1.000
河北	0.903	0.928	0.072	0.839	0.840	0.820	0.821	0.823	0.820
山西	0.552	1.000	0.000	0.858	0.858	0.757	0.820	0.858	0.782
内蒙古	1.000	0.953	0.047	0.608	0.605	0.655	0.614	0.605	0.622
辽宁	0.926	1.000	0.000	0.839	0.839	0.000	0.420	0.812	0.029
吉林	1.000	1.000	0.000	0.890	0.890	0.077	0.639	0.890	0.389
黑龙江	0.846	0.958	0.042	0.814	0.813	0.827	0.809	0.792	0.827

地区	传统 E-DEA 方法	Chen 等（2009）的方法（引入非期望要素后）					基于协调度最优的合作博弈关系两阶段 E-DEA 方法		
		ξ_1	ξ_2	θ_j^{CW}	θ_j^{CW1}	θ_j^{CW2}	θ_j^{CG}	θ_j^{CE1}	θ_j^{CE2}
上海	1.000	0.431	0.569	1.000	1.000	1.000	1.000	1.000	1.000
江苏	0.844	1.000	0.000	0.903	0.903	0.009	0.461	0.461	0.461
浙江	1.000	0.964	0.036	0.740	0.741	0.704	0.717	0.731	0.704
安徽	0.901	1.000	0.000	0.737	0.737	0.009	0.561	0.737	0.386
福建	0.862	1.000	0.000	0.810	0.810	0.573	0.712	0.810	0.614
江西	0.812	1.000	0.000	1.000	1.000	0.380	0.797	1.000	0.594
山东	0.799	1.000	0.000	1.000	1.000	0.288	0.809	1.000	0.619
河南	0.802	1.000	0.000	0.844	0.844	0.002	0.513	0.844	0.182
湖北	0.872	0.930	0.070	0.810	0.812	0.777	0.792	0.807	0.777
湖南	1.000	0.967	0.033	0.843	0.845	0.787	0.808	0.830	0.787
广东	0.839	1.000	0.000	0.900	0.900	0.019	0.906	0.900	0.912
广西	0.890	0.742	0.258	0.699	0.731	0.607	0.595	0.584	0.607
海南	1.000	0.000	1.000	1.000	0.895	1.000	0.977	0.955	1.000
重庆	0.947	1.000	0.000	0.903	0.903	0.448	0.770	0.903	0.637
四川	0.926	1.000	0.000	0.799	0.799	0.009	0.412	0.412	0.412
贵州	0.809	1.000	0.000	1.000	1.000	0.855	0.950	1.000	0.900
云南	0.708	0.982	0.018	0.557	0.553	0.749	0.650	0.551	0.749
陕西	0.969	1.000	0.000	0.926	0.926	0.030	0.495	0.495	0.495
甘肃	0.621	1.000	0.000	1.000	1.000	0.795	0.951	1.000	0.902
青海	1.000	0.962	0.038	0.641	0.657	0.230	0.433	0.635	0.230
宁夏	0.643	1.000	0.000	0.708	0.708	0.367	0.538	0.708	0.367
新疆	0.635	1.000	0.000	1.000	1.000	0.032	0.655	1.000	0.310

　　由表 9-3 可以看出，传统 E-DEA 方法只能从整体的层面来测算系统效率，而无法打开系统的结构"黑箱"以实现对两阶段系统效率的深层剖析。而 Chen 等（2009）的方法在对非期望要素进行拓展后，许多地区出现了两个子系统在整体系统中评价权重的扭曲。比如，许多地区的环境保护子系统通过该方法得到了极小的效率，如四川有 $\theta_j^{CW2}=0.009$。这是因为这些地区在进行整体水环境系统效率评价时，其环境保护子系统在整体系统中的重要性极低，如四川有 $\xi_2=5.67\times10^{-10}$

（由于格式所限，表 9-3 中显示为 0.000），从而使得整体系统效率几乎完全等价于经济发展子系统的评价效率，无法反映决策者在环境保护方面的需求。而基于协调度最优的合作博弈关系视角下的两阶段 E-DEA 模型的评价结果将整体系统效率合理地分解到两个子系统中，并同时兼顾了两个子系统各自的利益，因此更具实践意义和说服力。

第 10 章　时空复杂性网络结构
视角下的 E-DEA 方法

两阶段网络结构是最基本的网络结构，也是复杂网络结构的主要组成部分。虽然它能在一定程度上打开系统的结构"黑箱"，但现实中的 DMU 往往需要考虑更加复杂的空间结构及时间因素对其效率的影响。在这种情况下，仅仅通过两阶段网络结构是很难对系统结构进行很好的拟合的。因此，本章在两阶段网络结构的基础上，从空间与时间的双重维度进一步深入解析系统的结构"黑箱"，为决策者提供更加精准、更加详细的决策信息。

10.1　问题描述及测度方式的选择

10.1.1　具有时空复杂性的网络结构

随着决策者对解析 DMU 内部结构"黑箱"的日益重视，越来越多的学者在具有空间复杂性网络结构的系统效率评价方面做了相关研究。Wei 等（2011）讨论了一种不包含中间产出的基础多阶段网络 DEA 模型，并试图从投入/产出方面来寻找所有子系统距离变量之和最小化的方法，以此来测量它们的效率。马建峰和何枫（2015）以企业技术创新为研究对象，在同时考虑投入分配和中间产品分配两个问题的情况下构建了混合多阶段复杂网络结构 DEA 系统效率评价模型。Ang 和 Chen（2016）着重研究多阶段系统的效率分解问题，并建立了一种子系统的分类方法，以实现多阶段系统效率的整体评价及效率在不同阶段下的合理分解。

本节在前人研究的基础上，提出一类新的具有空间复杂性的多阶段网络结构，并将其描述如下：假设在这种网络结构中，共有 n 个 DMU。每个 DMU 不再只有两个子系统，而是有 q 个相互影响的子系统。其中，任意 DMU_j 的任一子系统 p

都有 I^p 个投入 x_{ij}^p（$i=1,2,\cdots,I^p$）、R^p 个产出 y_{rj}^p（$r=1,2,\cdots,R^p$）；受到第 k 个子系统 F^{kp} 种影响 z_{fj}^{kp}（$k=1,2,\cdots,q$；$k\neq p$；$f=1,2,\cdots,F^{kp}$），且对第 k 个子系统有 G^{pk} 种影响 z_{gj}^{pk}（$k=1,2,\cdots,q$；$k\neq p$；$g=1,2,\cdots,G^{pk}$），其具体的结构如图 10-1 所示。

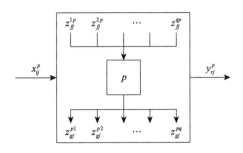

图 10-1　复杂多阶段网络结构

现有大多数关于网络结构系统的 DEA 方法研究都建立在系统处于静态不变的前提下；然而，在实际情况中，不同时期的系统之间往往也存在着相互影响的动态关系。赵萌（2011）将 DMU 在不同时期的效率值组成一个向量，并将其视为只有产出的新 DMU，以此来衡量并联系统的动态效率。Sinha（2015）认为，通过静态 DEA 视角得到的不同时期的系统效率是没有可比性的，在评价过程中应该考虑它们的动态关联性。Pointon 和 Matthews（2016）认为，对于部门行业来说，一些投入能起到长期的作用，不能仅用一个时点的情况来评判当前的效率，因此，其构建了动态 DEA 模型来评价英格兰和威尔士的供水和污水处理业的效率。

为了更好地对具有时空复杂性网络结构的系统进行解析，本章将动态评价的思想引入具有空间复杂性的网络结构中，使该系统更加贴近实际生产情况。其具体结构如图 10-2 所示。

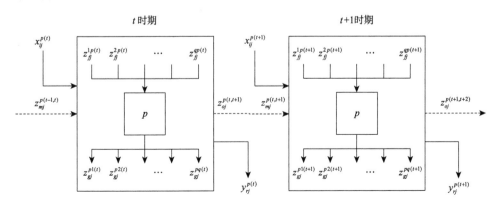

图 10-2　具有时空复杂性的网络结构

图 10-2 中，每个 DMU_j（$j=1,2,\cdots,n$）在 t（$t=1,2,\cdots,T$）时期内都有 q 个子系统。其中任一子系统 p 都有 I^p 个投入 $x_{ij}^{p(t)}$（$i=1,2,\cdots,I^p$）、R^p 个产出 $y_{rj}^{p(t)}$（$r=1,2,\cdots,R^p$）；受到第 k 个子系统 F^{kp} 种影响 $z_{fj}^{kp(t)}$（$k=1,2,\cdots,q$；$k\neq q$；$f=1,2,\cdots,F^{kp}$），对第 k 个子系统有 G^{pk} 种影响 $z_{gj}^{pk(t)}$（$k=1,2,\cdots,q$；$k\neq q$；$g=1,2,\cdots,G^{pk}$）；同时，子系统 p 又受到上一时期 M^p 种影响 $z_{mj}^{p(t-1,t)}$（$p=1,2,\cdots,q$；$m=1,2,\cdots,M^p$），并对下一时期有 O^p 种影响 $z_{oj}^{p(t,t+1)}$（$p=1,2,\cdots,q$；$m=1,2,\cdots,O^p$）。

根据传统 DEA 方法的"黑箱"评价视角，可以通过 T 时段内所有 DMU 的 x、y 及 $z_{mj}^{p(0,1)}$、$z_{oj}^{p(T,T+1)}$ 的数据来计算它们各自的整体效率。然而，传统 DEA 方法忽略了系统内部各个子系统间的相互影响和不同时期之间的动态联系，使该方法不仅无法完全体现生产过程的实际情况，更无法找出潜藏在系统内部的无效原因。而对于一般的两阶段网络 DEA 及 E-DEA 方法而言，其往往无法完全拟合兼具时空复杂性的网络结构。因此，决策者若想有针对性地改善系统效率，就需要同时从空间与时间双重维度上打开系统结构"黑箱"，构建更加精细的 DEA 模型。

10.1.2　系统效率测度方式选择

一般而言，在 DEA 理论中，除了传统的投入/产出比效率测度外，还有 DDF 测度（Huang et al., 2015）、SBM 测度（Boloori, 2016）、Russual 测度（Wu et al., 2015）等。而对于具体时空复杂性的网络结构效率评价问题来说，使用传统的投入/产出比效率测度就显得较为繁杂，且很难捋清不同子系统之间的相互关系，特别是当考虑了非期望要素之后，该测度方法就显得更加杂乱。因此，对于这种复杂网络结构系统效率的评价，许多学者采用了 SBM 的效率测度方式，使评价模型的结构更加清晰。何枫等（2015）关注我国钢铁工业的绿色转型问题，并基于 SBM 测度构建了网络 E-DEA 模型，以此来探讨考虑能源环境约束的钢铁企业绿色技术效率的变化。Chen 等（2016b）通过考虑中间变量的 SBM 测度方法来构建同时进行前沿面投影和整体效率分解的两阶段网络 DEA 模型，并以此来分析三种不同情况下的效率测度方式。Moreno 和 Loazno（2018）构建了 SBM 测度网络 DEA 模型来识别公共财政管理的无效根源，并引入超效率的概念来提高该模型对有效 DMU 的甄别能力。

此外，SBM 测度也是在 E-DEA 方法框架下处理非期望要素的主要途径之一。Tone（2004）正式提出了基于 SBM 测度的 E-DEA 模型，其具体建模方法如下：假设有 n 个具有可比性的 DMU，每个 DMU 都有 m 种投入、s 种期望产出和 h 种非期望产出。对于第 d 个 DMU 来说，其第 i 种投入的数量记为 x_{id}，第 r 种期望产出的数量记为 y_{rd}，第 f 种非期望产出的数量记为 $\overline{y}_{fd}$，则其效率可以表示为

$$\text{Min } \theta_d = \frac{1 - \dfrac{1}{m}\displaystyle\sum_{i=1}^{m}\dfrac{s_i^-}{x_{id}}}{1 + \dfrac{1}{s+h}\left(\displaystyle\sum_{r=1}^{s}\dfrac{s_r^+}{y_{rd}} + \displaystyle\sum_{f=1}^{h}\dfrac{\overline{s}_f^-}{\overline{y}_{fd}}\right)}$$

$$\text{s.t.} \quad x_{id} = \sum_{j=1}^{n}\lambda_j x_{ij} + s_i^-, \quad i = 1,2,\cdots,m$$

$$y_{rd} = \sum_{j=1}^{n}\lambda_j y_{rj} - s_r^+, \quad r = 1,2,\cdots,s \qquad (10\text{-}1)$$

$$\overline{y}_{fd} = \sum_{j=1}^{n}\lambda_j \overline{y}_{fj} + \overline{s}_f^-, \quad f = 1,2,\cdots,h$$

$$\forall s_i^-, \ s_r^+, \ \overline{s}_f^-, \ \lambda_j \geqslant 0$$

其中，λ_j 为决策变量，而 s_i^-、s_r^+、$\overline{s}_f^-$ 分别为投入、期望产出与非期望产出的松弛变量。

随后，大量基于 SBM 测度的 E-DEA 方法研究开始涌现。Li 和 Shi（2018）提出了基于 SBM 测度的超效率 E-DEA 模型，以此来衡量非期望要素在能源效率评价过程中的作用。Song 等（2015）提出了一种非期望产出导向的 SBM 测度 E-DEA 方法，并用以评价我国各地区运输业环境效率的变化。Bian 等（2016）构建了一种具有并联网络结构的 SBM 测度 E-DEA 模型，且将其应用在能源效率评价问题上。可以看出的是，SBM 效率测度方式在处理具有非期望要素的复杂网络结构系统效率评价问题时具有良好的效果。因此，在前文研究的基础上，本章选择 SBM 效率测度来构建 E-DEA 模型，并用以评价具有时空复杂性网络结构的系统效率。

10.2　空间复杂性网络结构视角下的 SBM 测度 E-DEA 方法

10.2.1　两阶段复杂网络结构 SBM 测度 DEA 模型

假设图 10-1 中的系统仅有两个子系统，即 $q = 2$，则该系统可以转化为如图 10-3 所示的形式。

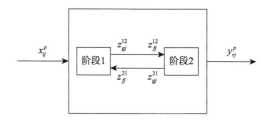

图 10-3 两阶段复杂网络结构系统

图 10-3 中，z_{fj}^{12} 和 z_{gj}^{12}、z_{fj}^{21} 和 z_{gj}^{21} 分别代表同一中间变量在两个子系统之间充当的不同角色，如对于阶段 1 来说，z_{fj}^{12} 是其对阶段 2 的影响要素，而对于阶段 2 来说，z_{gj}^{12} 则为其受阶段 1 的影响要素。可以看出，该系统与图 9-2 中的两阶段网络结构系统最大的不同在于，该系统中的两个子系统之间是相互影响的。

依据 Kao（2014b）所提的基于 SBM 测度的网络 DEA 模型，整体系统的效率可以由不同子系统的效率集结得到。因此，整个两阶段系统的效率可以表示为

$$\theta_j = w^1 \theta_j^1 + w^2 \theta_j^2 \qquad (10\text{-}2)$$

其中，θ_j^1 和 θ_j^2 分别为两个子系统的效率；w^1 和 w^2 分别为它们的权重。随后，Kao（2014b）在 Chen 等（2009）的两阶段重要性权重设定方法的基础上进行修正，将它们的权重定义为子系统的产出松弛变量占整个系统产出松弛变量和的比例，并将 w^1 和 w^2 分别表示为

$$w^1 = \cfrac{1 + \cfrac{1}{R^1 + G^{12}}\left(\sum_{r=1}^{R^1}\cfrac{s_{rd}^{1+}}{y_{rd}^1} + \sum_{g=1}^{G^{12}}\cfrac{s_{gd}^{12+}}{z_{gd}^{12}}\right)}{\left[1 + \cfrac{1}{R^1 + G^{12}}\left(\sum_{r=1}^{R^1}\cfrac{s_{rd}^{1+}}{y_{rd}^1} + \sum_{g=1}^{G^{12}}\cfrac{s_{gd}^{12+}}{z_{gd}^{12}}\right)\right] + \left[1 + \cfrac{1}{R^2 + G^{21}}\left(\sum_{r=1}^{R^2}\cfrac{s_{rd}^{2+}}{y_{rd}^2} + \sum_{g=1}^{G^{21}}\cfrac{s_{gd}^{21+}}{z_{gd}^{21}}\right)\right]}$$

$$(10\text{-}3)$$

和

$$w^2 = \cfrac{1 + \cfrac{1}{R^2 + G^{21}}\left(\sum_{r=1}^{R^2}\cfrac{s_{rd}^{2+}}{y_{rd}^2} + \sum_{g=1}^{G^{21}}\cfrac{s_{gd}^{21+}}{z_{gd}^{21}}\right)}{\left[1 + \cfrac{1}{R^1 + G^{12}}\left(\sum_{r=1}^{R^1}\cfrac{s_{rd}^{1+}}{y_{rd}^1} + \sum_{g=1}^{G^{12}}\cfrac{s_{gd}^{12+}}{z_{gd}^{12}}\right)\right] + \left[1 + \cfrac{1}{R^2 + G^{21}}\left(\sum_{r=1}^{R^2}\cfrac{s_{rd}^{2+}}{y_{rd}^2} + \sum_{g=1}^{G^{21}}\cfrac{s_{gd}^{21+}}{z_{gd}^{21}}\right)\right]}$$

$$(10\text{-}4)$$

事实上，该权重的设定方法仅适用于结构相似的系统，而对于一些结构特性不同、效率相差很大的系统并不适用，特别是在具有非期望要素的情况下。正如第 9 章中对该类权重设定方法的讨论，可知该方法可能导致子系统重要性扭曲的

现象。同时，在卞亦文（2012）对我国工业经济-环境系统的效率评价分析中，工业生产子系统与污染物处理子系统之间效率差距甚大的结果也从侧面印证了这一点。此时，若应用式（10-3）和式（10-4）来分别获取两个子系统对整体系统的影响权重，则可能导致效率低下的子系统对整体系统效率的影响被严重高估的问题，即子系统 p 的效率越低，产出松弛量越大，则 w^p 越大。因此，本节采用 9.4 节中对权重的设定方法，令 w^1 和 w^2 分别代表决策者对两个子系统的偏好，且其值为介于 0 到 1 之间的常数，并有 $w^1 + w^2 = 1$。

根据图 10-3 中两阶段系统的结构特征，两阶段 SBM 测度 DEA 效率评价模型可构建如下：

$$
\text{Min}\ w^1 \times \left(\frac{1 - \dfrac{1}{I^1 + F^{21}}\left(\sum\limits_{i=1}^{I^1} \dfrac{s_{id}^{1-}}{x_{id}^1} + \sum\limits_{f=1}^{F^{21}} \dfrac{s_{fd}^{21-}}{z_{fd}^{21}} \right)}{1 + \dfrac{1}{R^1 + G^{12}}\left(\sum\limits_{r=1}^{R^1} \dfrac{s_{rd}^{1+}}{y_{rd}^1} + \sum\limits_{g=1}^{G^{12}} \dfrac{s_{gd}^{12+}}{z_{gd}^{12}} \right)} \right) + w^2 \times \left(\frac{1 - \dfrac{1}{I^2 + F^{12}}\left(\sum\limits_{i=1}^{I^2} \dfrac{s_{id}^{2-}}{x_{id}^2} + \sum\limits_{f=1}^{F^{12}} \dfrac{s_{fd}^{12-}}{z_{fd}^{12}} \right)}{1 + \dfrac{1}{R^2 + G^{21}}\left(\sum\limits_{r=1}^{R^2} \dfrac{s_{rd}^{2+}}{y_{rd}^2} + \sum\limits_{g=1}^{G^{21}} \dfrac{s_{gd}^{21+}}{z_{gd}^{21}} \right)} \right)
$$

$$
\text{s.t.}\quad \sum_{j=1}^{n} \lambda_j x_{ij}^1 + s_{id}^{1-} = x_{id}^1,\quad i = 1, 2, \cdots, I^1;\quad \sum_{j=1}^{n} \lambda_j x_{ij}^2 + s_{id}^{2-} = x_{id}^2,\quad i = 1, 2, \cdots, I^2
$$

$$
\sum_{j=1}^{n} \lambda_j z_{fj}^{21} + s_{fd}^{21-} = z_{fd}^{21},\quad f = 1, 2, \cdots, F^{21};\quad \sum_{j=1}^{n} \lambda_j z_{fj}^{12} + s_{fd}^{12-} = z_{fd}^{12},\quad f = 1, 2, \cdots, F^{12}
$$

$$
\sum_{j=1}^{n} \lambda_j y_{rj}^1 - s_{rd}^{1+} = y_{rd}^1,\quad r = 1, 2, \cdots, R^1;\quad \sum_{j=1}^{n} \lambda_j y_{rj}^2 - s_{rd}^{2+} = y_{rd}^2,\quad r = 1, 2, \cdots, R^2
$$

$$
\sum_{j=1}^{n} \lambda_j z_{gj}^{12} - s_{gd}^{12+} = z_{gd}^{12},\quad g = 1, 2, \cdots, G^{12};\quad \sum_{j=1}^{n} \lambda_j z_{gj}^{21} - s_{gd}^{21+} = z_{gd}^{21},\quad g = 1, 2, \cdots, G^{21}
$$

$$
\forall \lambda,\ s^-,\ s^+ \geqslant 0
$$

$$
(10\text{-}5)
$$

其中，目标函数所得的最优值为 DMU_d 此时的最优效率 θ_d^*。

为了对式（10-5）进行求解，本节令 $\varepsilon^1 \times (1 + 1/(R^1 + G^{12}) \times (\sum\limits_{i=1}^{R^1}(s_{rd}^{1+}/y_{rd}^1) +$

$\sum\limits_{g=1}^{G^{12}}(s_{gd}^{12+}/z_{gd}^{12}))) = 1$，$\varepsilon^2 \times (1 + 1/(R^2 + G^{21}) \times (\sum\limits_{i=1}^{R^2}(s_{rd}^{2+}/y_{rd}^2) + \sum\limits_{g=1}^{G^{21}}(s_{gd}^{21+}/z_{gd}^{21}))) = 1$，

$\varepsilon^1 \times s_{id}^{1-} = S_{id}^{1-}$，$\varepsilon^1 \times s_{fd}^{21-} = S_{fd}^{21-}$，$\varepsilon^1 \times s_{rd}^{1+} = S_{rd}^{1+}$，$\varepsilon^1 \times s_{gd}^{12+} = S_{gd}^{12+}$，$\varepsilon^2 \times s_{id}^{2-} = S_{id}^{2-}$，

$\varepsilon^2 \times s_{fd}^{12-} = S_{fd}^{12-}$，$\varepsilon^2 \times s_{rd}^{2+} = S_{rd}^{2+}$，$\varepsilon^2 \times s_{gd}^{21+} = S_{gd}^{21+}$，$\varepsilon^1 \times \lambda_j = \xi_j^1$，$\varepsilon^2 \times \lambda_j = \xi_j^2$，则式

（10-5）可以转化为如下线性规划：

$$\mathrm{Min} \quad w^1 \times \left(\varepsilon^1 - \frac{1}{I^1 + F^{21}} \left(\sum_{i=1}^{I^1} \frac{S_{id}^{1-}}{x_{id}^1} + \sum_{f=1}^{F^{21}} \frac{S_{fd}^{21-}}{z_{fd}^{21}} \right) \right) + w^2 \times \left(\varepsilon^2 - \frac{1}{I^2 + F^{12}} \left(\sum_{i=1}^{I^2} \frac{S_{id}^{2-}}{x_{id}^2} + \sum_{f=1}^{F^{12}} \frac{S_{fd}^{12-}}{z_{fd}^{12}} \right) \right)$$

$$\mathrm{s.t.} \quad \varepsilon^1 + \frac{1}{R^1 + G^{12}} \left(\sum_{r=1}^{R^1} \frac{S_{rd}^{1+}}{y_{rd}^1} + \sum_{g=1}^{G^{12}} \frac{S_{gd}^{12+}}{z_{gd}^{12}} \right) = 1; \quad \varepsilon^2 + \frac{1}{R^2 + G^{21}} \left(\sum_{r=1}^{R^2} \frac{S_{rd}^{2+}}{y_{rd}^2} + \sum_{g=1}^{G^{21}} \frac{S_{gd}^{21+}}{z_{gd}^{21}} \right) = 1$$

$$\sum_{j=1}^n \xi_j^1 x_{ij}^1 + S_{id}^{1-} = \varepsilon^1 x_{id}^1, \quad i=1,2,\cdots,I^1; \quad \sum_{j=1}^n \xi_j^2 x_{ij}^2 + S_{id}^{2-} = \varepsilon^2 x_{id}^2, \quad i=1,2,\cdots,I^2$$

$$\sum_{j=1}^n \xi_j^1 z_{fj}^{21} + S_{fd}^{21-} = \varepsilon^1 z_{fd}^{21}, \quad f=1,2,\cdots,F^{21}; \quad \sum_{j=1}^n \xi_j^2 z_{fj}^{12} + S_{fd}^{12-} = \varepsilon^2 z_{fd}^{12}, \quad f=1,2,\cdots,F^{12}$$

$$\sum_{j=1}^n \xi_j^1 y_{rj}^1 - S_{rd}^{1+} = \varepsilon^1 y_{rd}^1, \quad r=1,2,\cdots,R^1; \quad \sum_{j=1}^n \xi_j^2 y_{rj}^2 - S_{rd}^{2+} = \varepsilon^2 y_{rd}^2, \quad r=1,2,\cdots,R^2$$

$$\sum_{j=1}^n \xi_j^1 z_{gj}^{12} - S_{gd}^{12+} = \varepsilon^1 z_{gd}^{12}, \quad g=1,2,\cdots,G^{12}; \quad \sum_{j=1}^n \xi_j^2 z_{gj}^{21} - S_{gd}^{21+} = \varepsilon^2 z_{gd}^{21}, \quad g=1,2,\cdots,G^{21}$$

$$\forall \xi, \varepsilon, S^-, S^+ \geqslant 0$$

$$（10\text{-}6）$$

由于 w^1 和 w^2 皆是由决策者偏好所决定的常数，所以该模型是一个线性规划。通过求解式（10-6），即可得到两阶段系统的最优效率 θ_d^*。

10.2.2　非期望要素在 SBM 测度模型中的拓展

在实际生产过程中，投入/产出要素可能不只有人们所期望看到的要素，还可能出现非期望要素。考虑非期望要素的 SBM 测度一般可以分为以下两种情况。

1）考虑非期望产出

当系统产出为非期望要素时，该产出越少越好。表现为产出约束中的剩余变量 s^+ 转化为松弛变量 $\bar{s}^-$，则其变量在 SBM 测度模型中的约束条件也应发生相应的改变。比如，系统具有非期望产出 $\bar{y}$，则其变量约束由式（10-5）中的 $\sum \lambda y_j - s^+ = y_d$ 转化为 $\sum \lambda \bar{y}_j + \bar{s}^- = \bar{y}_d$。

2）考虑非期望投入

当系统投入为非期望要素时，该投入越大越好。表现为投入约束中的松弛变量 s^- 转化为剩余变量 $\bar{s}^+$，则其变量在 SBM 测度模型中的约束条件也应发生相应的改变。比如，系统具有非期望投入 $\bar{x}$，则其变量约束由式（10-5）中的 $\sum \lambda x_j + s^- = x_d$ 转化为 $\sum \lambda \bar{x}_j - \bar{s}^+ = \bar{x}_d$。

通过这样的约束转换，式（10-5）可拓展为同时兼顾非期望产出和非期望投入的 SBM 测度 E-DEA 效率评价模型。可以看出，该 E-DEA 方法无须对非期望要素进行线性转换函数处理，保留了数据的原有特性，具有建模思路清晰明确的显著优势。

10.2.3　空间复杂性网络结构 SBM 测度 E-DEA 模型

根据图 10-1 中的系统结构，本节将两阶段网络系统 SBM 测度 DEA 模型推广至多阶段网络系统结构中，并考虑非期望要素在系统中的作用，构建空间复杂性网络结构系统的 SBM 测度 E-DEA 效率评价模型。主要过程如下。

假设每个 DMU 都具有 q 个相互影响的子系统。其中，任一子系统 p 都有 I^p 个期望投入 x_{ij}^p（$i=1,2,\cdots,I^p$），$\overline{I}^p$ 个非期望投入 $\overline{x}_{\overline{i}j}^p$（$\overline{i}=1,2,\cdots,\overline{I}^p$），$R^p$ 个期望产出 y_{rj}^p（$r=1,2,\cdots,R^p$），$\overline{R}^p$ 个非期望产出 $\overline{y}_{\overline{r}j}^p$（$\overline{r}=1,2,\cdots,\overline{R}^p$）；受到第 k 个子系统 F^{kp} 种期望影响 z_{fj}^{kp}（$k=1,2,\cdots,q$；$k\neq p$；$f=1,2,\cdots,F^{kp}$），$\overline{F}^{kp}$ 种非期望影响 $\overline{z}_{\overline{f}j}^{kp}$（$k=1,2,\cdots,q$；$k\neq p$；$\overline{f}=1,2,\cdots,\overline{F}^{kp}$），对第 k 个子系统有 G^{pk} 种期望影响 z_{gj}^{pk}（$k=1,2,\cdots,q$；$k\neq p$；$g=1,2,\cdots,G^{pk}$），$\overline{G}^{pk}$ 种非期望影响 $\overline{z}_{\overline{g}j}^{pk}$（$k=1,2,\cdots,q$；$k\neq p$；$\overline{g}=1,2,\cdots,\overline{G}^{pk}$），则对于 DMU_d 来说，其效率 θ_d 可以表示为

$$\theta_d=\sum_{p=1}^q w^p\theta^p \tag{10-7}$$

其中，θ^p 为 DMU_d 中子系统 p 的效率，则空间复杂性网络结构系统的 SBM 测度 E-DEA 效率评价模型可构建如下：

$$\text{Min }\sum_{p=1}^q w^p\times\frac{1-\dfrac{1}{I^p+\overline{I}^p+\displaystyle\sum_{\substack{k=1,k\neq p}}^q F^{kp}+\sum_{\substack{k=1,k\neq p}}^q \overline{F}^{kp}}\left(\displaystyle\sum_{i=1}^{I^p}\frac{s_{id}^{p-}}{x_{id}^{kp}}+\sum_{\overline{i}=1}^{\overline{I}^p}\frac{\overline{s}_{\overline{i}d}^{p+}}{\overline{x}_{\overline{i}d}^{kp}}+\sum_{\substack{k=1\\k\neq p}}^q\sum_{f=1}^{F^{kp}}\frac{s_{fk}^{kp-}}{z_{fd}^{kp}}+\sum_{\substack{k=1\\k\neq p}}^q\sum_{\overline{f}=1}^{\overline{F}^{kp}}\frac{\overline{s}_{\overline{f}d}^{kp+}}{\overline{z}_{\overline{f}d}^{kp}}\right)}{1+\dfrac{1}{R^p+\overline{R}^p+\displaystyle\sum_{\substack{k=1,k\neq p}}^q G^{pk}+\sum_{\substack{k=1,k\neq p}}^q \overline{G}^{pk}}\left(\displaystyle\sum_{r=1}^{R^p}\frac{s_{rd}^{p+}}{y_{rd}^{p}}+\sum_{\overline{r}=1}^{\overline{R}^p}\frac{\overline{s}_{\overline{r}d}^{p-}}{\overline{y}_{\overline{r}d}^{p}}+\sum_{\substack{k=1\\k\neq p}}^q\sum_{g=1}^{G^{pk}}\frac{s_{gd}^{pk+}}{z_{gd}^{pk}}+\sum_{\substack{k=1\\k\neq p}}^q\sum_{\overline{g}=1}^{\overline{G}^{pk}}\frac{\overline{s}_{\overline{g}d}^{pk-}}{\overline{z}_{\overline{g}d}^{pk}}\right)}$$

$\text{s.t.}\ \displaystyle\sum_{j=1}^n\lambda_j x_{ij}^p+s_{id}^{p-}=x_{id}^p,\quad i=1,2,\cdots,I^p;\quad \sum_{j=1}^n\lambda_j\overline{x}_{\overline{i}j}^p-\overline{s}_{\overline{i}d}^{p+}=\overline{x}_{\overline{i}d}^p,\quad \overline{i}=1,2,\cdots,\overline{I}^p$

$\displaystyle\sum_{j=1}^n\lambda_j y_{rj}^p-s_{rd}^{p+}=y_{rd}^p,\quad r=1,2,\cdots,R^p;\quad \sum_{j=1}^n\lambda_j\overline{y}_{\overline{r}j}^p+\overline{s}_{\overline{r}d}^{p-}=\overline{y}_{\overline{r}d}^p,\quad \overline{r}=1,2,\cdots,\overline{R}^p$

$\displaystyle\sum_{j=1}^n\lambda_j z_{fj}^{kp}+s_{fd}^{kp-}=z_{fd}^{kp},\quad f=1,2,\cdots,F^{kp};\ k=1,2,\cdots,q;\ k\neq p$

$\displaystyle\sum_{j=1}^n\lambda_j\overline{z}_{\overline{f}j}^{kp}-\overline{s}_{\overline{f}d}^{kp+}=\overline{z}_{\overline{f}d}^{kp},\quad \overline{f}=1,2,\cdots,\overline{F}^{kp};\ k=1,2,\cdots,q;\ k\neq p$

$\displaystyle\sum_{j=1}^n\lambda_j z_{gj}^{pk}-s_{gd}^{pk+}=z_{gd}^{pk},\quad g=1,2,\cdots,G^{pk};\ k=1,2,\cdots,q;\ k\neq p$

$$\sum_{j=1}^{n} \lambda_j \bar{z}_{\bar{g}}^{pk} + \bar{s}_{\bar{g}d}^{pk-} = \bar{z}_{\bar{g}d}^{pk}, \quad \bar{g} = 1, 2, \cdots, \bar{G}^{pk}; \ k = 1, 2, \cdots, q; \ k \neq p$$

$$\forall \lambda, \ s^-, \ s^+ \geqslant 0; \quad p = 1, 2, \cdots, q$$

$$（10\text{-}8）$$

其中，目标函数所得的最优值为 DMU_d 此时的最优效率 θ_d^*。通过与式（10-5）和式（10-6）一样的变量代换，式（10-8）也可转化为线性规划进行求解，本节就不再详细论述。

10.3　时空复杂性网络结构视角下的 SBM 测度 E-DEA 方法

10.3.1　时空复杂性网络结构 SBM 测度 E-DEA 模型

在实际生产过程中，不同时期的系统之间往往也存在着相互影响的动态关系。因此，在动态视角下对网络系统进行评价，能够更全面、更精确地解析复杂多阶段网络系统的结构"黑箱"。针对图 10-2 系统的动态特征，本节在空间复杂性网络结构 SBM 测度模型的基础上，继续深入分析，并将其效率表示为

$$\theta_j = \sum_{t=1}^{T} W^t \sum_{p=1}^{q} w^p \theta^{p(t)} \qquad （10\text{-}9）$$

其中，$\theta^{p(t)}$ 为子系统 p 在 t 时期的效率；W^t 为 t 时期的系统效率对整个 T 时段系统效率的重要性。不同于权重 w^p 的是，系统在不同时期的内部结构几乎是完全相同的，因此，在一般情况下，W^t 不存在不同时期重要性的扭曲问题。对于不同时期网络系统效率的权重 W^t，本节沿用 Kao（2014b）的权重设定方法，将 W^t 表示为当前时期的产出松弛变量占整个 T 时段总产出松弛变量的比例。因此，在考虑非期望要素的情况下，每个时期系统的权重可以表示为

$$W^t = \cfrac{1 + \cfrac{1}{R^p + \bar{R}^p + \sum\limits_{k=1,k\neq p}^{q} G^{kd} + \sum\limits_{k=1,k\neq p}^{q} \bar{G}^{pk} + O^p + \bar{O}^p} \left(\sum\limits_{r=1}^{R^p} \cfrac{s_{rd}^{p(t)+}}{y_{rd}^{p(t)}} + \sum\limits_{\bar{r}=1}^{\bar{R}^p} \cfrac{\bar{s}_{\bar{r}d}^{p(t)-}}{\bar{y}_{\bar{r}d}^{p(t)}} + \right.}{\sum\limits_{t=1}^{T} \left(1 + \cfrac{1}{R^p + \bar{R}^p + \sum\limits_{k=1,k\neq p}^{q} G^{pk} + \sum\limits_{k=1,k\neq p}^{q} \bar{G}^{pk} + O^p + \bar{O}^p} \left(\sum\limits_{r=1}^{R^p} \cfrac{s_{rd}^{p(t)+}}{y_{rd}^{p(t)}} + \sum\limits_{\bar{r}=1}^{\bar{R}^p} \cfrac{\bar{s}_{\bar{r}d}^{p(t)-}}{\bar{y}_{\bar{r}d}^{p(t)}} + \right. \right.}$$

$$
\left.
\begin{array}{c}
\displaystyle\sum_{k=1;k\neq p}^{q}\sum_{g=1}^{G^{pk}}\frac{s_{gd}^{pk(t)+}}{z_{gd}^{pk(t)}}+\sum_{\substack{k=1\\k\neq p}}^{q}\sum_{\bar{g}=1}^{\bar{G}^{pk}}\frac{\bar{s}_{\bar{g}d}^{pk(t)-}}{\bar{z}_{\bar{g}d}^{pk(t)}}+\sum_{o=1}^{O^p}\frac{s_{od}^{p(t,t+1)+}}{z_{od}^{p(t,t+1)}}+\sum_{\bar{o}=1}^{\bar{O}^p}\frac{\bar{s}_{\bar{o}d}^{p(t,t+1)-}}{\bar{z}_{\bar{o}d}^{p(t,t+1)}}
\end{array}
\right)
$$

$$
\left.
\begin{array}{c}
\displaystyle\sum_{k=1;k\neq p}^{q}\sum_{g=1}^{G^{pk}}\frac{s_{gd}^{pk(t)+}}{z_{gd}^{pk(t)}}+\sum_{\substack{k=1\\k\neq p}}^{q}\sum_{\bar{g}=1}^{\bar{G}^{pk}}\frac{\bar{s}_{\bar{g}d}^{pk(t)-}}{\bar{z}_{\bar{g}d}^{pk(t)}}+\sum_{o=1}^{O^p}\frac{s_{od}^{p(t,t+1)+}}{z_{od}^{p(t,t+1)}}+\sum_{\bar{o}=1}^{\bar{O}^p}\frac{\bar{s}_{\bar{o}d}^{p(t,t+1)-}}{\bar{z}_{\bar{o}d}^{p(t,t+1)}}
\end{array}
\right)
$$

$$（10\text{-}10）$$

又因为有

$$
\theta_d=\sum_{t=1}^{T}W^t\sum_{p=1}^{q}w^p\theta^{p(t)}=\sum_{p=1}^{q}w^p\sum_{t=1}^{T}W^t\theta^{p(t)} \tag{10-11}
$$

因此，对具有时空复杂性网络结构的系统来说，其 SBM 测度的 E-DEA 效率评价模型可构建如下：

$$
\mathrm{Min}\quad \theta_d=\sum_{p=1}^{q}w^p\times
\frac{\displaystyle\sum_{t=1}^{T}\left[1-\frac{1}{I^p+\bar{I}^p+\sum_{\substack{k=1\\k\neq p}}^{q}F^{kp}+\sum_{\substack{k=1\\k\neq p}}^{q}\bar{F}^{kp}+M^p+\bar{M}^p}\left(\sum_{i=1}^{I^p}\frac{s_{id}^{p(t)-}}{x_{id}^{p(t)}}\right.\right.}{\displaystyle\sum_{t=1}^{T}\left[1+\frac{1}{R^p+\bar{R}^p+\sum_{\substack{k=1\\k\neq p}}^{q}G^{pk}+\sum_{\substack{k=1\\k\neq p}}^{q}\bar{G}^{pk}+O^p+\bar{O}^p}\left(\sum_{r=1}^{R^p}\frac{s_{rd}^{p(t)+}}{y_{rd}^{p(t)}}\right.\right.}
$$

$$
+\sum_{\bar{i}=1}^{\bar{I}^p}\frac{\bar{s}_{\bar{i}d}^{p(t)+}}{\bar{x}_{\bar{i}d}^{p}}+\sum_{\substack{k=1\\k\neq p}}^{q}\sum_{f=1}^{F^{kp}}\frac{s_{fd}^{kp(t)-}}{z_{fd}^{kp(t)}}+\sum_{\substack{k=1\\k\neq p}}^{q}\sum_{\bar{f}=1}^{\bar{F}^{kp}}\frac{\bar{s}_{\bar{f}d}^{kp(t)+}}{\bar{z}_{\bar{f}d}^{kp(t)}}+\sum_{m=1}^{M^p}\frac{s_{md}^{p(t-1,t)-}}{z_{md}^{p(t-1,t)}}+\sum_{\bar{m}=1}^{\bar{M}^p}\frac{\bar{s}_{\bar{m}d}^{p(t-1,t)+}}{\bar{z}_{\bar{m}d}^{p(t-1,t)}}
$$

$$
+\sum_{\bar{r}=1}^{\bar{R}^p}\frac{\bar{s}_{\bar{r}d}^{p(t)-}}{\bar{y}_{\bar{r}d}^{p(t)}}+\sum_{\substack{k=1\\k\neq p}}^{q}\sum_{g=1}^{G^{pk}}\frac{s_{gd}^{pk(t)+}}{z_{gd}^{pk(t)}}+\sum_{\substack{k=1\\k\neq p}}^{q}\sum_{\bar{g}=1}^{\bar{G}^{pk}}\frac{\bar{s}_{\bar{g}d}^{pk(t)-}}{\bar{z}_{\bar{g}d}^{pk(t)}}+\sum_{o=1}^{O^p}\frac{s_{od}^{p(t,t+1)+}}{z_{od}^{p(t,t+1)}}+\sum_{\bar{o}=1}^{\bar{O}^p}\frac{\bar{s}_{\bar{o}d}^{p(t,t+1)-}}{\bar{z}_{\bar{o}d}^{p(t,t+1)}}
$$

$$
\mathrm{s.t.}\quad \sum_{j=1}^{n}\lambda_j x_{ij}^{p(t)}+s_{id}^{p(t)-}=x_{id}^{p(t)},\quad i=1,2,\cdots,I^p;\quad \sum_{j=1}^{n}\lambda_j \bar{x}_{ij}^{p(t)}-\bar{s}_{\bar{i}d}^{p(t)+}=\bar{x}_{\bar{i}d}^{p(t)},\quad \bar{i}=1,2,\cdots,\bar{I}^p
$$

$$\sum_{j=1}^{n} \lambda_j y_{rj}^{p(t)} - s_{rd}^{p(t)+} = y_{rd}^{p(t)}, \quad r=1,2,\cdots,R^p; \quad \sum_{j=1}^{n} \lambda_j \overline{y}_{\overline{r}j}^{p(t)} + \overline{s}_{\overline{r}d}^{p(t)-} = \overline{y}_{\overline{r}d}^{p(t)}, \quad \overline{r}=1,2,\cdots,\overline{R}^p$$

$$\sum_{j=1}^{n} \lambda_j z_{jd}^{kp(t)} + s_{fd}^{kp(t)-} = z_{fd}^{kp(t)}, \quad f=1,2,\cdots,F^{kp}; \quad k=1,2,\cdots,q; \; k\neq p$$

$$\sum_{j=1}^{n} \lambda_j \overline{z}_{\overline{f}j}^{kp(t)} - \overline{s}_{\overline{f}d}^{kp(t)+} = \overline{z}_{\overline{f}d}^{kp(t)}, \quad \overline{f}=1,2,\cdots,\overline{F}^{kp}; \quad k=1,2,\cdots,q; \; k\neq p$$

$$\sum_{j=1}^{n} \lambda_j z_{gj}^{pk(t)} - s_{gd}^{pk(t)+} = z_{gd}^{pk(t)}, \quad g=1,2,\cdots,G^{pk}; \quad k=1,2,\cdots,q; \; k\neq p$$

$$\sum_{j=1}^{n} \lambda_j \overline{z}_{\overline{g}j}^{pk(t)} + \overline{s}_{\overline{g}d}^{pk(t)-} = \overline{z}_{\overline{g}d}^{pk(t)}, \quad \overline{g}=1,2,\cdots,\overline{G}^{pk}; \quad k=1,2,\cdots,q; \; k\neq p$$

$$\sum_{j=1}^{n} \lambda_j z_{mj}^{p(t-1,t)} + s_{md}^{p(t-1,t)-} = z_{md}^{p(t-1,t)}, \quad m=1,2,\cdots,M^p$$

$$\sum_{j=1}^{n} \lambda_j \overline{z}_{\overline{m}j}^{p(t-1,t)} - \overline{s}_{\overline{m}d}^{p(t-1,t)+} = \overline{z}_{\overline{m}d}^{p(t-1,t)}, \quad \overline{m}=1,2,\cdots,\overline{M}^p$$

$$\sum_{j=1}^{n} \lambda_j z_{oj}^{p(t,t+1)} - s_{od}^{p(t,t+1)+} = z_{od}^{p(t,t+1)}, \quad o=1,2,\cdots,O^p$$

$$\sum_{j=1}^{n} \lambda_j \overline{z}_{\overline{o}j}^{p(t,t+1)} + \overline{s}_{\overline{o}d}^{p(t,t+1)-} = \overline{z}_{\overline{o}d}^{p(t,t+1)}, \quad \overline{o}=1,2,\cdots,\overline{O}^p$$

$$\forall \lambda, \; s^-, \; s^+ \geqslant 0; \quad p=1,2,\cdots,q; \quad t=1,2,\cdots,T$$

$$(10\text{-}12)$$

需要注意的是，λ_j 不随时间 t 的变化而变化，这体现了系统不同时期之间的动态关联性。为了方便求解，本节令 $\varepsilon^p \times \sum_{t=1}^{T}(1+1/(R^p+\overline{R}^p+\sum_{k=1,k\neq p}^{q} G^{pk}+$

$\sum_{k=1,k\neq p}^{q} \overline{G}^{pk}+O^p+\overline{O}^p)\times(\sum_{r=1}^{R^p}(s_{rd}^{p(t)+}/y_{rd}^{p(t)})+\sum_{\overline{r}=1}^{\overline{R}^p}(\overline{s}_{\overline{r}d}^{p(t)-}/\overline{y}_{\overline{r}d}^{p(t)})+\sum_{k=1,k\neq p}^{q}\sum_{g=1}^{G^{pk}}(s_{gd}^{pk(t)+}/z_{gd}^{pk(t)})+$

$\sum_{k=1,k\neq p}^{q}\sum_{\overline{g}=1}^{\overline{G}^{pk}}(\overline{s}_{\overline{g}d}^{pk(t)-}/\overline{z}_{\overline{g}d}^{pk(t)})+\sum_{o=1}^{O^p}(s_{od}^{p(t,t+1)+}/z_{od}^{p(t,t+1)})+\sum_{\overline{o}=1}^{\overline{O}^p}(\overline{s}_{\overline{o}d}^{p(t,t+1)-}/\overline{z}_{\overline{o}d}^{p(t,t+1)})))=1$，$\varepsilon^p \times$

$s_{id}^{p(t)-}=S_{id}^{p(t)-}$，$\varepsilon^p \times \overline{s}_{\overline{i}d}^{p(t)+}=\overline{S}_{\overline{i}d}^{p(t)+}$，$\varepsilon^p \times s_{rd}^{p(t)+}=S_{rd}^{p(t)+}$，$\varepsilon^p \times \overline{s}_{\overline{r}d}^{p(t)-}=\overline{S}_{\overline{r}d}^{p(t)-}$，$\varepsilon^p \times$

$s_{fd}^{kp(t)-}=S_{fd}^{kp(t)-}$，$\varepsilon^p \times \overline{s}_{\overline{f}d}^{kp(t)+}=\overline{S}_{\overline{f}d}^{kp(t)+}$，$\varepsilon^p \times s_{gd}^{pk(t)+}=S_{gd}^{pk(t)+}$，$\varepsilon^p \times \overline{s}_{\overline{g}d}^{pk(t)-}=\overline{S}_{\overline{g}d}^{pk(t)-}$，

$\varepsilon^p \times s_{md}^{p(t-1,t)-}=S_{md}^{p(t-1,t)-}$，$\varepsilon^p \times \overline{s}_{\overline{m}d}^{p(t-1,t)+}=\overline{S}_{\overline{m}d}^{p(t-1,t)+}$，$\varepsilon^p \times s_{od}^{p(t,t+1)+}=S_{od}^{p(t,t+1)+}$，$\varepsilon^p \times$

$\overline{s}_{\overline{o}d}^{p(t,t+1)-}=\overline{S}_{\overline{o}d}^{p(t,t+1)-}$，$\varepsilon^p \times \lambda_j=\xi_j^p$，则式（10-12）可以转化为线性规划，具体如下：

$$\text{Min}\quad \theta_d = \sum_{p=1}^{q} w^p \sum_{t=1}^{T} \left\{ \varepsilon^p - \frac{1}{I^p + \overline{I}^p + \sum_{\substack{k=1 \\ k \neq p}}^{q} F^{kp} + \sum_{\substack{k=1 \\ k \neq p}}^{q} \overline{F}^{kp} + M^p + \overline{M}^p} \left(\sum_{i=1}^{I^p} \frac{S_{id}^{p(t)-}}{x_{id}^{p(t)}} \right. \right.$$

$$\left. \left. + \sum_{\overline{i}=1}^{\overline{I}^p} \frac{\overline{S}_{\overline{i}d}^{p(t)+}}{\overline{x}_{\overline{i}d}^{kp}} + \sum_{\substack{k=1 \\ k \neq p}}^{q} \sum_{f=1}^{F^{kp}} \frac{S_{fd}^{kp(t)-}}{z_{fd}^{kp(t)}} + \sum_{\substack{k=1 \\ k \neq p}}^{q} \sum_{\overline{f}=1}^{\overline{F}^{kp}} \frac{\overline{S}_{\overline{f}d}^{kp(t)+}}{\overline{z}_{\overline{f}d}^{kp(t)}} + \sum_{m=1}^{M^p} \frac{S_{md}^{p(t-1,t)-}}{z_{md}^{p(t-1,t)}} + \sum_{\overline{m}=1}^{\overline{M}^p} \frac{\overline{S}_{\overline{m}d}^{p(t-1,t)+}}{\overline{z}_{\overline{m}d}^{p(t-1,t)}} \right) \right\}$$

$$\text{s.t.}\quad \sum_{t=1}^{T} \left\{ \varepsilon^p + \frac{1}{R^p + \overline{R}^p + \sum_{\substack{k=1 \\ k \neq p}}^{q} G^{pk} + \sum_{\substack{k=1 \\ k \neq p}}^{q} \overline{G}^{pk} + O^p + \overline{O}^p} \left(\sum_{r=1}^{R^p} \frac{S_{rd}^{p(t)+}}{y_{rd}^{p(t)}} \right. \right.$$

$$\left. \left. + \sum_{\overline{r}=1}^{\overline{R}^p} \frac{\overline{S}_{\overline{r}d}^{p(t)-}}{\overline{y}_{\overline{r}d}^{p(t)}} + \sum_{\substack{k=1 \\ k \neq p}}^{q} \sum_{g=1}^{G^{pk}} \frac{S_{gd}^{pk(t)+}}{z_{gd}^{pk(t)}} + \sum_{\substack{k=1 \\ k \neq p}}^{q} \sum_{\overline{g}=1}^{\overline{G}^{pk}} \frac{\overline{S}_{\overline{g}d}^{pk(t)-}}{\overline{z}_{\overline{g}d}^{pk(t)}} + \sum_{o=1}^{O^p} \frac{S_{od}^{p(t,t+1)+}}{z_{od}^{p(t,t+1)}} + \sum_{\overline{o}=1}^{\overline{O}^p} \frac{\overline{S}_{\overline{o}d}^{p(t,t+1)-}}{\overline{z}_{\overline{o}d}^{p(t,t+1)}} \right) \right\} = 1$$

$$\sum_{j=1}^{n} \xi_j^p x_{ij}^{p(t)} + S_{id}^{p(t)-} = \varepsilon^P x_{id}^{p(t)}, \quad i = 1, 2, \cdots, I^p; \quad \sum_{j=1}^{n} \xi_j^p \overline{x}_{\overline{i}j}^{p(t)} - \overline{S}_{\overline{i}d}^{p(t)+} = \varepsilon^P \overline{x}_{\overline{i}d}^{p(t)} \quad \overline{i} = 1, 2, \cdots, \overline{I}^p$$

$$\sum_{j=1}^{n} \xi_j^p y_{rj}^{p(t)} - S_{rd}^{p(t)+} = \varepsilon^P y_{rd}^{p(t)}, \quad r = 1, 2, \cdots, R^p; \quad \sum_{j=1}^{n} \xi_j^p \overline{y}_{\overline{r}j}^{p(t)} + \overline{S}_{\overline{r}d}^{p(t)-} = \varepsilon^P \overline{y}_{\overline{r}d}^{p(t)} \quad \overline{r} = 1, 2, \cdots, \overline{R}^p$$

$$\sum_{j=1}^{n} \xi_j^p z_{jd}^{kp(t)} + S_{fd}^{kp(t)-} = \varepsilon^P z_{fd}^{kp(t)}, \quad f = 1, 2, \cdots, F^{kp}; \quad k = 1, 2, \cdots, q; \quad k \neq p$$

$$\sum_{j=1}^{n} \xi_j^p \overline{z}_{\overline{f}j}^{kp(t)} - \overline{S}_{\overline{f}d}^{kp(t)+} = \varepsilon^P \overline{z}_{\overline{f}d}^{kp(t)}, \quad \overline{f} = 1, 2, \cdots, \overline{F}^{kp}; \quad k = 1, 2, \cdots, q; \quad k \neq p$$

$$\sum_{j=1}^{n} \xi_j^p z_{gj}^{pk(t)} - S_{gd}^{pk(t)+} = \varepsilon^P z_{gd}^{pk(t)}, \quad g = 1, 2, \cdots, G^{pk}; \quad k = 1, 2, \cdots, q; \quad k \neq p$$

$$\sum_{j=1}^{n} \xi_j^p \overline{z}_{\overline{g}j}^{pk(t)} + \overline{S}_{\overline{g}d}^{pk(t)-} = \varepsilon^P \overline{z}_{\overline{g}d}^{pk(t)}, \quad \overline{g} = 1, 2, \cdots, \overline{G}^{pk}; \quad k = 1, 2, \cdots, q; \quad k \neq p$$

$$\sum_{j=1}^{n} \xi_j^p z_{mj}^{p(t-1,t)} + S_{md}^{p(t-1,t)-} = \varepsilon^P z_{md}^{p(t-1,t)}, \quad m = 1, 2, \cdots, M^p$$

$$\sum_{j=1}^{n} \xi_j^p \overline{z}_{\overline{m}j}^{p(t-1,t)} - \overline{S}_{\overline{m}d}^{p(t-1,t)+} = \varepsilon^P \overline{z}_{\overline{m}d}^{p(t-1,t)}, \quad \overline{m} = 1, 2, \cdots, \overline{M}^p$$

$$\sum_{j=1}^{n} \xi_j^p z_{oj}^{p(t,t+1)} - S_{od}^{p(t,t+1)+} = \varepsilon^P z_{od}^{p(t,t+1)}, \quad o = 1, 2, \cdots, O^p$$

$$\sum_{j=1}^{n} \xi_j^p \overline{z}_{\bar{o}j}^{p(t,t+1)} + \overline{S}_{\bar{o}d}^{p(t,t+1)-} = \varepsilon^P \overline{z}_{\bar{o}d}^{p(t,t+1)}, \quad \overline{o} = 1, 2, \cdots, \overline{O}^p$$

$$\forall \xi_j^p, \varepsilon, S^-, S^+ \geqslant 0; \quad p = 1, 2, \cdots, q; \quad t = 1, 2, \cdots, T$$

$$（10\text{-}13）$$

10.3.2　基于多目标规划的效率分解模型

若式（10-12）有一组最优解 $(s_{id}^{p(t)*}, \overline{s}_{\bar{i}d}^{p(t)*}, s_{fd}^{kp(t)*}, \overline{s}_{\bar{f}d}^{kp(t)*}, s_{md}^{p(t-1,t)*}, \overline{s}_{\bar{m}d}^{p(t-1,t)*}, s_{rd}^{p(t)*},$ $\overline{s}_{\bar{r}d}^{p(t)*}, s_{gd}^{pk(t)*}, \overline{s}_{\bar{g}d}^{pk(t)*}, s_{od}^{p(t,t+1)*}, \overline{s}_{\bar{o}d}^{p(t,t+1)*})$，则 DMU_d 在 t 时期的过程 p 的效率值可表示为

$$\theta_d^{p(t)} = \frac{1 - \dfrac{1}{I^p + \overline{I}^p + \displaystyle\sum_{k=1; k \neq p}^{q} F^{kp} + \displaystyle\sum_{k=1; k \neq p}^{q} \overline{F}^{kp} + M^p + \overline{M}^p} \left(\displaystyle\sum_{i=1}^{I^p} \dfrac{s_{id}^{p(t)*}}{x_{id}^{p(t)}} + \cdots \right)}{1 + \dfrac{1}{R^p + \overline{R}^p + \displaystyle\sum_{k=1; k \neq p}^{q} G^{pk} + \displaystyle\sum_{k=1; k \neq p}^{q} \overline{G}^{pk} + O^p + \overline{O}^p} \left(\displaystyle\sum_{r=1}^{R^p} \dfrac{s_{rd}^{p(t)*}}{y_{rd}^{p(t)}} + \cdots \right)}$$

$$\cfrac{\displaystyle\sum_{\bar{i}=1}^{\overline{I}^p} \dfrac{\overline{s}_{\bar{i}d}^{p(t)*}}{\overline{x}_{\bar{i}d}^p} + \sum_{\substack{k=1\\ k\neq p}}^{q} \sum_{f=1}^{F^{kp}} \dfrac{s_{fd}^{kp(t)*}}{z_{fd}^{kp(t)}} + \sum_{\substack{k=1\\ k\neq p}}^{q} \sum_{\bar{f}=1}^{\overline{F}^{kp}} \dfrac{\overline{s}_{\bar{f}d}^{kp(t)*}}{\overline{z}_{\bar{f}d}^{kp(t)}} + \sum_{m=1}^{M^p} \dfrac{s_{md}^{p(t-1,t)*}}{z_{md}^{p(t-1,t)}} + \sum_{\bar{m}=1}^{\overline{M}^p} \dfrac{\overline{s}_{\bar{m}d}^{p(t-1,t)*}}{\overline{z}_{\bar{m}d}^{p(t-1,t)}}}{\displaystyle\sum_{\bar{r}=1}^{\overline{R}^p} \dfrac{\overline{s}_{\bar{r}d}^{p(t)*}}{\overline{y}_{\bar{r}d}^{p(t)}} + \sum_{\substack{k=1\\ k\neq p}}^{q} \sum_{g=1}^{G^{pk}} \dfrac{s_{gd}^{pk(t)*}}{z_{gd}^{pk(t)}} + \sum_{\substack{k=1\\ k\neq p}}^{q} \sum_{\bar{g}=1}^{\overline{G}^{pk}} \dfrac{\overline{s}_{\bar{g}d}^{pk(t)*}}{\overline{z}_{\bar{g}d}^{pk(t)}} + \sum_{o=1}^{O^p} \dfrac{s_{od}^{p(t,t+1)*}}{z_{od}^{p(t,t+1)}} + \sum_{\bar{o}=1}^{\overline{O}^p} \dfrac{\overline{s}_{\bar{o}d}^{p(t,t+1)*}}{\overline{z}_{\bar{o}d}^{p(t,t+1)}}}$$

$$（10\text{-}14）$$

而 DMU_d 在 t 时期的整体效率可以表示为 $\theta_d^t = \sum\limits_{p=1}^{q} w^p \theta_d^{p(t)}$，其中 w^p 为决策者对不同子系统的偏好所决定的常数，且有 $\sum\limits_{p=1}^{q} w^p = 1$；$\mathrm{DMU}_d$ 的子系统 q 在整个 T 时段内的效率可以表示为 $\theta_d^p = \sum\limits_{t=1}^{T} W^t \theta_d^{p(t)}$，其中 W^t 由式（10-10）所得，并代表 t 时期的系统效率对整个 T 时段系统效率的重要性，并有 $\sum\limits_{t=1}^{T} W^t = 1$。

定理 10-1　若 $\theta_d^* = 1$，则 $\theta_d^{(t)*} = \theta_d^{p*} = 1$（$t = 1,2,\cdots,T$; $p = 1,2,\cdots,q$）。其中，θ_d^*、$\theta_d^{(t)*}$、θ_d^{p*} 分别为 DMU$_d$ 在 T 时段内的整体系统最优效率、在时期 t 的整体系统最优效率和其过程 q 在 T 时段内的最优效率。

证明　若 $\theta_d^* = 1$，则所有松弛变量 s^-、s^+ 皆为 0。因此，由式（10-14）可知，$\theta_d^{p(t)*} = 1$。又因为 $\theta_d^{(t)*}$、θ_d^{p*} 都是 $\theta_d^{p(t)*}$ 的凸线性组合，且有 $\sum_{p=1}^{q} w^p = 1$ 和 $\sum_{t=1}^{T} W^t = 1$，从而可得 $\theta_d^{(t)*} = \theta_d^{p*} = 1$。

证毕。

同理可证以下推论。

推论 10-1　若 $\theta_d^{(t)*} = 1$，则 $\theta_d^{p(t)*} = 1$（$p=1,2,\cdots,q$）。

推论 10-2　若 $\theta_d^{p*} = 1$，则 $\theta_d^{p(t)*} = 1$（$t=1,2,\cdots,T$）。

事实上，在式（10-14）的求解过程中，其最优解常常出现不唯一的情况。这就使整个 T 时段的系统效率在分解为不同时期系统效率的过程中可能出现多种不同的方案。传统的解决方法是在保持 T 时段内整体系统效率最优的前提下，优先考虑某一时期的系统效率，以此获取相对唯一的效率分解方案（Liang et al.，2006）。然而，在实际评价过程中，决策者通常并没有充分的理由来判断哪一个时期的系统效率更加重要。而由于具有时空复杂性网络结构的 SBM 测度 E-DEA 模型结构的复杂性，9.4.2 节中提出的分解方法也很难推广应用到该模型。因此，本节基于多目标规划方法，构建分时期系统效率最优的效率分解模型，用以在一定程度上解决最优解不唯一的问题。其建模思路如下：在实际中，决策者往往希望每一时期的系统效率皆尽可能高；因此，对于具有时空复杂性网络结构的系统而言，在其整体系统效率等于最优效率的前提下使 $\theta_d^{p(t)*}$（$t=1,2,\cdots,T$）中的最小值最大化更符合决策者的实际利益。具体模型如式（10-15）所示。

$$\text{Max}\quad \tau = \underset{t \in \{1,2,\cdots,T\}}{\text{Min}}\ \theta_d^{(t)*}$$

$$\text{s.t.}\quad \sum_{p=1}^{q} w^p \times \cfrac{\displaystyle\sum_{t=1}^{T}\left(1 - \cfrac{1}{I^p + \bar{I}^p + \displaystyle\sum_{k=1; k \neq p}^{q} F^{kp} + \displaystyle\sum_{k=1; k \neq p}^{q} \bar{F}^{kp} + M^p + \bar{M}^p}\left(\displaystyle\sum_{i=1}^{I^p} \cfrac{s_{id}^{p(t)-}}{x_{id}^{p(t)}} + \right.\right.}{\displaystyle\sum_{t=1}^{T}\left(1 + \cfrac{1}{R^p + \bar{R}^p + \displaystyle\sum_{k=1; k \neq p}^{q} G^{pk} + \displaystyle\sum_{k=1; k \neq p}^{q} \bar{G}^{pk} + O^p + \bar{O}^p}\left(\displaystyle\sum_{r=1}^{R^p} \cfrac{s_{rd}^{p(t)+}}{y_{rd}^{p(t)}} + \right.\right.}$$

$$\frac{\left(\begin{array}{l}\sum\limits_{\bar{i}=1}^{\bar{I}^p} \dfrac{\bar{s}_{\bar{i}d}^{p(t)+}}{\bar{x}_{\bar{i}d}^{p(t)}} + \sum\limits_{\substack{k=1\\k\neq p}}^{q} \sum\limits_{f=1}^{F^{kp}} \dfrac{s_{fd}^{kp(t)-}}{z_{fd}^{kp(t)}} + \sum\limits_{\substack{k=1\\k\neq p}}^{q} \sum\limits_{f=1}^{\bar{F}^{kp}} \dfrac{\bar{s}_{\bar{f}d}^{kp(t)+}}{\bar{z}_{\bar{f}d}^{kp(t)}} + \sum\limits_{m=1}^{M^p} \dfrac{s_{md}^{p(t-1,t)-}}{z_{md}^{p(t-1,t)}} + \sum\limits_{\bar{m}=1}^{\bar{M}^p} \dfrac{\bar{s}_{\bar{m}d}^{p(t-1,t)+}}{\bar{z}_{\bar{m}d}^{p(t-1,t)}}\end{array}\right)}{\left(\begin{array}{l}\sum\limits_{\bar{r}=1}^{\bar{R}^p} \dfrac{\bar{s}_{\bar{r}d}^{p(t)-}}{\bar{y}_{\bar{r}d}^{p(t)}} + \sum\limits_{\substack{k=1\\k\neq p}}^{q} \sum\limits_{g=1}^{G^{pk}} \dfrac{s_{gd}^{pk(t)+}}{z_{gd}^{pk(t)}} + \sum\limits_{\substack{k=1\\k\neq p}}^{q} \sum\limits_{\bar{g}=1}^{\bar{G}^{pk}} \dfrac{\bar{s}_{\bar{g}d}^{pk(t)-}}{\bar{z}_{\bar{g}d}^{pk(t)}} + \sum\limits_{o=1}^{O^p} \dfrac{s_{od}^{p(t,t+1)+}}{z_{od}^{p(t,t+1)}} + \sum\limits_{\bar{o}=1}^{\bar{O}^p} \dfrac{\bar{s}_{\bar{o}d}^{p(t,t+1)-}}{\bar{z}_{\bar{o}d}^{p(t,t+1)}}\end{array}\right)} = \theta_d^*$$

$$(10\text{-}15)$$

其余约束同式（10-12）。

式（10-15）中，第一条约束用以保证整体效率等于最优效率 θ_d^*。由于式（10-15）的其余约束条件与式（10-12）相同，可知式（10-15）的最优解必然是式（10-12）的可行解。从本质上说，式（10-15）是在式（10-12）解集的基础上做了一个二次规划，因此，其解集显然是式（10-12）解集中满足某一特定条件的子集。因此，通过式（10-15），可以大大减少出现不唯一解的可能性，从而得到较为稳定的效率分解方案。

为了方便求解，式（10-15）又可以表示为

Max τ

s.t. $\displaystyle\sum_{p=1}^{q} w^p \times \dfrac{\displaystyle\sum_{t=1}^{T}\left\{1 - \dfrac{1}{I^p + \bar{I}^p + \displaystyle\sum_{k=1,k\neq p}^{q} F^{kp} + \displaystyle\sum_{k=1,k\neq p}^{q} \bar{F}^{kp} + M^p + \bar{M}^p}\left(\displaystyle\sum_{i=1}^{I^p} \dfrac{s_{id}^{p(t)-}}{x_{id}^{p(t)}} + \right.\right.}{\displaystyle\sum_{t=1}^{T}\left\{1 + \dfrac{1}{R^p + \bar{R}^p + \displaystyle\sum_{\substack{k=1\\k\neq p}}^{q} G^{pk} + \displaystyle\sum_{\substack{k=1\\k\neq p}}^{q} \bar{G}^{pk} + O^p + \bar{O}^p}\left(\displaystyle\sum_{r=1}^{R^p} \dfrac{s_{rd}^{p(t)+}}{y_{rd}^{p(t)}} + \right.\right.}$

$$\frac{\left(\begin{array}{l}\sum\limits_{\bar{i}=1}^{\bar{I}^p} \dfrac{\bar{s}_{\bar{i}d}^{p(t)+}}{\bar{x}_{\bar{i}d}^{p(t)}} + \sum\limits_{k=1,k\neq p}^{q} \sum\limits_{f=1}^{F^{dp}} \dfrac{s_{fd}^{kp(t)-}}{z_{fd}^{kp(t)}} + \sum\limits_{\substack{k=1\\k\neq p}}^{q} \sum\limits_{\bar{f}=1}^{\bar{F}^{kp}} \dfrac{\bar{s}_{\bar{f}d}^{kp(t)+}}{\bar{z}_{\bar{f}d}^{kp(t)}} + \sum\limits_{m=1}^{M^p} \dfrac{s_{md}^{p(t-1,t)-}}{z_{md}^{p(t-1,t)}} + \sum\limits_{\bar{m}=1}^{\bar{M}^p} \dfrac{\bar{s}_{\bar{m}d}^{p(t-1,t)+}}{\bar{z}_{\bar{m}d}^{p(t-1,t)}}\end{array}\right)}{\left(\begin{array}{l}\sum\limits_{\bar{r}=1}^{\bar{R}^p} \dfrac{\bar{s}_{\bar{r}d}^{p(t)-}}{\bar{y}_{\bar{r}d}^{p(t)}} + \sum\limits_{k=1,k\neq p}^{q} \sum\limits_{g=1}^{G^{pk}} \dfrac{s_{gd}^{pk(t)+}}{z_{gd}^{pk(t)}} + \sum\limits_{\substack{k=1\\k\neq p}}^{q} \sum\limits_{\bar{g}=1}^{\bar{G}^{pk}} \dfrac{\bar{s}_{\bar{g}d}^{pk(t)-}}{\bar{z}_{\bar{g}d}^{pk(t)}} + \sum\limits_{o=1}^{O^p} \dfrac{s_{od}^{p(t,t+1)+}}{z_{od}^{p(t,t+1)}} + \sum\limits_{\bar{o}=1}^{\bar{O}^p} \dfrac{\bar{s}_{\bar{o}d}^{p(t,t+1)-}}{\bar{z}_{\bar{o}d}^{p(t,t+1)}}\end{array}\right)} = \theta_d^*$$

$$\sum_{p=1}^{q} w^p \times \cfrac{1 - \cfrac{1}{I^p + \overline{I}^p + \sum\limits_{k=1; k\neq p}^{q} F^{kp} + \sum\limits_{k=1; k\neq p}^{q} \overline{F}^{kp} + M^p + \overline{M}^p} \left(\sum\limits_{i=1}^{I^p} \cfrac{s_{id}^{p(t)-}}{x_{id}^{p(t)}} + \sum\limits_{\overline{i}=1}^{\overline{I}^p} \cfrac{\overline{s}_{\overline{i}d}^{p(t)+}}{\overline{x}_{\overline{i}d}^{p(t)}} + \right.}{1 + \cfrac{1}{R^p + \overline{R}^p + \sum\limits_{\substack{k=1\\k\neq p}}^{q} G^{pk} + \sum\limits_{\substack{k=1\\k\neq p}}^{q} \overline{G}^{pk} + O^p + \overline{O}^p} \left(\sum\limits_{r=1}^{R^p} \cfrac{s_{rd}^{p(t)+}}{y_{rd}^{p(t)}} + \sum\limits_{\overline{r}=1}^{\overline{R}^p} \cfrac{\overline{s}_{\overline{r}d}^{p(t)-}}{\overline{y}_{\overline{r}d}^{p(t)}} + \right.}$$

$$\cfrac{\sum\limits_{k=1; k\neq p}^{q} \sum\limits_{f=1}^{F^{kp}} \cfrac{s_{fd}^{kp(t)-}}{z_{fd}^{kp(t)}} + \sum\limits_{k=1; k\neq p}^{q} \sum\limits_{\overline{f}=1}^{\overline{F}^{kp}} \cfrac{\overline{s}_{\overline{f}d}^{kp(t)+}}{\overline{z}_{\overline{f}d}^{kp(t)}} + \sum\limits_{m=1}^{M^p} \cfrac{s_{md}^{p(t-1)-}}{z_{md}^{p(t-1)}} + \sum\limits_{\overline{m}=1}^{\overline{M}^p} \cfrac{\overline{s}_{\overline{m}d}^{p(t-1,t)+}}{\overline{z}_{\overline{m}d}^{p(t-1,t)}} \Bigg)}{\sum\limits_{k=1; k\neq p}^{q} \sum\limits_{g=1}^{G^{pk}} \cfrac{s_{gd}^{pk(t)+}}{z_{gd}^{pk(t)}} + \sum\limits_{k=1; k\neq p}^{q} \sum\limits_{\overline{g}=1}^{\overline{G}^{pk}} \cfrac{\overline{s}_{\overline{g}d}^{pk(t)-}}{\overline{z}_{\overline{g}d}^{pk(t)}} + \sum\limits_{o=1}^{O^p} \cfrac{s_{od}^{p(t,t+1)+}}{z_{od}^{p(t,t+1)}} + \sum\limits_{\overline{o}=1}^{\overline{O}^p} \cfrac{\overline{s}_{\overline{o}d}^{p(t,t+1)-}}{\overline{z}_{\overline{o}d}^{p(t,t+1)}} \Bigg)} \geq \tau, \quad t = 1, 2, \cdots, T$$

$$(10\text{-}16)$$

其余约束同式（10-12）。

同理，若决策者更关注在 T 时段内不同子系统的效率，则也可以构建分子系统效率最优的 E-DEA 效率分解模型，即令 θ_d^{p*}（$p=1,2,\cdots,q$）中的最小值最大化来进行建模。由于该模型的构建原理与分时期系统效率最优的效率分解模型相一致，因此本节不再对其进行详细的论述。

定理 10-2　若 $\theta_d^* = 1$，则 $\tau^* = 1$。

证明　由定理 10-1 可知，若 $\theta_d^* = 1$，则 $\theta_d^{(t)*} = 1$（$t=1,2,\cdots,T$）。又因为对于任意的 $\theta_d^{(t)*}$，都有 $\theta_d^{(t)*} \geq \tau$，而式（10-16）的目标函数又是最大化 τ，因此有 $\tau^* = 1$。证毕。

10.4　时空复杂性网络结构视角在环境效率评价中的应用

10.4.1　指标选取与数据来源

为了保持全书研究的一致性，本节继续以环境效率评价作为应用背景。但由于时空复杂性网络结构系统的特殊性以及我国各地区工业产业运营整体环境及水环境系统相关数据的稀缺性，本节将分析的具体对象改为处于相似背景下的 2013~2014 年我国各地区城市运营水环境系统，并通过对其的效率评价与解析来说明本章方法的有效性与实用性。

城市运营水环境系统是一个由城市运营子系统和污水处理子系统共同组成的两阶段网络系统。系统及其内部的投入/产出变量、子系统之间的相互影响，以及不同时期系统的动态联系皆如图 10-4 所示。城市运营子系统 p_1 的投入为新取用水量，产出为生产总值，同时分别以污水排放量和重复利用量来影响同一时期的 p_2 子系统和下一个时期的 p_1 子系统，并分别受到同一时期的 p_2 子系统和上一个时期的 p_1 子系统污水再生利用量和重复利用量的影响。而对于污水处理子系统 p_2 来说，其投入为污水处理投资，产出为污水处理量，同时以污水再生利用量和污水处理能力影响同一时期的 p_1 子系统和下一个时期的 p_2 子系统，并分别受到同一时期的 p_1 子系统和下一个时期的 p_2 子系统污水排放量和污水处理能力的影响。

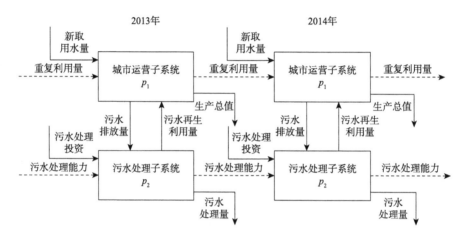

图 10-4　城市水环境系统结构图

需要注意的是，p_1 对 p_2 的影响要素"污水排放量"是非期望要素。因此对 p_1 子系统而言，污水排放量是非期望产出，其产出值越少越好；而 p_2 子系统需要尽可能地将排放的污水进行相应的污水处理，所以对 p_2 子系统而言，污水排放量是非期望投入，其投入值越多越好，其他变量皆为期望要素。其中，由于污水处理子系统非期望产出"城市 COD 排放量"数据的缺乏，本节选用同样能够反映水环境保护程度的期望产出"污水处理量"来替代该项指标（Wu et al., 2018），以此衡量污水处理子系统的产出情况。实证数据来源于《中国环境统计年鉴》（2013~2015 年）和《中国城市统计年鉴》（2014~2015 年），由于天津、上海、广西和西藏均有部分数据缺失，因此在分析过程中予以剔除，即实际纳入城市运营水环境系统效率评价分析的仅我国 27 个省区市。具体数据参见表 10-1 和表 10-2。

表 10-1　我国各地区城市水环境系统数据（2013~2014 年）

地区 （2013 年）	城市新水取 用量/万米³	城市污水重 复利用量/ 万米³	城市污水排 放量/万米³	城市污水处 理量/万吨	城市污水再 生利用量/ 万吨	城市污水处 理能力/（万 米³/日）	城市污水处 理投资额/ 亿元	地级以上城 市市辖区地 区生产总值 /亿元
北京	181 092	80 286	155 317	131 405	80 108	401.0	6.43	19 213
河北	45 496	617 899	149 382	141 270	33 163	516.8	15.13	8 720
山西	28 115	153 077	63 359	55 988	6 907	179.8	8.06	5 344
内蒙古	32 550	161 003	52 789	46 563	6 852	171.4	21.52	8 545
辽宁	169 446	936 703	225 766	203 287	21 281	825.1	15.58	18 251
吉林	54 954	111 072	84 289	70 979	640	262.1	3.06	7 074
黑龙江	116 377	142 320	119 785	90 654	4 873	676.2	14.06	9 220
江苏	252 028	1 110 221	393 453	362 536	58 653	1 606.5	55.56	34 915
浙江	65 307	161 028	235 798	210 529	8 301	802.6	17.44	19 552
安徽	32 829	301 874	135 346	130 229	1 364	600.2	23.88	10 097
福建	64 708	59 299	113 550	99 145	93	461.5	14.81	9 434
江西	16 714	11 724	78 247	65 024	796	230.4	15.27	5 821
山东	194 128	1 009 604	281 135	266 888	40 932	872.2	36.84	26 848
河南	54 950	415 528	167 742	152 373	7 067	537.8	19.09	10 068
湖北	82 019	285 763	177 323	162 407	15 068	581.9	36.56	13 560
湖南	29 686	12 822	152 006	134 310	708	499.2	30.19	11 361
广东	70 397	137 567	636 504	586 519	120	1 760.5	14.44	55 838
海南	156	171	27 194	20 381	555	86.4	3.13	1 278
重庆	550	190	82 991	77 968	658	253.8	4.88	9 623
四川	45 277	59 265	164 898	137 238	1 566	444.0	15.38	13 331
贵州	11 911	22 222	41 984	39 453	17 716	188.5	9.56	2 837
云南	15 202	662	69 978	64 415	24 848	233.7	6.91	4 362
陕西	46 511	155 232	77 504	69 007	7 230	250.2	11.58	7 372
甘肃	20 230	194 203	39 928	32 440	1 456	166.5	5.12	3 461
青海	1 722	1 440	17 198	10 600	710	34.2	2.88	756
宁夏	19 667	114 748	25 765	24 331	1 617	83.5	2.02	1 443
新疆	20 605	2 289	58 164	51 058	8 607	233.3	9.29	3 037

续表

地区 （2014年）	城市新水取 用量/万米³	城市污水重 复利用量/ 万米³	城市污水排 放量/万米³	城市污水处 理量/万吨	城市污水再 生利用量/ 万吨	城市污水处 理能力/（万 米³/日）	城市污水处 理投资额/ 亿元	地级以上城 市市辖区地 区生产总值 /亿元
北京	251 423	60 528	161 548	139 108	68 260	442	10	21 019
河北	41 031	511 937	157 348	149 579	31 798	523.2	10.89	10 546
山西	28 096	126 274	67 093	59 292	9 338	208.5	10.28	5 497
内蒙古	43 402	166 949	57 212	51 041	6 120	189.5	27.77	9 053
辽宁	136 974	1 226 594	239 889	213 632	22 350	783.8	2.42	16 371
吉林	53 254	115 574	83 347	75 092	706	262.8	11.13	7 151
黑龙江	109 986	128 702	121 559	93 865	5 266	690.8	8.13	9 042
江苏	288 552	1 358 091	396 336	370 429	61 233	1 622.4	26.87	38 359
浙江	66 128	175 399	250 146	226 844	3 383	838.5	34.25	21 815
安徽	32 631	309 490	144 249	138 779	1 060	616.2	24.78	10 964
福建	68 929	59 029	119 013	105 511	96	434.4	24.31	10 346
江西	16 569	11 870	81 271	68 069	796	242.4	19.75	6 486
山东	198 107	1 011 341	295 243	281 283	51 142	935.1	25.56	29 194
河南	52 560	407 266	169 502	156 817	7 619	562.8	16.65	11 124
湖北	82 487	282 114	192 893	177 622	15 176	610.4	16.04	14 961
湖南	27 319	13 250	161 784	145 779	801	551.3	30.83	12 528
广东	74 500	140 335	652 251	597 118	94	1 857.5	14.57	62 484
海南	156	173	28 454	20 321	998	87.6	1.68	1 494
重庆	550	190	93 517	86 961	726	257.8	2.13	11 453
四川	42 266	38 897	172 892	147 578	2 792	527.6	38.37	14 959
贵州	11 955	18 745	45 013	42 669	22 122	140.8	26.46	3 331
云南	14 715	46 810	78 196	71 267	29 529	233.5	7.46	4 643
陕西	28 789	121 246	86 823	79 492	6 869	280.5	20.02	8 064
甘肃	30 494	227 964	39 211	33 330	2 161	161	5.87	3 711
青海	1 722	1 442	17 700	10 476	649	34.2	3.12	848
宁夏	19 217	116 976	27 114	25 049	1 535	65.5	0.23	1 533
新疆	18 848	1 062	63 843	55 061	8 215	234.4	4.88	3 288

表 10-2 我国各地区城市水环境系统部分数据（2012 年）

地区	城市污水重复利用量/万米³	城市污水处理能力/（万米³/日）	地区	城市污水重复利用量/万米³	城市污水处理能力/（万米³/日）	地区	城市污水重复利用量/万米³	城市污水处理能力/（万米³/日）
北京	75 343	400.5	安徽	300 676	511.4	重庆	190	238.4
河北	703 164	522.8	福建	58 087	392.1	四川	52 566	403.1
山西	205 375	190.1	江西	22 808	226	贵州	20 883	124.8
内蒙古	182 726	167.4	山东	1 134 202	954	云南	389	229.7
辽宁	1 203 762	670.9	河南	367 043	527.8	陕西	194 049	227.2
吉林	103 282	247.8	湖北	258 201	557	甘肃	203 575	159.1
黑龙江	143 389	323.2	湖南	9 526	575.3	青海	1 438	32.1
江苏	986 944	1 564.5	广东	147 511	1 705.3	宁夏	82 716	79.5
浙江	154 190	691.1	海南	10 042	73.9	新疆	2 201	214.2

10.4.2 时空复杂性网络结构视角下城市水环境系统效率分析

考虑到决策者并没有充分的理由判定城市运营子系统和污水处理子系统哪一个更重要，因此本节借鉴 Liang 等（2006）的做法，令两个子系统具有相同的重要性，即 $w^1 = w^2 = 0.5$；而 2013 年和 2014 年整体系统效率在该时段内所占的权重 w^{2013} 和 w^{2014} 可由它们的产出松弛变量占整个时段产出松弛变量的比重来决定。通过时空复杂性网络结构视角下的 SBM 测度 E-DEA 模型对 2013~2014 年我国各地区城市运营水环境系统的基本数据进行分析，不仅可以得到整体系统在该时段内的总体效率，还可以从时间、空间双重维度上分解该系统效率，结果如图 10-5 和表 10-3 所示。

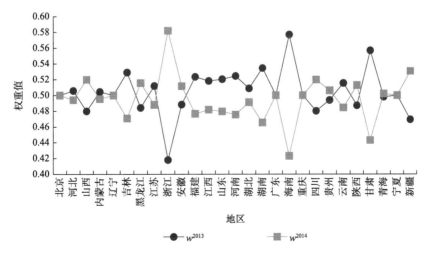

图 10-5 城市水环境整体系统在 2013 年和 2014 年的权重 w^{2013} 和 w^{2014} 的值

表 10-3　2013~2014 年我国各地区城市水环境系统效率评价与分解结果

地区	θ	θ^1	θ^2	$\theta^{(2013)}$	$\theta^{(2014)}$	$\theta^{1(2013)}$	$\theta^{1(2014)}$	$\theta^{2(2013)}$	$\theta^{2(2014)}$
北京	1.000	1.000	1.000	1.000	1.000	1.000	1.000	1.000	1.000
河北	0.767	1.000	0.534	0.735	0.800	1.000	1.000	0.470	0.600
山西	0.761	0.522	1.000	0.743	0.776	0.487	0.552	1.000	1.000
内蒙古	0.648	1.000	0.296	0.642	0.654	1.000	1.000	0.285	0.309
辽宁	1.000	1.000	1.000	1.000	1.000	1.000	1.000	1.000	1.000
吉林	0.547	1.000	0.095	0.549	0.546	1.000	1.000	0.097	0.092
黑龙江	0.721	0.442	1.000	0.726	0.717	0.451	0.433	1.000	1.000
江苏	0.699	1.000	0.399	0.670	0.732	1.000	1.000	0.339	0.464
浙江	0.348	0.592	0.104	0.331	0.379	0.500	0.683	0.162	0.074
安徽	0.515	1.000	0.029	0.515	0.514	1.000	1.000	0.030	0.029
福建	0.502	1.000	0.003	0.502	0.502	1.000	1.000	0.003	0.003
江西	0.229	0.418	0.040	0.189	0.269	0.341	0.495	0.037	0.043
山东	0.511	0.603	0.419	0.448	0.585	0.566	0.638	0.330	0.531
河南	0.578	1.000	0.156	0.566	0.592	1.000	1.000	0.133	0.183
湖北	0.400	0.527	0.273	0.372	0.432	0.522	0.531	0.221	0.332
湖南	0.508	1.000	0.017	0.507	0.510	1.000	1.000	0.013	0.021
广东	1.000	1.000	1.000	1.000	1.000	1.000	1.000	1.000	1.000
海南	0.244	0.335	0.153	0.156	0.353	0.207	0.464	0.106	0.241
重庆	1.000	1.000	1.000	1.000	1.000	1.000	1.000	1.000	1.000
四川	0.762	0.523	1.000	0.811	0.720	0.621	0.440	1.000	1.000
贵州	0.670	0.340	1.000	0.659	0.680	0.318	0.361	1.000	1.000
云南	0.823	1.000	0.647	0.785	0.867	1.000	1.000	0.570	0.733
陕西	0.471	0.526	0.417	0.422	0.516	0.454	0.586	0.390	0.446
甘肃	0.552	1.000	0.105	0.542	0.569	1.000	1.000	0.084	0.138
青海	0.642	0.284	1.000	0.626	0.658	0.252	0.315	1.000	1.000
宁夏	1.000	1.000	1.000	1.000	1.000	1.000	1.000	1.000	1.000
新疆	0.294	0.224	0.364	0.267	0.324	0.229	0.220	0.305	0.428

注：θ 代表在 2013~2014 年整体系统的最优效率；θ^1 和 θ^2 分别代表 2013~2014 年子系统 1 和子系统 2 的最优效率；$\theta^{(2013)}$ 与 $\theta^{(2014)}$ 分别代表整个系统在 2013 年与 2014 年的最优效率；$\theta^{1(2013)}$、$\theta^{1(2014)}$、$\theta^{2(2013)}$、$\theta^{2(2014)}$ 分别代表不同时期不同子系统的最优效率

从图 10-5 可以看出，由于 2013 年和 2014 年我国各地区城市运营水环境系统

的整体结构不变，因此它们对于整个时段系统效率的重要性也基本相似，而不会出现表9-3中权重 ξ_1 和 ξ_2 之间的极端差距。这些权重值都在0.4~0.6的范围内波动，而这些波动是由不同时期投入/产出的数值变化导致的。

从表 10-3 可以看出，对于任何一个在 2013~2014 年整体系统有效的 DMU 来说，其不同时期不同子系统的效率皆为 1。例如，北京有 $\theta = 1.000$ ，则北京的其余各个效率皆为 1.000。该现象与定理 10-1、推论 10-1、推论 10-2 一致。而对于一个非有效 DMU 来说，则可以根据该效率评价结果挖掘出系统内部的无效源。例如，对于江苏来说，其 $\theta = 0.699$ ， $\theta^1 = 1.000$ ， $\theta^2 = 0.399$ ，由此可知，导致江苏整体系统非有效的原因是污水处理子系统的效率低下。又比如对于云南来说，其 $\theta^2 = 0.647$ ， $\theta^{2(2013)} = 0.570$ ， $\theta^{2(2014)} = 0.733$ ，则可知导致云南污水处理子系统效率低下的主要原因是该子系统在 2013 年的效率偏低。

而从整体上说，城市运营水环境系统效率低下更多是由污水处理子系统效率低下导致的。同时，不同地区城市运营子系统的效率差距也不如污水处理子系统的效率差距明显，这主要是由不同地区政府对水资源的重视程度、区域民众的环保意识等因素的显著差距导致的。此外，不同时期的系统效率差异不显著，但总体上有缓慢提高的趋势。这说明我国各地区城市运营水环境系统的整体效率正处于一个逐步改善的阶段。

10.4.3　不同评价方法的结果比较

由图 10-4 可知，若不考虑系统的内部结构，则城市运营水环境系统中将不存在非期望要素。因此，为了进一步说明模型的实用性与有效性，本节将时空复杂性网络结构视角下的 SBM 测度 E-DEA 模型与 DEA 方法中传统的 CCR 模型和 SBM 模型进行比较，并分别评价 2013~2014 年我国各地区城市运营水环境系统的效率，评价结果如图 10-6 所示。

从图 10-6 可以看出，在 CCR 与 SBM 评价方法下，均有 13 个有效 DMU；而在时空复杂性网络结构视角下的 SBM 测度 E-DEA 方法下，有效 DMU 减少到 5 个。这说明本章提出的时空复杂性网络结构视角下的 SBM 测度 E-DEA 模型相对于传统的 CCR 模型和 SBM 模型来说，具有更强的甄别能力。此外，传统的 CCR 模型和 SBM 模型均忽视了不同时期系统内部各子系统之间的动态联系，这就造成评价结果出现了明显的效率偏差。结合表 10-3 可知，本章提出的方法不仅可以从时间与空间双重维度上打开系统的结构"黑箱"，以科学地评价整体系统效率，还可以挖掘出潜藏在系统内部的真正无效源，从而为决策者提供更加精确、更加详细的决策信息。

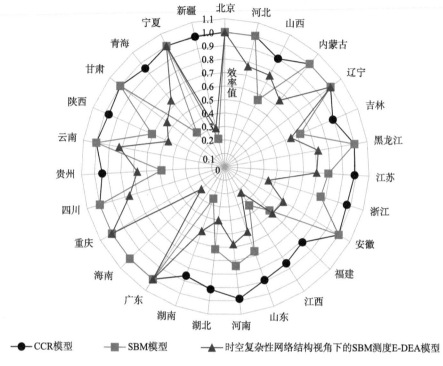

图 10-6 不同方法下的效率评价结果

参 考 文 献

毕功兵，梁樑，杨锋. 2010. 一类简单网络生产系统的 DEA 效率评价模型. 系统工程理论与实践，30（3）：496-500.

卞亦文. 2012. 非合作博弈两阶段生产系统的环境效率评价. 管理科学学报，15（7）：11-19.

陈磊，吴继贵，王应明. 2015. 基于空间视角的水资源经济环境效率评价. 地理科学，35（12）：1568-1574.

程昀，杨印生. 2013. 矩阵型网络 DEA 模型及其实证检验. 中国管理科学，21（5）：103-109.

邓忠奇. 2016. 方向距离函数中方向向量的最优选择. 系统工程理论与实践，36（4）：934-944.

冯志军，陈伟. 2014. 中国高技术产业研发创新效率研究——基于资源约束型两阶段 DEA 模型的新视角. 系统工程理论与实践，34（5）：1202-1212.

葛虹，黄祎. 2010. 并形系统的 3 种网络 DEA 模型与应用选择. 系统管理学报，19（2）：197-203.

何枫，祝丽云，马栋栋，等. 2015. 中国钢铁企业绿色技术效率研究. 中国工业经济，（7）：84-98.

胡晓燕，程希骏，马利军. 2013. 考虑非期望产出的两阶段 DEA 模型及其在银行效率评价中的应用. 中国科学院大学学报，30（4）：462-471.

黄晗. 2017. 中国交通运输业能源回弹效应研究. 交通运输系统工程与信息，17（1）：27-31，39.

蓝以信，王应明. 2014. 随机 DEA 期望值模型的一些性质. 运筹学学报，18（2）：29-39.

李春好，苏航. 2013. 基于交叉评价策略的 DEA 全局协调相对效率排序模型. 中国管理科学，21（3）：137-145.

李小胜，张焕明. 2015. 中国上市银行效率与全要素生产率再研究——基于两阶段网络方向性距离 SBM 模型的实证分析. 财经研究，41（9）：79-95.

李永立，吴冲. 2014. 考虑非期望产出弱可处置性的随机 DEA 模型. 管理科学学报，17（9）：17-28.

刘德彬，马超群，周忠宝，等. 2015. 存在非期望输入输出的多阶段系统效率评价模型. 中国管理科学，23（4）：129-138.

刘睿劼，张智慧. 2012a. 环境约束下的中国工业效率地区差异评价. 长江流域资源与环境，（6）：659-664.

刘睿劼，张智慧. 2012b. 基于 WTP-DEA 方法的中国工业经济-环境效率评价. 中国人口·资源与环境，22（2）：125-129.

罗艳. 2012. 基于 DEA 方法的指标选取和环境效率评价研究. 中国科学技术大学博士学位论文.

马建峰，何枫. 2015. 存在中间产品退出的混合型多阶段系统 DEA 效率评价. 系统工程理论与实践，35（11）：2874-2884.

朴胜任. 2020. 省际环境效率俱乐部收敛及动态演进分析. 管理评论，32（8）：52-62，105.

单豪杰. 2008. 中国资本存量 K 的再估算：1952~2006 年. 数量经济技术经济研究，25（10）：17-31.

盛昭瀚，朱乔，吴广谋. 1996. DEA 理论、方法与应用. 北京：科学出版社.

宋马林，吴杰，曹秀芬. 2013. 环境效率评价方法的统计属性分析及其实例. 管理科学学报，16（7）：45-54.

宋马林，吴杰，杨力，等. 2012. 非期望产出、影子价格与无效决策单元的改进. 管理科学学报，15（10）：1-10.

汤铃，李建平，余乐安，等. 2010. 基于距离协调度模型的系统协调发展定量评价方法. 系统工程理论与实践，30（4）：594-602.

王赫一，张屹山. 2012. 两阶段 DEA 前沿面投影问题研究——兼对我国上市银行运营绩效进行评价. 中国管理科学，20（2）：114-120.

王庆，郑彩玲，刘学鹏. 2015. 统一组织管理下的单元效率排序研究：一种基于 DEA 的方法. 预测，34（3）：65-69.

韦薇，夏洪山. 2014. 基于非期望产出的机场运营效率评价. 系统工程理论与实践，34（1）：138-146.

魏权龄. 2012. 评价相对有效性的数据包络分析模型——DEA 和网络 DEA. 北京：中国人民大学出版社.

魏新强，张宝生. 2014. 不同可持续发展目标下的中国节能潜力分析. 中国人口·资源与环境，24（5）：38-45.

夏琼，杨锋，梁樑，等. 2012. 非独立并联生产系统的 DEA 效率评价研究. 管理科学学报，15（7）：20-25.

杨锋，夏琼，梁樑. 2011. 同时考虑决策单元竞争与合作关系的 DEA 交叉效率评价方法. 系统工程理论与实践，31（1）：92-98.

杨国梁，刘文斌，郑海军. 2013. 数据包络分析方法（DEA）综述. 系统工程学报，28（6）：840-860.

杨文举. 2015. 引入人力资本的绿色经济增长核算：以中国省份经济为例. 财贸研究，26（2）：1-8，84.

杨先明，田永晓，马娜. 2016. 环境约束下中国地区能源全要素效率及其影响因素. 中国人口·资源与环境，26（12）：147-156.

曾薇，陈收，周忠宝. 2016. 金融监管对商业银行产品创新影响——基于两阶段 DEA 模型的研究. 中国管理科学，24（5）：1-7.

张炳，毕军，黄和平，等. 2008. 基于 DEA 的企业生态效率评价：以杭州湾精细化工园区企业为例. 系统工程理论与实践，28（4）：159-166.

张军，吴桂英，张吉鹏. 2004. 中国省际物质资本存量估算：1952—2000. 经济研究，39（10）：35-44.

赵萌. 2011. 并联决策单元的动态 DEA 效率评价研究. 管理科学，24（1）：90-97.

Amin G R，Al-Muharrami S，Toloo M. 2019. A combined goal programming and inverse DEA method for target setting in mergers. Expert Systems with Applications，115：412-417.

Ang S, Chen C M. 2016. Pitfalls of decomposition weights in the additive multi-stage DEA model. Omega, 58: 139-153.

Azadeh A, Rahimi-Golkhandan A, Moghaddam M. 2014. Location optimization of wind power generation-transmission systems under uncertainty using hierarchical fuzzy DEA: a case study. Renewable and Sustainable Energy Reviews, 30: 877-885.

Azadi M, Saen R F. 2012. Developing a new chance-constrained DEA model for suppliers selection in the presence of undesirable outputs. International Journal of Operational Research, 13 (1): 44-66.

Azizi H, Kordrostami S, Amirteimoori A. 2015. Slacks-based measures of efficiency in imprecise data envelopment analysis: an approach based on data envelopment analysis with double frontiers. Computers & Industrial Engineering, 79: 42-51.

Banker R D, Charnes A, Cooper W W. 1984. Some models for estimating technical and scale inefficiencies in data envelopment analysis. Management Science, 30 (9): 1078-1092.

Bian Y W, Hu M, Wang Y S, et al. 2016. Energy efficiency analysis of the economic system in China during 1986—2012: a parallel slacks-based measure approach. Renewable and Sustainable Energy Reviews, 55: 990-998.

Bian Y W, Liang N N, Xu H. 2015. Efficiency evaluation of Chinese regional industrial systems with undesirable factors using a two-stage slacks-based measure approach. Journal of Cleaner Production, 87: 348-356.

Boloori F. 2016. A slack based network DEA model for generalized structures: an axiomatic approach. Computers & Industrial Engineering, 95: 83-96.

Boloori F, Afsharian M, Pourmahmoud J. 2016. Equivalent multiplier and envelopment DEA models for measuring efficiency under general network structures. Measurement, 80: 259-269.

Boussemart J P, Leleu H, Shen Z Y. 2015. Environmental growth convergence among Chinese regions. China Economic Review, 34: 1-18.

Bretholt A, Pan J N. 2013. Evolving the latent variable model as an environmental DEA technology. Omega, 41 (2): 315-325.

Carrillo M, Jorge J M. 2016. A multiobjective DEA approach to ranking alternatives. Expert Systems with Applications, 50: 130-139.

Chang Y T, Park H S, Jeong J B, et al. 2014. Evaluating economic and environmental efficiency of global airlines: a SBM-DEA approach. Transportation Research Part D: Transport and Environment, 27: 46-50.

Chang Y T, Zhang N, Danao D, et al. 2013. Environmental efficiency analysis of transportation system in China: a non-radial DEA approach. Energy Policy, 58: 277-283.

Charnes A, Cooper W W. 1962. Programming with linear fractional functionals. Naval Research Logistics Quarterly, 9 (3/4): 181-186.

Charnes A, Cooper W W, Rhodes E. 1978. Measuring the efficiency of decision making units. European Journal of Operational Research, 2 (6): 429-444.

Chen J D, Song M L, Xu L. 2015. Evaluation of environmental efficiency in China using data envelopment analysis. Ecological Indicators, 52: 577-583.

Chen L, Jia G Z. 2017. Environmental efficiency analysis of China's regional industry: a data envelopment analysis (DEA) based approach. Journal of Cleaner Production, 142: 846-853.

Chen L, Wang Y M, Lai F J, et al. 2017. An investment analysis for China's sustainable development based on inverse data envelopment analysis. Journal of Cleaner Production, 142: 1638-1649.

Chen L, Wang Y M, Wang L. 2016a. Congestion measurement under different policy objectives: an analysis of Chinese industry. Journal of Cleaner Production, 112: 2943-2952.

Chen Y, Cook W D, Li N, et al. 2009. Additive efficiency decomposition in two-stage DEA. European Journal of Operational Research, 196 (3): 1170-1176.

Chen Y, Li Y J, Liang L, et al. 2016b. Frontier projection and efficiency decomposition in two-stage processes with slacks-based measures. European Journal of Operational Research, 250 (2): 543-554.

Chiu C R, Liou J L, Wu P I, et al. 2012. Decomposition of the environmental inefficiency of the meta-frontier with undesirable output. Energy Economics, 34 (5): 1392-1399.

Chung Y H, Färe R, Grosskopf S. 1997. Productivity and undesirable outputs: a directional distance function approach. Journal of Environmental Management, 51 (3): 229-240.

Cook W D, Bala K. 2007. Performance measurement and classification data in DEA: input-oriented model. Omega, 35 (1): 39-52.

Cook W D, Hababou M, Tuenter H J H. 2000. Multicomponent efficiency measurement and shared inputs in data envelopment analysis: an application to sales and service performance in bank branches. Journal of Productivity Analysis, 14 (3): 209-224.

Cook W D, Zhu J. 2008. CAR-DEA: context-dependent assurance regions in DEA. Operations Research, 56 (1): 69-78.

Cooper W W, Deng H H, Huang Z M, et al. 2002. A one-model approach to congestion in data envelopment analysis. Socio-Economic Planning Sciences, 36 (4): 231-238.

Cooper W W, Thompson R G, Thrall R M. 1996. Chapter 1 Introduction: extensions and new developments in DEA. Annals of Operations Research, 66: 1-45.

Cui Q. 2019. Investigating the airlines emission reduction through carbon trading under CNG2020 strategy via a Network Weak Disposability DEA. Energy, 180: 763-771.

Davtalab-Olyaie M. 2019. A secondary goal in DEA cross-efficiency evaluation: a "one home run is much better than two doubles" criterion. Journal of the Operational Research Society, 70 (5): 807-816.

Despotis D K, Koronakos G, Sotiros D. 2016. Composition versus decomposition in two-stage network DEA: a reverse approach. Journal of Productivity Analysis, 45 (1): 71-87.

Despotis D K, Smirlis Y G. 2002. Data envelopment analysis with imprecise data. European Journal of Operational Research, 140 (1): 24-36.

Dong Y L, Chen Y, Li Y J. 2014. Efficiency ranking with common set of weights based on data envelopment analysis and satisfaction degree. International Journal of Information and Decision Sciences, 6 (4): 354-368.

Dotoli M, Epicoco N, Falagario M, et al. 2015. A cross-efficiency fuzzy data envelopment analysis technique for performance evaluation of decision making units under uncertainty. Computers & Industrial Engineering, 79: 103-114.

Dotoli M, Epicoco N, Falagario M, et al. 2016. A stochastic cross-efficiency data envelopment analysis approach for supplier selection under uncertainty. International Transactions in Operational Research, 23（4）: 725-748.

Doyle J, Green R. 1994. Efficiency and cross-efficiency in DEA: derivations, meanings and uses. Journal of the Operational Research Society, 45（5）: 567-578.

Doyle J R, Green R H, Cook W D. 1995. Upper and lower bound evaluation of multiattribute objects: comparison models using linear programming. Organizational Behavior and Human Decision Processes, 64（3）: 261-273.

Du J, Cook W D, Liang L, et al. 2014. Fixed cost and resource allocation based on DEA cross-efficiency. European Journal of Operational Research, 235: 206-214.

Emrouznejad A, Yang G L. 2018. A survey and analysis of the first 40 years of scholarly literature in DEA: 1978—2016. Socio-Economic Planning Sciences, 61: 4-8.

Emrouznejad A, Yang G L, Amin G R. 2019. A novel inverse DEA model with application to allocate the CO_2 emissions quota to different regions in Chinese manufacturing industries. Journal of the Operational Research Society, 70（7）: 1079-1090.

Entani T, Maeda Y, Tanaka H. 2002. Dual models of interval DEA and its extension to interval data. European Journal of Operational Research, 136（1）: 32-45.

Fang L. 2015. Congestion measurement in nonparametric analysis under the weakly disposable technology. European Journal of Operational Research, 245: 203-208.

Färe R, Grosskopf S. 2003. Nonparametric productivity analysis with undesirable outputs: comment. American Journal of Agricultural Economics, 85（4）: 1070-1074.

Färe R, Grosskopf S, Hernandez-Sancho F. 2004. Environmental performance: an index number approach. Resource and Energy Economics, 26（4）: 343-352.

Färe R, Grosskopf S, Lindgren B, et al. 1992. Productivity changes in Swedish pharamacies 1980—1989: a non-parametric Malmquist approach. Journal of Productivity Analysis, 3（1/2）: 85-101.

Färe R, Grosskopf S, Lovell C A K. 1985. The Measurement of Efficiency of Production. Bostom: Kluwer-Nijhoff Publishing.

Färe R, Grosskopf S, Lovell C A K, et al. 1989. Multilateral productivity comparisons when some outputs are undesirable: a nonparametric approach. The Review of Economics and Statistics, 71（1）: 90-98.

Färe R, Whittaker G. 1995. An intermediate input model of dairy production using complex survey data. Journal of Agricultural Economics, 46（2）: 201-213.

Fukuyama H, Matousek R, Tzeremes N G. 2020. A Nerlovian cost inefficiency two-stage DEA model for modeling banks' production process: evidence from the Turkish banking system. Omega, 95: 102198.

Fukuyama H, Mirdehghan S M. 2012. Identifying the efficiency status in network DEA. European

Journal of Operational Research, 220 (1): 85-92.

Galagedera D U A, Watson J, Premachandra I M, et al. 2016. Modeling leakage in two-stage DEA models: an application to US mutual fund families. Omega, 61: 62-77.

Ghiyasi M. 2017. Inverse DEA based on cost and revenue efficiency. Computers & Industrial Engineering, 114: 258-263.

Ghobadi S, Jahangiri S. 2015. Inverse DEA: review, extension and application. International Journal of Information Technology & Decision Making, 14 (4): 805-824.

Golany B, Roll Y. 1989. An application procedure for DEA. Omega, 17 (3): 237-250.

Guo D, Wu J. 2013. A complete ranking of DMUs with undesirable outputs using restrictions in DEA models. Mathematical and Computer Modelling, 58: 1102-1109.

Haghighi H Z, Adeli S, Lotfi F H, et al. 2016. Revenue congestion: an application of data envelopment analysis. Journal of Industrial and Management Optimization, 12 (4): 1311-1322.

Hailu A, Veeman T S. 2001. Non-parametric productivity analysis with undesirable outputs: an application to the Canadian pulp and paper industry. American Journal of Agricultural Economics, 83 (3): 605-616.

Hakim S, Seifi A, Ghaemi A. 2016. A bi-level formulation for DEA-based centralized resource allocation under efficiency constraints. Computers & Industrial Engineering, 93: 28-35.

Halkos G, Petrou K N. 2019. Treating undesirable outputs in DEA: a critical review. Economic Analysis and Policy, 62: 97-104.

Halkos G, Tzeremes N G, Kourtzidis S A. 2014. A unified classification of two-stage DEA models. Surveys in Operations Research and Management Science, 19 (1): 1-16.

Han Y M, Geng Z Q, Zhu Q X, et al. 2015. Energy efficiency analysis method based on fuzzy DEA cross-model for ethylene production systems in chemical industry. Energy, 83: 685-695.

Hang Y, Sun J S, Wang Q W, et al. 2015. Measuring energy inefficiency with undesirable outputs and technology heterogeneity in Chinese cities. Economic Modelling, 49: 46-52.

Hatami-Marbini A, Emrouznejad A, Agrell P J. 2014. Interval data without sign restrictions in DEA. Applied Mathematical Modelling, 38 (7/8): 2028-2036.

Hatami-Marbini A, Tavana M, Agrell P J, et al. 2015. A common-weights DEA model for centralized resource reduction and target setting. Computers & Industrial Engineering, 79: 195-203.

He F, Zhang Q Z, Lei J S, et al. 2013. Energy efficiency and productivity change of China's iron and steel industry: accounting for undesirable outputs. Energy Policy, 54: 204-213.

Hu J L, Wang S C. 2006. Total-factor energy efficiency of regions in China. Energy Policy, 34 (17): 3206-3217.

Huang T H, Chiang D L, Tsai C M. 2015. Applying the new metafrontier directional distance function to compare banking efficiencies in central and eastern European countries. Economic Modelling, 44: 188-199.

Ignatius J, Ghasemi M R, Zhang F, et al. 2016. Carbon efficiency evaluation: an analytical framework using fuzzy DEA. European Journal of Operational Research, 253 (2): 428-440.

Iyer K C, Banerjee P S. 2016. Measuring and benchmarking managerial efficiency of project execution schedule performance. International Journal of Project Management, 34(2): 219-236.

Jahanshahloo G R, Soleimani-Damaneh M, Ghobadi S. 2015. Inverse DEA under inter-temporal dependence using multiple-objective programming. European Journal of Operational Research, 240 (2): 447-456.

Jahed R, Amirteimoori A, Azizi H. 2015. Performance measurement of decision-making units under uncertainty conditions: an approach based on double frontier analysis. Measurement, 69: 264-279.

Kao C. 2009. Efficiency measurement for parallel production systems. European Journal of Operational Research, 196 (3): 1107-1112.

Kao C. 2010. Congestion measurement and elimination under the framework of data envelopment analysis. International Journal of Production Economics, 123 (2): 257-265.

Kao C. 2013. Dynamic data envelopment analysis: a relational analysis. European Journal of Operational Research, 227 (2): 325-330.

Kao C. 2014a. Network data envelopment analysis: a review. European Journal of Operational Research, 239 (1): 1-16.

Kao C. 2014b. Efficiency decomposition in network data envelopment analysis with slacks-based measures. Omega, 45: 1-6.

Kao C, Hung H T. 2005. Data envelopment analysis with common weights: the compromise solution approach. Journal of the Operational Research Society, 56 (10): 1196-1203.

Khalili-Damghani K, Tavana M, Haji-Saami E. 2015. A data envelopment analysis model with interval data and undesirable output for combined cycle power plant performance assessment. Expert Systems with Applications, 42 (2): 760-773.

Khodabakhshi M. 2009. A one-model approach based on relaxed combinations of inputs for evaluating input congestion in DEA. Journal of Computational and Applied Mathematics, 230: 443-450.

Khoveyni M, Eslami R, Khodabakhshi M, et al. 2013. Recognizing strong and weak congestion slack based in data envelopment analysis. Computers & Industrial Engineering, 64: 731-738.

Koopmans T C. 1951. Activity Analysis of Production and Allocation. New York: Wiley.

Kuang B, Lu X H, Zhou M, et al. 2020. Provincial cultivated land use efficiency in China: empirical analysis based on the SBM-DEA model with carbon emissions considered. Technological Forecasting and Social Change, 151: 119874.

Kuosmanen T. 2005. Weak disposability in nonparametric production analysis with undesirable outputs. American Journal of Agricultural Economics, 87 (4): 1077-1082.

Kwon H B, Lee J. 2015. Two-stage production modeling of large U.S. banks: a DEA-neural network approach. Expert Systems with Applications, 42 (19): 6758-6766.

Leleu H. 2013. Shadow pricing of undesirable outputs in nonparametric analysis. European Journal of Operational Research, 231 (2): 474-480.

Lertworasirikul S, Charnsethikul P, Fang S C. 2011. Inverse data envelopment analysis model to preserve relative efficiency values: the case of variable returns to scale. Computers & Industrial

Engineering，61：1017-1023.

Li H，Shi J F. 2014. Energy efficiency analysis on Chinese industrial sectors：an improved Super-SBM model with undesirable outputs. Journal of Cleaner Production，65：97-107.

Li T，Yang W Y，Zhang H R，et al. 2016. Evaluating the impact of transport investment on the efficiency of regional integrated transport systems in China. Transport Policy，45：66-76.

Li W H，Liang L，Cook W D. 2017. Measuring efficiency with products，by-products and parent-offspring relations：a conditional two-stage DEA model. Omega，68：95-104.

Liang L，Wu J，Cook W D，et al. 2008. The DEA game cross-efficiency model and its Nash equilibrium. Operations Research，56（5）：1278-1288.

Liang L，Yang F，Cook W D，et al. 2006. DEA models for supply chain efficiency evaluation. Annals of Operations Research，145（1）：35-49.

Liu J G，Mooney H，Hull V，et al. 2015. Systems integration for global sustainability. Science，347（6225）：1258832.

Liu J S，Lu L Y Y，Lu W M. 2016a. Research fronts in data envelopment analysis. Omega，58：33-45.

Liu J S，Lu L Y Y，Lu W M，et al. 2013. Data envelopment analysis 1978—2010：a citation-based literature survey. Omega，41（1）：3-15.

Liu J，Liu H F，Yao X L，et al. 2016b. Evaluating the sustainability impact of consolidation policy in China's coal mining industry：a data envelopment analysis. Journal of Cleaner Production，112：2969-2976.

Liu W B，Zhou Z B，Ma C Q，et al. 2015. Two-stage DEA models with undesirable input-intermediate-outputs. Omega，56：74-87.

Lozano S. 2015. A joint-inputs Network DEA approach to production and pollution-generating technologies. Expert Systems with Applications，42（21）：7960-7968.

Lozano S，Gutiérrez E. 2011. Slacks-based measure of efficiency of airports with airplanes delays as undesirable outputs. Computers & Operations Research，38（1）：131-139.

Lozano S，Gutiérrez E，Moreno P. 2013. Network DEA approach to airports performance assessment considering undesirable outputs. Applied Mathematical Modelling，37（4）：1665-1676.

Lozano S，Soltani N. 2020. Efficiency assessment using a multidirectional DDF approach. International Transactions in Operational Research，27（4）：2064-2080.

Ma J F. 2015. A two-stage DEA model considering shared inputs and free intermediate measures. Expert Systems with Applications，42（9）：4339-4347.

Maghbouli M，Amirteimoori A，Kordrostami S. 2014. Two-stage network structures with undesirable outputs：a DEA based approach. Measurement，48：109-118.

Mahmoudi R，Emrouznejad A，Rasti-Barzoki M. 2019. A bargaining game model for performance assessment in network DEA considering sub-networks：a real case study in banking. Neural Computing and Applications，31：6429-6447.

Mardani A，Zavadskas E K，Streimikiene D，et al. 2017. A comprehensive review of data envelopment analysis（DEA）approach in energy efficiency. Renewable and Sustainable Energy Reviews，70：1298-1322.

Marques R C, Simões P. 2010. Measuring the influence of congestion on efficiency in worldwide airports. Journal of Air Transport Management, 16 (6): 334-336.

Mashayekhi Z, Omrani H. 2016. An integrated multi-objective Markowitz-DEA cross-efficiency model with fuzzy returns for portfolio selection problem. Applied Soft Computing, 38: 1-9.

Masrouri S, Amirteimoori A R, Kordrostami S. 2020. Performance measurement techniques in the presence of undesirable products. International Journal of Industrial Mathematics, 12 (1): 81-88.

Mavi R K, Saen R F, Goh M. 2019. Joint analysis of eco-efficiency and eco-innovation with common weights in two-stage network DEA: a big data approach. Technological Forecasting and Social Change, 144: 553-562.

Meng F Y, Fan L W, Zhou P, et al. 2013. Measuring environmental performance in China's industrial sectors with non-radial DEA. Mathematical and Computer Modelling, 58: 1047-1056.

Miao Z, Geng Y, Sheng J. 2016. Efficient allocation of CO_2 emissions in China: a zero sum gains data envelopment model. Journal of Cleaner Production, 112: 4144-4150.

Momeni E, Hosseinzadeh Lotfi F, Saen R F, et al. 2019. Centralized DEA-based reallocation of emission permits under cap and trade regulation. Journal of Cleaner Production, 234: 306-314.

Moreno P, Lozano S. 2018. Super SBI Dynamic Network DEA approach to measuring efficiency in the provision of public services. International Transactions in Operational Research, 25 (2): 715-735.

Noura A A, Lotfi F H, Jahanshahloo G R, et al. 2010. A new method for measuring congestion in data envelopment analysis. Socio-Economic Planning Sciences, 44: 240-246.

O'Donnell C J, Rao D S P, Battese G E. 2008. Metafrontier frameworks for the study of firm-level efficiencies and technology ratios. Empirical Economics, 34 (2): 231-255.

Oh D H, Lee J D. 2010. A metafrontier approach for measuring Malmquist productivity index. Empirical Economics, 38 (1): 47-64.

Oral M, Amin G R, Oukil A. 2015. Cross-efficiency in DEA: a maximum resonated appreciative model. Measurement, 63: 159-167.

Ouyang W D, Yang J B. 2020. The network energy and environment efficiency analysis of 27 OECD countries: a multiplicative network DEA model. Energy, 197: 117161.

Pishgar-Komleh S H, Zylowski T, Rozakis S, et al. 2020. Efficiency under different methods for incorporating undesirable outputs in an LCA+DEA framework: a case study of winter wheat production in Poland. Journal of Environmental Management, 260: 110138.

Pittman R W. 1983. Multilateral productivity comparisons with undesirable outputs. The Economic Journal, 93 (372): 883-891.

Podinovski V V, Kuosmanen T. 2011. Modelling weak disposability in data envelopment analysis under relaxed convexity assumptions. European Journal of Operational Research, 211: 577-585.

Pointon C, Matthews K. 2016. Dynamic efficiency in the English and Welsh water and sewerage industry. Omega, 58: 86-96.

Puri J, Yadav S P. 2014. A fuzzy DEA model with undesirable fuzzy outputs and its application to the banking sector in India. Expert Systems with Applications, 41 (14): 6419-6432.

Ramzi S，Ayadi M. 2016. Assessment of universities efficiency using data envelopment analysis: weights restrictions and super-efficiency measure. Journal of Applied Management and Investments，5（1）: 40-58.

Rashidi K，Shabani A，Saen R F. 2015. Using data envelopment analysis for estimating energy saving and undesirable output abatement: a case study in the Organization for Economic Co-Operation and Development（OECD）countries. Journal of Cleaner Production，105: 241-252.

Rebai S，Yahia F B，Essid H. 2020. A graphically based machine learning approach to predict secondary schools performance in Tunisia. Socio-Economic Planning Sciences，70: 100724.

Reinhard S，Knox Lovell C A，Thijssen G J. 2000. Environmental efficiency with multiple environmentally detrimental variables；estimated with SFA and DEA. European Journal of Operational Research，121（2）: 287-303.

Roboredo M C，Aizemberg L，Meza L A. 2015. The DEA game cross efficiency model applied to the Brazilian football championship. Procedia Computer Science，55: 758-763.

Roll Y，Cook W D，Golany B. 1991. Controlling factor weights in data envelopment analysis. IIE Transactions，23（1）: 2-9.

Rubio-Misas M，Gómez T. 2015. Cross-Frontier DEA methodology to evaluate the relative performance of stock and mutual insurers: comprehensive analysis//Al-Shammari M，Masri H. Multiple Criteria Decision Making in Finance，Insurance and Investment. Cham: Springer: 49-75.

Ruiz J L，Sirvent I. 2016. Common benchmarking and ranking of units with DEA. Omega，65: 1-9.

Saen R F. 2010. Developing a new data envelopment analysis methodology for supplier selection in the presence of both undesirable outputs and imprecise data. The International Journal of Advanced Manufacturing Technology，51: 1243-1250.

Seiford L M，Zhu J. 2002. Modeling undesirable factors in efficiency evaluation. European Journal of Operational Research，142（1）: 16-20.

Sexton T R，Silkman R H，Hogan A J. 1986. Data envelopment analysis: critique and extensions. New Directions for Program Evaluation，（32）: 73-105.

Sharma P K，Dwivedi S. 2017. Economic efficiency of pecan nut production: an application of output oriented DEA model. International Journal of Agriculture，Environment and Biotechnology，10（4）: 507-512.

Shirazi F，Mohammadi E. 2019. Evaluating efficiency of airlines: a new robust DEA approach with undesirable output. Research in Transportation Business & Management，33: 100467.

Simões P，Marques R C. 2011. Performance and congestion analysis of the Portuguese hospital services. Central European Journal of Operations Research，19: 39-63.

Sinha R P. 2015. A dynamic DEA model for Indian life insurance companies. Global Business Review，16（2）: 258-269.

Soleimani-Chamkhorami K，Hosseinzadeh Lotfi F，Jahanshahloo G，et al. 2020. A ranking system based on inverse data envelopment analysis. IMA Journal of Management Mathematics，31（3）: 367-385.

Song M L，An Q X，Zhang W，et al. 2012. Environmental efficiency evaluation based on data envelopment analysis: a review. Renewable and Sustainable Energy Reviews，16(7): 4465-4469.

Song M L，Wang S H，Liu Q L. 2013. Environmental efficiency evaluation considering the maximization of desirable outputs and its application. Mathematical and Computer Modelling，58: 1110-1116.

Song X W，Hao Y P，Zhu X D. 2015. Analysis of the environmental efficiency of the Chinese transportation sector using an undesirable output slacks-based measure data envelopment analysis model. Sustainability，7(7): 9187-9206.

Sueyoshi T，Goto M. 2012. Weak and strong disposability vs. natural and managerial disposability in DEA environmental assessment: comparison between Japanese electric power industry and manufacturing industries. Energy Economics，34(3): 686-699.

Sueyoshi T，Goto M. 2014a. Environmental assessment for corporate sustainability by resource utilization and technology innovation: DEA radial measurement on Japanese industrial sectors. Energy Economics，46: 295-307.

Sueyoshi T，Goto M. 2014b. DEA radial measurement for environmental assessment: a comparative study between Japanese chemical and pharmaceutical firms. Applied Energy，115: 502-513.

Sueyoshi T，Goto M. 2015. Japanese fuel mix strategy after disaster of Fukushima Daiichi nuclear power plant: lessons from international comparison among industrial nations measured by DEA environmental assessment in time horizon. Energy Economics，52: 87-103.

Sueyoshi T，Goto M. 2016. Undesirable congestion under natural disposability and desirable congestion under managerial disposability in US electric power industry measured by DEA environmental assessment. Energy Economics，55: 173-188.

Sueyoshi T，Goto M，Snell M A. 2013. DEA environmental assessment: measurement of damages to scale with unified efficiency under managerial disposability or environmental efficiency. Applied Mathematical Modelling，37(12/13): 7300-7314.

Sueyoshi T，Sekitani K. 2007. Computational strategy for Russell measure in DEA: second-order cone programming. European Journal of Operational Research，180(1): 459-471.

Sueyoshi T，Wang D. 2014. Sustainability development for supply chain management in U.S. petroleum industry by DEA environmental assessment. Energy Economics，46: 360-374.

Talluri S，Yoon K P. 2000. A cone-ratio DEA approach for AMT justification International Journal of Production Economics，66(2): 119-129.

Tone K. 2001. A slacks-based measure of efficiency in data envelopment analysis. European Journal of Operational Research，130(3): 498-509.

Tone K. 2004. Dealing with undesirable outputs in DEA: a slacks-based measure(SBM) approach. Toronto.

Tone K，Sahoo B K. 2004. Degree of scale economies and congestion: a unified DEA approach. European Journal of Operational Research，158(3): 755-772.

Tone K，Tsutsui M. 2014. Dynamic DEA with network structure: a slacks-based measure approach. Omega，42(1): 124-131.

Vlontzos G, Niavis S, Manos B. 2014. A DEA approach for estimating the agricultural energy and environmental efficiency of EU countries. Renewable and Sustainable Energy Reviews, 40: 91-96.

Walheer B. 2018. Disaggregation of the cost malmquist productivity index with joint and output-specific inputs. Omega, 75: 1-12.

Walheer B. 2020. Output, input, and undesirable output interconnections in data envelopment analysis: convexity and returns-to-scale. Annals of Operations Research, 284 (1): 447-467.

Wang C H, Gopal R D, Zionts S. 1997. Use of data envelopment analysis in assessing information technology impact on firm performance. Annals of Operations Research, 73: 191-213.

Wang D D. 2019. Assessing road transport sustainability by combining environmental impacts and safety concerns. Transportation Research Part D: Transport and Environment, 77: 212-223.

Wang K, Huang W, Wu J, et al. 2014. Efficiency measures of the Chinese commercial banking system using an additive two-stage DEA. Omega, 44: 5-20.

Wang Y M, Chin K S. 2009. A new approach for the selection of advanced manufacturing technologies: DEA with double frontiers. International Journal of Production Research, 47 (23): 6663-6679.

Wang Y M, Chin K S. 2010a. A neutral DEA model for cross-efficiency evaluation and its extension. Expert Systems with Applications, 37 (5): 3666-3675.

Wang Y M, Chin K S. 2010b. Some alternative models for DEA cross-efficiency evaluation. International Journal of Production Economics, 128 (1): 332-338.

Wang Y M, Chin K S. 2011. The use of OWA operator weights for cross-efficiency aggregation. Omega, 39 (5): 493-503.

Wang Y M, Chin K S, Yang J B. 2007. Measuring the performances of decision-making units using geometric average efficiency. Journal of the Operational Research Society, 58 (7): 929-937.

Wang Y M, Greatbanks R, Yang J B. 2005. Interval efficiency assessment using data envelopment analysis. Fuzzy Sets and Systems, 153 (3): 347-370.

Wang Y M, Lan Y X. 2013. Estimating most productive scale size with double frontiers data envelopment analysis. Economic Modelling, 33: 182-186.

Wang Y M, Luo Y, Lan Y X. 2011. Common weights for fully ranking decision making units by regression analysis. Expert Systems with Applications, 38 (8): 9122-9128.

Wang Y, Han R, Kubota J. 2016. Is there an Environmental Kuznets Curve for SO_2 emissions? A semi-parametric panel data analysis for China. Renewable and Sustainable Energy Reviews, 54: 1182-1188.

Wang Y, Pan J F, Pei R M, et al. 2020. Assessing the technological innovation efficiency of China's high-tech industries with a two-stage network DEA approach. Socio-Economic Planning Sciences, 71: 100810.

Wegener M, Amin G R. 2019. Minimizing greenhouse gas emissions using inverse DEA with an application in oil and gas. Expert Systems with Applications, 122: 369-375.

Wei Q L, Yan H. 2004. Congestion and returns to scale in data envelopment analysis. European

Journal of Operational Research, 153: 641-660.

Wei Q L, Yan H, Pang L Y. 2011. Composite network data envelopment analysis model. International Journal of Information Technology & Decision Making, 10（4）: 613-633.

Wei Q L, Zhang J Z, Zhang X S. 2000. An inverse DEA model for inputs/outputs estimate. European Journal of Operational Research, 121（1）: 151-163.

Wu G, Miao Z, Shao S, et al. 2018. Evaluating the construction efficiencies of urban wastewater transportation and treatment capacity: evidence from 70 megacities in China. Resources, Conservation and Recycling, 128: 373-381.

Wu J, An Q X, Xiong B B, et al. 2013. Congestion measurement for regional industries in China: a data envelopment analysis approach with undesirable outputs. Energy Policy, 57: 7-13.

Wu J, An Q X, Yao X, et al. 2014. Environmental efficiency evaluation of industry in China based on a new fixed sum undesirable output data envelopment analysis. Journal of Cleaner Production, 74: 96-104.

Wu J, Chu J F, Sun J S, et al. 2016a. Extended secondary goal models for weights selection in DEA cross-efficiency evaluation. Computers & Industrial Engineering, 93: 143-151.

Wu J, Xia P P, Zhu Q Y, et al. 2019. Measuring environmental efficiency of thermoelectric power plants: a common equilibrium efficient frontier DEA approach with fixed-sum undesirable output. Annals of Operations Research, 275（2）: 731-749.

Wu J, Xiong B B, An Q X, et al. 2015. Measuring the performance of thermal power firms in China via fuzzy enhanced Russell measure model with undesirable outputs. Journal of Cleaner Production, 102: 237-245.

Wu J, Zhu Q Y, Chu J F, et al. 2016b. Measuring energy and environmental efficiency of transportation systems in China based on a parallel DEA approach. Transportation Research Part D: Transport and Environment, 48: 460-472.

Wu J, Zhu Q Y, Ji X, et al. 2016c. Two-stage network processes with shared resources and resources recovered from undesirable outputs. European Journal of Operational Research, 251（1）: 182-197.

Xu J P, Li B, Wu D S. 2009. Rough data envelopment analysis and its application to supply chain performance evaluation. International Journal of Production Economics, 122（2）: 628-638.

Yan H, Wei Q L, Hao G, et al. 2002. DEA models for resource reallocation and production input/output estimation. European Journal of Operational Research, 136（1）: 19-31.

Yang H L, Pollitt M. 2010. The necessity of distinguishing weak and strong disposability among undesirable outputs in DEA: environmental performance of Chinese coal-fired power plants. Energy Policy, 38（8）: 4440-4444.

Yang J, Li X G, Zhou Z X. 2014. A cross-efficiency data envelopment analysis（DEA）based model for measuring environmental performance. Environmental Engineering and Management Journal, 13（5）: 1139-1146.

Yang L, Ouyang H, Fang K N, et al. 2015. Evaluation of regional environmental efficiencies in China based on super-efficiency-DEA. Ecological Indicators, 51: 13-19.

Yang Y S, Ma B J, Koike M. 2000. Efficiency-measuring DEA model for production system with k independent subsystems. Journal of the Operations Research Society of Japan, 43（3）: 343-354.

Yao X, Guo C W, Shao S, et al. 2016. Total-factor CO_2, emission performance of China's provincial industrial sector: a meta-frontier non-radial Malmquist index approach. Applied Energy, 184: 1142-1153.

Ye F F, Yang L H, Wang Y M. 2020. An interval efficiency evaluation model for air pollution management based on indicators integration and different perspectives. Journal of Cleaner Production, 245: 118945.

Yin J H, Zheng M Z, Chen J. 2015. The effects of environmental regulation and technical progress on CO_2 Kuznets curve: an evidence from China. Energy Policy, 77: 97-108.

Yin P Z, Chu J F, Wu J, et al. 2020. A DEA-based two-stage network approach for hotel performance analysis: an internal cooperation perspective. Omega, 93: 102035.

Yu S W, Liu J, Li L X. 2020. Evaluating provincial eco-efficiency in China: an improved network data envelopment analysis model with undesirable output. Environmental Science and Pollution Research, 27: 6886-6903.

Yu Y, Shi Q F. 2014. Two-stage DEA model with additional input in the second stage and part of intermediate products as final output. Expert Systems with Applications, 41（15）: 6570-6574.

Zanella A, Camanho A S, Dias T G. 2015. Undesirable outputs and weighting schemes in composite indicators based on data envelopment analysis. European Journal of Operational Research, 245（2）: 517-530.

Zhang G J, Cui J C. 2020. A general inverse DEA model for non-radial DEA. Computers & Industrial Engineering, 142: 106368.

Zhang W, Yang S Y. 2013. The influence of energy consumption of China on its real GDP from aggregated and disaggregated viewpoints. Energy Policy, 57: 76-81.

Zhang X H, Hu H, Zhang R, et al. 2014. Interactions between China's economy, energy and the air emissions and their policy implications. Renewable and Sustainable Energy Reviews, 38: 624-638.

Zhou X Y, Wang Y, Chai J, et al. 2019b. Sustainable supply chain evaluation: a dynamic double frontier network DEA model with interval type-2 fuzzy data. Information Sciences, 504: 394-421.

Zhou X Y, Xu Z W, Chai J, et al. 2019c. Efficiency evaluation for banking systems under uncertainty: a multi-period three-stage DEA model. Omega, 85: 68-82.

Zhou Z X, Xu G C, Wang C, et al. 2019a. Modeling undesirable output with a DEA approach based on an exponential transformation: an application to measure the energy efficiency of Chinese industry. Journal of Cleaner Production, 236: 117717.

Zoroufchi K H, Azadi M, Saen R F. 2012. Developing a new cross-efficiency model with undesirable outputs for supplier selection. International Journal of Industrial and Systems Engineering, 12（4）: 470-484.

后　　记

　　近年来，经济发展的环境效率已成为管理科学领域与环境经济学领域的热点问题，而 E-DEA 方法作为评价环境效率的主要方法之一，得到国内外学者的广泛关注与研究，并产生了显著的效益和深远的影响。作为 DEA 理论的重要组成部分，E-DEA 方法是以环境效率评价为研究背景，以考虑非期望要素为主要特征，通过生产系统的投入、期望产出和非期望产出来测算其相对效率的非参数方法。E-DEA 方法能够将生产活动中的污染物、废弃物等非期望产出科学地纳入效率评价体系，比传统的 DEA 方法更贴近实际生产过程，有利于促进生产活动向全面协调可持续的方向发展，具有重要的研究意义与应用价值。

　　然而，虽然 E-DEA 方法已然成为 DEA 理论研究的重要方向，但多数的相关研究都集中在理论应用方面，而对其本身存在的不足却鲜有探究。事实上，当前的 E-DEA 方法还存在着一些明显的理论缺陷：第一，对于非期望要素的生产特性，现有研究主要集中在传统的强可处置性和弱可处置性方面，而关于强、弱可处置性本身的合理性及其适用范围的研究却极为匮乏；第二，多数的 E-DEA 方法还停留在效率评价的单一功能上，而 E-DEA 方法的功能性拓展方面却常常被忽视，这极大地局限了 E-DEA 方法的应用范围；第三，E-DEA 方法仍然遗留着传统 DEA 理论的弊端，即允许决策者根据自身偏好自主地选择投入/产出的评价权重，这就可能导致出现多个无法进一步识别的有效 DMU 和所得评价效率虚高的现象，进而造成评价结果难以得到所有 DMU 一致认可的问题；第四，E-DEA 方法采用了"黑箱"视角对系统效率进行评价，往往忽略了 DMU 具有复杂的内部结构，从而导致评价结果容易出现偏差，且无法挖掘出潜藏在系统内部真正的无效源。

　　本书的研究就是基于这样的背景基调，从多个层面逐步展开的。本书所做的主要工作可以归纳为以下几个方面。

　　1）研究 E-DEA 方法中非期望要素的可处置性假设

　　非期望要素的可处置性假设是构建 E-DEA 模型的基本假设，直接决定了效率评价结果的合理性。本书从概念、方法及经济意义上系统地分析现有的非期望要素强、弱可处置性假设,并在此基础上提出一种新的可处置性假设——半可处置性假设。该假设借助不可处置度的概念,完整地描述了非期望产出在生产过程中包含强、弱可处置性在内的多样化技术特征,使得评价过程更加贴合生产活动的实际状态。同时,通过构建半可处置性假设下的 E-DEA 评价模型和基于参考点比较的非期望要素不可处置度确定方法,本书实现了在具有非期望产出的情况下对 DMU 环境效率客观科学的评价。此外,结合现实决策情境,本书将半可处置性假设分别拓展到不确定性环境和考虑非期望投入的情况中,进一步扩大了该假设的适用范围。

2)研究 E-DEA 方法不同的功能性拓展

传统的 DEA 方法是通过 DMU 投入/产出的客观数据来测量其相对效率的非参数方法。而事实上,DEA 方法的应用并不局限在效率测算上,以其模型为基础,还能实现不同的功能性目标,如技术差异分析。因此,本书以 E-DEA 方法为理论基础,借鉴 DEA 方法的功能性模型体系,结合现实决策情境,分别研究共同前沿 E-DEA 方法、E-DEA 拥塞测量方法、逆 E-DEA 方法,以期在 E-DEA 分析框架下实现技术差异分析、投入拥塞测量、资源配置与目标设置等功能性目标。在共同前沿 E-DEA 方法的研究上,本书在分析共同前沿面和群体前沿面的基本区别后,渐进地提出共同前沿 E-DEA 分析框架和动态共同前沿 E-DEA 分析框架。在 E-DEA 拥塞测量方法的研究上,本书提出了期望拥塞、非期望拥塞和双重拥塞的概念,并基于不同的决策情境,给出相应的拥塞测量 E-DEA 模型。在逆 E-DEA 方法的研究上,本书针对资源配置和目标设置两种决策情境,分别构建确定最优投入和确定最优产出的逆 E-DEA 模型,并论证了不同决策情境对逆 E-DEA 方法的影响。

3)研究 E-DEA 对 DMU 甄别能力的提高方法

传统 E-DEA 方法均以 DMU 自身的视角出发来评价效率,直接引发了无法实现 DMU 全排序和评价效率虚高的问题,影响了效率评价结果的客观性。针对这个问题,本书分别引入交叉效率方法和公共权重方法,从不同的视角来提高 E-DEA 方法对 DMU 的甄别能力。在交叉效率 E-DEA 方法的研究上,本书揭示了单纯的激进型与宽容型交叉评价策略的局限性,并针对不同的决策情境,分别立足于整体环境与个体自身的利益,构建整体环境最优型、整体平均环境最优型、整体偏好环境最优型和个体中立最优型交叉评价视角及相应的 E-DEA 模型,方便决策者根据自身的实际需求进行选择,以获取客观适用的交叉评价结果。然而,交叉效率 E-DEA 方法虽然解决了传统 E-DEA 方法评价效率虚高且无法实现 DMU 全排序的问题,但不同交叉评价策略的评价结果存在着较大的差异,且交叉评价策略的合理选择取决于决策者对自身需求掌握的精准程度,从而可能导致交叉评价策略选择难与选择不当的问题。针对这个缺陷,本书引入公共权重模型,提出一种新的统一评价视角下的 E-DEA 方法,使决策者站在一个全局者的角度来评价所有的 DMU。该方法在解决评价效率虚高问题的同时,还避免了对评价策略的选择,方便决策者在不能明确自身需求的情况下对 DMU 进行公正客观的评价。在此基础上,本书结合乐观和悲观的决策态度来构建统一评价视角下的双前沿面 E-DEA 模型,以提高该方法对有效 DMU 的甄别能力。此外,考虑到该方法往往具有多个最优解,本书提出了一种基于妥协解的权重确定方法来寻求一个相对唯一的最优公共权重;同时设计相应的求解算法,并证明了该算法的有效性。

4)研究具有复杂内部结构 DMU 的效率评价及分解方法

随着科学决策方法应用范围的逐步扩大,传统 E-DEA 方法忽视系统内部结构的"黑箱"评价视角已经难以满足决策者对精确信息日益旺盛的需求;而传统网络系统效率评价方法往往没有考虑到非期望要素在系统中扮演的重要角色。本书以具有两阶段网络结构的 DMU 为样本,分别从独立关系、非合作博弈关系和合作博弈关系的视角来构建新的两阶段网络 E-DEA 模型,以此分析整体系统效率与子系统效率之间的多样关系。在此基础上,本书构建了基于协调度最优的效率分解模型,从而在一定程度上解决了合作博弈关系视角下整体系统效率分解方案的不唯一问题。进而,本书以图解法阐明多样关系视角下所得效率结果的相互联系与区别,并引入交叉评价与统一评价的思想,尝试将多样关系视角拓展为多重关系视角,以此构建同时兼顾系统内部结构关系和外部样本关系的 E-DEA 效率评价模型。

两阶段网络结构是复杂网络结构的基本组成部分,而现实中的生产系统往往是一种具有复杂动态网络结构的系统。考虑到传统投入/产出比的效率测度在复杂网络结构系统中难以捋清不同子系统之间的相互关系和不同类型要素之间的相互影响,本书引入松弛变量测度,并以此构建具有两阶段复杂网络结构的 DEA 效率评价模型。在此基础上,逐步深入地分析考虑非期望要素、考虑空间复杂性网络结构、考虑时空复杂性网络结构的效率评价问题,并构建出相应的松弛变量测度 E-DEA 模型,以在科学评价整体系统效率的同时,深入地剖析不同子系统与不同时期之间效率的相互关系。此外,本书考虑到整体系统效率分解方案的不唯一问题,提出了基于多目标规划的 E-DEA 效率分解方法,从而大大减少了不唯一解出现的可能性。

5)以现实决策问题为研究对象进行实证研究

本书以 E-DEA 方法为研究对象,基于不同的视角、功能和决策情境,提出了一系列的理论与方法。在此基础上,本书以现实决策情境为研究背景,分别对中国工业经济环境效率评价、中国交通运输业环境效率评价等现实决策问题进行实证研究,以此来证明这些理论方法的合理性和有效性。此外,本书还通过实证分析结果,给出导致这些现实决策问题的根本原因,并制定相应的政策建议,为决策者指明解决这些问题的具体路径。

从笔者所做的研究工作及掌握的国内外研究现状来看，本书的主要创新点可以概括为以下几个方面。

（1）提出了非期望要素的半可处置性假设，并从其概念、方法及经济意义上系统地进行阐述。同时，证明了半可处置性假设囊括了生产过程中非期望要素包含传统强、弱可处置性假设在内的多样化技术特征，也通过实证分析说明了半可处置性假设科学还原系统真实效率的理论贡献与应用价值。

（2）对 E-DEA 方法做了功能性的拓展，使其摆脱效率评价的单一功能，增强 E-DEA 方法的实用性。根据 E-DEA 方法的理论特性，本书在效率评价的基础上，分别通过构建共同前沿 E-DEA 模型、E-DEA 拥塞测量模型和逆 E-DEA 模型，以实现技术差异性分析、投入拥塞量识别和资源优化配置与目标合理设置的功能性目标，从而完善了 E-DEA 方法的内涵与外延，并为决策者提供了多样性的分析结果。

（3）从传统 E-DEA 理论自我参考系效率评价方法的狭隘视角中挣脱了出来，根据决策者明确或不明确自身决策需求的实际情况，分别提出多样而客观的公共参考系评价方法，即交叉评价 E-DEA 方法和统一评价 E-DEA 方法。通过这两种方法的相辅相成，可以因地制宜地制定客观的效率评价标准，以公正地衡量所有的 DMU，从而得到为所有 DMU 皆认可的效率评价结果。

（4）引入了博弈思想和动态理论，创新性地从时间与空间双重维度上来打开具有非期望要素的系统结构"黑箱"，并挖掘出了潜藏在系统内部的深层无效源。通过实证分析可以发现，本书提出的多样关系两阶段网络结构视角下和时空复杂性网络结构视角下的 E-DEA 方法不仅可以客观地评价具有复杂内部结构的系统效率，更能将其效率依据决策者的实际需求渐进地分解到不同时期和不同子系统中去，从而获得更加精确、全面而详细的决策信息，方便决策者有针对性地做出改进。

综上所述，本书针对现有 E-DEA 理论存在的问题开展了一系列的方法研究，并通过实证分析进行相应的验证，取得了丰硕的成果，但是仍然存在以下几个方面的不足。

（1）虽然本书提出的半可处置性假设更符合非期望要素在生产过程中的实际技术特性，但基于该假设仍处于理论雏形的状态，其本身模型结构的相对复杂性与理论方法的相对不成熟性使该假设在推广到交叉评价模型、网络评价模型等复杂 E-DEA 方法的过程中，存在一定的困难，从而限制了该假设的应用范围。

（2）现实的决策过程大部分都处于不确定性环境中，而本书的研究内容虽然有对其进行一些涉猎，但并不深入，仅仅考虑了具有区间数据的情况。而事实上，决策过程的不确定性环境仅靠区间数是难以完全涵盖的，如决策过程中存在的随机性、粗糙性、模糊性等。因此，如何在 E-DEA 理论框架内处理不同类型的不确定性数据是进一步完善 E-DEA 方法所需解决的重要问题，也是促进该方法全面推广应用的难点所在。

　　根据这些不足，本书尝试对下一步的研究计划进行探讨，希望能在为笔者自己指明未来研究方向的同时，也为后继研究者提供相应的参考。本书后续主要的研究计划如下。

　　（1）在本书提出的半可处置假设的基础上，进一步地展开研究。通过改变效率测度或建模思路的方式，对半可处置性假设下的 E-DEA 模型进行精炼。同时，结合实际的决策情景，重新审视现有的 E-DEA 理论体系，并尝试以某一特定情景为突破口，分别构建不同视角的半可处置性 E-DEA 效率评价模型，并在此基础上做进一步的功能性拓展。

　　（2）以 E-DEA 基础模型为分析框架，逐步考虑投入/产出数据中存在的随机性、模糊性、粗糙性等不同类型的不确定性。在此基础上，一方面研究数据的随机模糊性、模糊粗糙性等组合不确定性在 E-DEA 框架内的处理方法；另一方面，将不同类型的不确定性数据逐步拓展到不同视角和不同功能的 E-DEA 方法中，从而渐进地完善不确定性环境下的 E-DEA 理论与方法。

陈　磊

2021 年 12 月于福州